차일드 코드

UNTITLED BABY GENETICS BOOK

by Danielle Dick, Ph.D.
Copyright © 2020 by Danielle Dick, Ph.D.

차일드 코드

내 아이의 특별한 재능을 깨우는
기질 육아의 힘

THE
CHILD
CODE

다니엘 덕 지음 | 임현경 옮김

알에이치코리아

에이든에게

차례

독자들의 이해를 돕기 위해 복잡한 과학 문헌을 쉽게 풀어 설명하려고 노력했다. 지나치게 단순화했다고 생각하는 동료 학자들도 있겠지만 내용의 정확성과 이론의 적용 가능성 사이에서 균형을 잡기 위해 최선을 다했다. 그리고 필요한 정보를 더 찾아보고 싶은 독자들을 위한 참고 문헌을 제공한다. 나의 웹사이트 danielledick.com에서도 더 많은 정보를 찾아볼 수 있을 것이다. 책의 말미에 있는 추천 도서 목록 또한 참고하라.

이 책에 포함되어 있는 아이와 부모의 기질 이해 테스트는 아이들을 더 잘 이해하는 데 도움을 주기 위한 것으로, 전문가들이 기질과 성격을 판단하기 위해 사용하는 항목들을 토대로 한 것이다. 하지만 공식적인 진단을 위한 것은 아니니, 이 책의 어떤 정보도 전문적인 임상 조언으로 받아들이지 않길 바란다. 정신건강 전문가를 찾는 방법은 8장에서 소개했다.

유전자 코드를 알아야
내 아이가 보인다

"결혼하기 전 나는 양육에 대한 여섯 가지 이론을 갖고 있었다.
여섯 아이를 낳은 지금, 나는 모든 이론을 폐기했다."

— 존 윌머트 John Wilmot

눈을 감고 아이를 떠올려 보자.

숙제를 안 하겠다고 버티는 그 아이가 아니다. 밥그릇의 캐릭터가 뽀로로가 아니라 크롱이라고 식탁에서 짜증을 내는 그 아이도 아니다.

아이를 갖기 전 당신이 상상했던 아이가 있을 것이다.

아마 엄마 품에 안긴 착하고 고요한 아기일 것이다. 귀엽게 아장아장 걷고 그네를 밀어 주면 고개를 뒤로 젖히고 까르르 웃는 아이일 것이다. 어쩌면 잘 자라 졸업생 대표로 단상에 서거나 멋진 운동선수가 될지도 모른다. 대학 졸업식이나 결혼식 날 두 뺨이 발그레해진 예쁜 신부나 잘생긴 신랑을 꿈꾸기도 했을 것이다.

여기서 중요한 것은, 모든 부모가 이상적인 자녀의 모습을 꿈꿔 왔다는 것이다.

하지만 막상 아이를 키워 보면 꿈은 사라지고 일상의 전투만 남는다. 신발을 안 신겠다고 버티니 공원에 갈 수도 없다. 식탁에서 입이 댓 발 튀어나와 있다. 즐거운 가족 여행은커녕 4시간 동안 자동차 뒷자리에서 의자를 발로 차면서 가기 싫다고 소리를 지른다.

우리가 상상했던 아이로 키우는 것이 왜 이렇게 어려운 것일까?

부모를 위한 조언은 분명 차고 넘친다. 다양한 부모 수업, 각종 블로그와 팟캐스트, 부모를 위한 잡지와 육아서, 워크숍……. 시어머니가 훈육에 대해 잔소리를 하고 친구가 수면 교육에 대해 조언한다. 엄청난 정보가 정신을 차릴 수 없을 정도로 밀려드는데 그보다 더 큰 문제는 그 모든 정보가 상충한다는 것이다! 인류는 수천 년 동안 자식을 길러 왔다. 그런데 어떻게 아직도 답을 찾지 못한 것일까? 부모들에게 가장 중요한 문제는 바로 그 상충하는 조언들 중에서 무엇이 최선인지 찾아내는 것이다.

도대체 육아는 왜 이렇게 어려운 것일까?

답은 간단하다. 부모와 친구와 소아과 의사가 좋은 뜻으로 건네는 온갖 조언이 아이의 성장에 영향을 끼치는 가장 중요한 요소 하나를 무시하고 있기 때문이다. 그것은 바로 유전자다.

우리는 고등학교 생물 시간에 유전자에 대해 제대로 배우지 못했다. DNA는 곱슬머리냐 직모냐, 파란 눈이냐 갈색 눈이냐만 결정하는 것이 아니다. DNA는 우리 뇌가 어떻게 발달할지, 어떤 관점으로 세상을 바라볼지에도 영향을 끼친다. 개인의 기질과 특성의 토대가 되고 세상과 소통하는 독특한 방식의 초석이 된다. 유전자가 개인의 성장과 행동에 끼치는 심오한 영향을 고려한다면 육아에 한 가지 정답만 있을 수는 없다. 개개인을 위한 답이 있을 뿐이며 이를 위해서는 아이가 유전적으로 타고난 기질을 이해해야 한다. 그래야 일상의 전투를 줄이며 아이를 키울 수 있고 아이 역시 가장 자기다운 모습으로 자랄 수 있다.

이 책에서 우리는 자녀의 독특한 유전자 구성에 가장 '알맞은 육아 방식'이 무엇인지 알아볼 것이다. 그래서 산더미 같은 정보에서 무엇이 중요하고 무엇이 중요하지 않은지 찾아내야 하는 스트레스를 줄여 줄 것이다. 나는 유전학과 발달심리학을 연구하는 과학자이며 당연히 자식을 키우는 부모다. 인간 행동에 대한 연구로 얻은 지식이 힘들었던 육아 전쟁에서 나를 구해 주었다. 그 지식을 나눠 독자들의 삶을 조금이나마 수월하게 만들어 주는 것이 바로 이 책의 목적이다.

완벽한 부모라는 환상

인류 역사상 자식을 원하는 대로 키우기 위해 이토록 적극적으로 나섰던 때는 없었다. 그리고 그 지나친 투자는 엄청난 희생을 초래해 부모의 행복을 급감시켰고, 심한 부담을 느낄 경우 폭력적인 상황을 만드는 부모 때문에 아이들의 불안 역시 증가했다. 아이들이 자유롭게 동네를 탐험하거나 숲을 뛰놀다가 어두워지기 전에 집에 돌아와야 한다는 규칙만 존재했던 시절은 오래전에 끝났다. 요즘에는 아이 혼자 공원에 보냈다가는 경찰이 찾아올 수도 있다. 숙제를 하는 데 도움을 제공하지 않거나 입시에 필요한 학원에 보내지 않는 것을 자녀에 대한 방치로 여기기도 한다.

우리는 세상이 부모에게 엄청난 요구를 하도록 좌시했고 그 요구를 내면화했다. 그 결과 부모의 선택이 자녀의 운명을 결정한다고 생각하게 되었다. 부모의 모든 행동이 사회성 있거나 회복 탄력성 있는 아이, 혹은 끔찍한 폭군 같은 아이로 자라는 데 결정적인 영향을 끼친다고 말이다. 아이를 사랑한다면 집에서 아이를 돌보고 축구 연습을 지켜보고 학부모회 대표와 주일 학교 교사를 하면서 자녀를 성공의 길로 이끌어야 한다(그리고 아이를 정말로 사랑한다면 그 모든 일을 다 하는 것이 당연하고 말이다).

때로는 부모들이 서로를 힘들게 하기도 한다. 나 역시 그 죄책감에서 자유롭지 못하다. 마트에서 드러눕는 아이를 볼 때, 성당에서 뛰어다니는 아이를 볼 때, 부모에게 버릇없이 말대꾸하는 십대를 볼 때 누구나 적어도 한 번은 그랬을 것이다. 아이보다는 부모에게 시선을 돌려 그들을 함부로 판단했을 것이다. 이렇게 생각하면서 말이다. '왜 아이를 저렇게밖에 못 키울까! ○○(여기에 당신이 가장 좋아하는 육아 조언을 넣어 보라) 하면 될 텐데.'

나는 아들이 15개월이 될 때까지 내가 육아에 대해 모르는 것은 없다고 확신하고 있었다. 아들은 밤에 통잠을 잤고 필요한 것이 있을 때만 울다가 금방 진정되었다. 나는 사람들이 신생아 돌보기가 어렵다고 불평하는 이유를 이해하지 못했다. 물론 충분한 수면에 몹시 집착하는 사람으로서 나 역시 밤에 한 번 일어나 아이에게 젖을 먹여야 하는 것에 짜증이 나기도 했다. 하지만 갓 부모가 된 사람이 잠 좀 못 잔다고 그렇게 불평할 일은 아니라고 생각했다. 나는 육아서를 섭렵했고 부모 수업을 들었고 아들은 그저 '기쁨 덩어리'였다. 그런데 육아가 도대체 왜 그렇게 힘들다는 것일까?

그 당시 나는 아들이 잘 먹고 잘 자며 행복하게 자라는 것이 나의 뛰어난 육아 실력 덕분이 아니라는 사실을 전혀 인식하지 못했다. 나는 그저 운이 좋았을 뿐이었다. 내가 젖먹이 시절에 그토록 수월하게 아들을 키울 수 있었던 이유는 바로 그 아이였기 때문이다. 나는 아동의 행동 및 성장과 관련된 연구를 하는 과학자였음에도 불구하고 아이가 잘 자라거나 못 자라는 것은 전부 부모 손에 달렸다는 신화에 넘어가 있었다.

　그 강력한 환상은 특히 아이가 잘 자라고 있을 때 기승한다. 자신이 잘했다고 생각하기는 쉽다. 자녀의 멋진 모습이 부모가 열심히 노력한 결과라고 믿기는 쉽다. 하지만 아이가 밤새 잠도 자지 않고 부모를 괴롭힌다면? 미운 네 살이 두 살에 시작된다면? 그리고 열여섯 살까지 이어진다면? 그에 대한 책임도 부모에게 있을까? 그렇다면 육아서를 더 읽거나 주변의 조언에 더 귀를 기울여야 할까? 아이가 힘들어할 때 답을 찾지 못한 부모는 자신을 탓하거나 자신이 무엇을 잘못했는지 궁금해하기 시작한다. 하지만 연구에 따르면 아이들의 행동은 부모의 영향을 받기보다 자기 안에서 나오는 경향이 더 컸다.

　1930년대 초, 메리 셜리Mary Shirley라는 학자가 신생아 25명을 24개월 동안 집중 관찰했다. 영아의 운동과 인지 발달에 대해 알아보기 위한 연구였지만 아기들을 관찰하며 가장 놀라웠던 점은 바로 '핵심 성격'이었다. 아기들은 태어난 직후부터 성격의 차이를 보이기 시작했다. 아기들은 예민하거나 활동적인 정도, 우는 정도, 새로운 사람이나 상황에 대한 반응 정도 등에 대해 태생적으로 다른 모습을 보였다.

　게다가 그 차이는 시간이 지나고 환경이 바뀌어도 변하지 않는 것처럼 보였다. 많이 우는 아이는 연구실이든 집이든 가리지 않고 울었다. 활동적인 아이는 집에 있거나 낯선 연구실에 있거나 상관없이 활발했다. 가장 주목할 점은 아이들의 그와 같은 행동 차이가 부모의(그 당시에는 주로 엄마의) 어떤 행동에도 크게 영향을 받지 않는 것처럼 보였다는 사실이다.

모든 아이는 저마다 다르다

사실 아이의 행동은 엄마와 아빠의 유전자가 만나 한 사람의 인간으로 수정되는 바로 그 순간, 놀랄 만큼 거의 대부분 결정된다. 둘 이상의 자녀를 키우는 부모라면 누구나 알겠지만, 모든 아이는 서로 다르고 첫날부터 다르다. 물론 공통점도 많다. 아기들은 모두 부모가 원하는 만큼은 아니겠지만 잠을 자고, 부모가 원하는 만큼보다 훨씬 많이 싸고 울고 먹는다. 하지만 그 이상으로 모든 아기는 자기만의 특성을 갖고 태어나며 그 차이는 태어난 직후부터 분명히 드러난다.

발달심리학자들은 이 행동의 특수성을 기질 temperament 이라고 부른다. 기질은 부모가 아이에게 전해 주는, 모든 세포핵 안에 들어 있는 작은 정보의 가닥들, 즉 유전자에 내재되어 있다.[1] 이는 부모가 자녀의 행동에 끼치는 영향이 제한되어 있다는 사실을 깨달아야 한다는 뜻이 아니다. 어떻게 아이를 키우든 자신이 어떤 아이를 키우고 있는지 알아야 한다는 뜻이다. 자녀가 어떤 행동을 하고 어떤 행동을 하지 않게 만드는 데 조금이라도 성공하고 싶다면 자녀의 유전자 구조를 반드시 고려해야 한다는 뜻이다.

유전학적 차이는 태어난 직후부터 다양한 상황에서 얼마나 화를 내거나 얼마나 기뻐하는지, 즉 반응 정도와 그 반응을 어떻게 통제하는지까지의 차이를 유발한다. 브로콜리를 먹기 싫으면 접시를 던질까? 아니면 오만상을 찌푸리며 억지로 입에 넣을까? 산책을 하다가 귀여운 강아지를 보면 기뻐하며 다가가 쓰다듬을까? 아니면 무서워 엄마나 아빠 다리 뒤에 숨을까?

자녀의 기질을 중시해야 하는 이유는 기질이 잘 변하지 않기 때문이다.

영아 추적 관찰 연구에 따르면 3개월 정도에 측정한 두려움이 일곱 살의 두려움을 예측했다. 영아기의 분노는 유아기의 분노를 예측했다. 사교적인 아기는 사교적인 어린이와 청소년으로 자란다. 일란성 쌍둥이는 태어난 직후 서로 다른 가정에서 자라도 여전히 비슷한 기질을 보인다. 유전자는 우리가 세상을 헤쳐 나가는 방식에 지대한 영향을 끼친다.

예상했겠지만 앞서 말했듯, 기질은 평생에 걸쳐 크게 변하지 않으며 아이가 자라면서 다양한 방식으로 드러난다. 사교성 높은 아기는 다른 아기들과 옹알이를 주고받으며 상호작용을 하고 성인을 보며 웃는다. 사교성 높은 청소년은 집에서 책을 읽거나 친한 친구와 단둘이 영화를 보지 않고 시끌벅적한 파티에 간다. 겁이 많은 아이는 새로운 장난감을 갖고 놀거나 처음 간 놀이터에서 그네를 타기까지 시간이 한참 필요하고, 두려움이 많은 청소년은 학교 연극에 참여하거나 수학여행에 가는 데 큰 용기가 필요하다.

내 아들은 몹시 충동적이라서 어렸을 때는 높은 나무에서 뛰어내렸고 나중에는 언제 오토바이를 타도 되는지, 맥주는 언제 마실 수 있는지 묻는 아이가 되었다(고작 열한 살 때였다!). 아들은 그런 성향을 타고난 것이다. 아빠가 전투기 조종사였으니 더 할 말이 있으랴. 위험을 감수하며 모험을 추구하는 것 역시 유전의 영향을 크게 받는 것으로 드러났다.

이 시점에서 행복하고 사교성 좋은 아이를 키우는 부모라면 크게 걱정할 것 없다고 느낄지도 모른다. 그리고 겁이 많거나 아주 예민한 아이를 키우고 있는 부모라면 아마 걱정이 많아졌을 것이다.

그럴 필요 없다. 여기서 중요한 것은 기질적 특성이 그 자체로 좋거나 나쁜 것이 아니라는 사실이다.

잘 웃고 사람들과 쉽게 친해지는 행복한 아이라면 더 바랄 게 없다고 느낄 수 있다. 그런 아이들은 새로운 장난감이나 새로운 사람, 새로운 상황에 주저 없이 달려드는 더 외향적인 청소년이나 성인으로 자랄 것이다.[2] 그리고 우리는 그 외향성Extraversion을 긍정적인 특성으로 바라보는 경향이 있다.

하지만 사교적이고 활동적인 아이들은 통제력이 부족하거나 더 충동적일 수 있으며 자기 뜻대로 되지 않을 때 더 좌절감을 느낄 수 있다. 청소년기에 음주 문제를 겪기도 더 쉽고 친구들과 다른 위험한 행동에 휘말릴 가능성도 크다.

반대로 겁 많은 아이들은 일찍부터 부모를 걱정시키고 가끔은 부끄럽게도 만들겠지만, 두려움이 많다는 것은 충동성과 공격성이 낮다는 뜻이기도 하다. 두려움이 많은 아이는 혼자 밖으로 나갈 수 있는 청소년기에 싸움에 휘말리거나 신중하지 못한 일을 하게 될 가능성이 낮다. 물론 슬프고 우울해질 가능성이 높은 것도 사실이다.

정리하자면 다음과 같다. '좋은' 기질이나 '나쁜' 기질은 없다. 유전자의 영향을 받은 기질은 그저 뚜렷하게 다를 뿐이며 모든 기질에는 장단점이 있다. 각 기질이 부모의 육아를 얼마나 쉽게 혹은 어렵게 만드는지는 발달 단계에 따라서도 달라질 수 있다. 고집이 세서 부모가 머리를 쥐어뜯게 만들었던 아이는 혹시 있을지 모르는 성인기 초기의 부당함에 바로 그 고집으로 맞서면서 부모를 자랑스럽게 만들 수 있다.

기질적 특성은 잘 변하지 않을 뿐만 아니라 삶의 다양한 도전과 결과에 영향을 미치기 때문에 자녀의 타고난 기질을 이해하는 것은 몹시 중요하다. '모두에게 적용 가능한' 육아 방식 같은 것은 없으며 모든 아이는 자신만의 독특한 유전자 코드genetic code에 맞춰 양육되어야 한다.

또한 더 키우기 어려운 아이들이 있다는 사실도 솔직하게 인정해야 한다. 자폐증이나 다운증후군이 있는 아이라면 키우기 쉽지 않다는 사실을 누구나 인정할 것이다. 하지만 특정한 기질을 타고 난 아이를 키우는 것 역시 예상치 못한 방식으로 부모에게 몹시 어려운 일이 되기도 한다. 그렇기 때문에 이에 대한 이해와 인식을 통해 힘들게 아이를 키우고 있는 같은 부모의 짐을 덜어 주고 그들을 도울 수 있다.

오늘날 의학계는 유전자에 따른 개별 맞춤 치료를 제공하기 위해 노력하고 있다. 이를 정밀 의학 혹은 맞춤 의학이라고 하며, 개개인의 건강 상태는 모두 다르다는 생각에서 출발했다.[3] 어떤 사람은 암에 더 취약하고 어떤 사람은 심장병, 또 어떤 사람은 중독이나 정신건강 문제에 더 취약하다. 어떤 사람에게 효과가 좋은 약이 어떤 사람에게는 해로울 수 있다. 개개인의 독특한 유전자 코드를 이해하면 각자가 겪을 수 있는 문제를 방지하거나 그 문제가 발생했을 때 가장 적절한 치료 방법을 찾아낼 수 있을 것이다.

육아도 마찬가지다. 모든 아이는 타고난 장단점이 다르다. 자녀가 어떤 상황을 가장 좋아하는지, 무엇을 가장 잘하거나 힘들어하는지, 어떤 위험을 겪을 가능성이 큰지 등에 대해 인식하면 부모는 육아의 어느 부분에 중점을 두어야 할지, 어떤 양육 방식이 가장 효과적이고 또 해로울지 파악할 수 있을 것이다. 첫째에게 효과가 좋았던 방법이 둘째에게는 별로일 수 있고, 친구의 자녀에게 좋았던 방식이 당신 아이에게는 별로일 수 있다.

그래서 나는 육아가 전적으로 부모 책임이라는 말을 싫어한다. 발달심리학자가 하기에는 부적절한 발언 같지만 아이의 성장이 100퍼센트 부모의 손에 달려 있는 것은 아니기 때문이다. 이는 육아 방정식의 아주 중요한 또 다른 요소를 무시하는 것이다. 바로 아이다! 육아의 성패는 부모에게 달린 것만큼이나 아이에게도 달려 있다. 의학이 개별 맞춤 치료의 방향으로 나아가고 있듯, 이미 많이 늦었지만 육아에도 그와 같은 개별적 접근이 필요하다.

솔직히 나 역시 아들을 키우면서 그런 생각을 쉽게 하지는 못했다. 배변 훈련에 대해서 특히 그랬다. 배변 훈련은 어린이집 영아반에서 유아반으로 올라가기 위한 필수 요소였다. 38개월 된 아들은 기저귀를 차고 영아들과 어울리는 데 아무 불만도 없어 보였고 유아반으로 올라가는 데 큰 관심도 없어 보였다. 그때 친구가 말했다. "변기를 쓰면 상으로 과자를 줘 봐." 그래서 나 역시 그 방법을 도입했는데, 아들은 과자는 물론 잘 먹었지만 그걸 먹기 위해 변기에 앉을 생각은 추호도 없었다. 그리고 우리는 과자가 찬장에 떡하니 있는데 왜 그걸 먹으면 안 되는지에 대한 전투만 더 치르게 되었다.

또 다른 친구는 아들이 무엇을 좋아하는지 찾아 그것을 보상으로 사용하라고 했다. 친구의 딸은 자기가 입을 드레스를 직접 고르는 것이었다. 변기를 사용하면 패션쇼를 할 수 있지만 변기에 앉지 않으면 특별한 드레스는 없다는 규칙은 마법처럼 효과가 좋았다고 했다. 그래서 나 역시 그 방법을 시도해 보려고 했지만 내 아들은 변기에 앉느니 발가벗고 어린이집에 갈 거라는 사실만 분명해졌다.

몇 주 동안의 소란과 (대부분 나의) 눈물 끝에 깨달았다. 내 아이가 가장 소중히 여기는 것은 바로 이기는 것이었다. 아이와 나는 서로 이기려다가 전쟁만 치르고 있었다. 내가 억지로 시키려고 할수록 아들은 기를 쓰고 거부했다. 그 역동을 파악하고 내가 먼저 힘을 뺐다. 배변 훈련에 대한 언급을 그만두자 일상은 부드럽게 흘러갔다. 그리고 어떻게 되었을까? 몇 주 안에 아들은 스스로 변기를 사용하기 시작했다. (그의 기저귀를 가는 데 지친 어린이집 선생님의 확실한 격려도 한몫했을 것이다.) 그리고 다섯 살 형들 반으로 올라갔다.

제 뜻대로 하고 싶어 하는 기질, 특히 이기고 싶어 하는 아들의 강렬한 욕구를 내가 더 빨리 파악했다면 우리 둘 모두 엄청난 좌절을 겪지 않아도 되었을 것이다. 연구에 따르면 징벌에 더 반응하는 아이는(바로 내 아들이었다) 말을 들어야 한다는 부모의 요구에 더 민감하다. 다시 말하면 강하게 밀어붙일수록 더 세게 밀어낸다. 그리고 억지로 강요하지 않을 때 부모의 말을 들을 가능성이 훨씬 크다. 돌이켜 보니 그때 나는 38개월이나 된 아들이 여전히 변기를 사용하지 않는다는 사실에 대해 지나친 걱정을 하고 있었다. 그래서 한발 물러나 아들이 어떻게 반응할지 예상해 보지 못하고 얼른 재촉해 그 문제를 '해결'해야 한다는 생각에 사로잡혀 있었다. 배변 훈련이 안 된 채 내 강의를 들으러 오는 학생은 1명도 없다는 사실을 생각해 보면, 누구나 언젠가는 해결하는 문제였다.

유전자의 중요성을 잊는 부모들

부모의 역할에 대해 더 이야기하기 전에 자녀의 유전자가 어디서 왔는지 먼저 살펴보자. DNA는 유전물질genetic material을 담은 세포의 핵에서 발견되는 핵산 중 하나로, 단백질을 구성하고 혈압부터 행동까지 우리 신체의 모든 변화 과정을 책임지고 있다. 유전자는 DNA의 특정 영역으로, 사람의 형질을 결정하는 유전정보가 내재된 부분을 말한다. 모든 인간은 생물학적 엄마의 유전물질(DNA) 50퍼센트와 아빠의 유전물질 50퍼센트를 무작위로 물려받아 누구와도 다른 독특한 사람이 된다. 아이마다 물려받는 그 무작위의 부분 집합이 다르기 때문에 어떤 아이는 엄마를 닮고 어떤 아이는 아빠를 닮는다. 그리고 같은 부모의 유전물질을 물려받은 형제자매도 각기 다른 사람이 되는 것이다.

형제자매가 완전한 타인들보다 더 비슷한 이유는 그들이 물려받는 유전자가 같은 유전자 풀gene pool(한 생물 종 내에서 존재하는 모든 개체가 가진 유전정보의 총량)에서 왔고, 그래서 평균 50퍼센트의 유전물질을 공유하고 있기 때문이다. 하지만 인간의 유전자 집합체는 30억 개 단위의 DNA로 구성되어 있기 때문에 셀 수 없이 많은 조합이 가능하며 이는 형제자매 사이에서도 마찬가지다. 게다가 현재 지구상에 76억 명의 인구가 살고 있으므로 그 변이의 가능성은 어지러울 정도로 무궁무진하다. 그 특별한 유전자 변이의 조합에 따라 자녀가 엄마와 붕어빵처럼 보일 수도 있고 병원에서 아기가 바뀐 것은 아닌지 고민하게 될 수도 있는 것이다!

하지만 임신 중 병원에서 유전자 검사를 해 아이에게 이상이 없는지 확인하는 것 말고 대부분의 부모들이 유전자에는 큰 관심을 기울이지 않는다. 임부복을 사고 아기방을 꾸미고 아기 침대와 카시트, 유아차를 고르는 데만 해도 엄청난 선택을 해야 하기 때문이다.

물론 부모 수업도 있다. 산부인과에서는 보통 6주에서 8주가 되어야 초진 약속을 잡아 주지만 육아 관련 웹사이트에서는 9주부터 '산모 교실'을 추천한다. 출산, 수유, 신생아 돌보기 등에 관한 수업도 있고 형제자매를 위한 수업도 있다. 임신 중기가 되면 임산부 요가 수업이 있고 출산 계획 세우기와 분만 교육이 있다(이는 출산 준비 수업과는 또 다르다). 대학 교수인 나조차도 들어야 할 수업이 너무 많다고 느꼈다.

어쨌든 나도 그 많은 수업을 들었고 덕분에 더 준비된 것 같다는 느낌이 들었다. 속싸개 연습도 얼마나 했는지 모른다(그래서 내 아들은 생후 12개월 동안 대부분의 시간을 김밥처럼 꽁꽁 싸매진 채 보냈다). 그리고 내게 올 복덩어리를 위한 중요하고 사소한 온갖 결정도 무사히 마쳐 놓았다.

하지만 임신 기간의 그 모든 수업과 결정이 통제하고 있다는 환상을 제공했고 바로 거기서 '육아 신화'가 시작된다. 수면과 수유와 우는 아기 달래는 법에 관한 많은 책은 준비만 잘하면 아기를 어떻게 재우고 먹이며 생활 리듬을 만들어 갈지 알 수 있을 거라고 말한다. 배운 것을 효과적으로 적용하기만 하면, 짜잔! 행복하고 건강한 아기가 되는 것이다.

그리고 아기는 기고 걷고 이가 나기 시작하고 부모는 배변 훈련을 시킨다. 각 발달 단계마다 육아에 대한 정보가 홍수처럼 밀려든다. 수정란이 만들어지는 순간과 아기가 태어나는 순간 사이의 어디쯤에서 생물학에 대한 지식은 깡그리 잊힌다. 갓 태어난 아기가 어떻게 삶을 헤쳐 나가게 될지 좌우하는 가장 중요한 요소가 바로 그 유전자라는 사실 말이다.

하지만 부모가 그 모든 수업을 듣고 있을 때 과연 무슨 일이 벌어지고 있을까? 아기는 기본적으로 부모의 개입 없이 자라고 있다. 유전자가 그들의 성장을 총괄 지휘한다. 팔과 다리, 손가락과 발가락, 내부 장기와 뇌의 성장과 발달에 대해 그 어떤 부모도 의식적으로 개입할 수 없다. 결국 부모는 아기 침대나 카시트 선택 등 스스로 통제할 수 있는 부분에 자연스럽게 집중하게 된다.

하지만 아기방을 꾸미고 속싸개 싸는 법을 배우는 동안 기억해야 할 중요한 한 가지는 아기의 발달이 대부분 부모의 개입 없이 이루어진다는 사실이다. 아기의 DNA에 이미 새겨져 있기 때문이다.

그렇다고 부모가 제공하는 환경이 중요하지 않다는 뜻은 아니다. 실험실에서 DNA 염기 서열을 추출한다고 인간이 만들어지는 것은 아니다. 그 작은 DNA 코드에는 부모가 필요하고 부모 역시 많은 도움을 제공할 수 있다.

임신 중의 영양 섭취, 건강한 생활 방식, 스트레스 관리는 태아의 성장에 중요하다. 반대로 약물이나 환경 호르몬에 노출되는 것은 태아의 성장에 심각한 해를 끼칠 수 있다. 모든 부모는 아기가 잘 자랄 수 있는 최고의 환경을 제공하기 위해 최선을 다할 것이다. 엄마라면 건강한 음식을 먹고 비타민을 섭취하고 운동을 할 것이고 아빠라면 임신한 배우자에게 사랑이 넘치고 스트레스에서 자유로운 환경을 제공하는 것으로 도움을 줄 수 있다.

임신 기간 도중 우리는 부모가 할 수 있고 통제할 수 있는 일에는 한계가 있음을 깨닫는다. 아기는 자라고 부모는 그 성장에 놀라워한다. 하지만 일단 아기가 나오면 (출산 과정에는 아기가 나오는 것 이상으로 많은 것이 필요하다고 알려 주었던 내 모든 엄마 친구들에게는 미안하지만) 웬일인지 전부 잊는다. 아기는 배 속에서 그랬던 것처럼 대부분 타고난 유전자를 바탕으로 자란다는 사실을 말이다.

그리고 우리는 이를 반드시 고려하며 아이를 키워야 한다.

타고난 기질을 꽃피우는 유아

천성과 양육에 관한 수백 년 동안의 논쟁 이후 이제 우리는 천성과 양육의 단순한 이분법에 오류가 있다는 사실을 잘 알고 있다. 이것 혹은 저것의 문제가 아니라 이것과 저것이 전부 뒤섞여 영향을 끼친다.

유전과 환경 모두 아동의 행동에 끼치는 몫이 있다. 하지만 부모로서 우리는 양육 부분에만 신경을 곤두세우고 천성 부분에 대해서는 그만큼 고려하지 않아 왔다. 사실 부모들은 더 '많은' 개입이 필요하다며 그 어느 때보다 스트레스를 받고 있다. 하지만 우리에게 필요한 것은 더 현명한 개입이다.

그와 같은 문제와 이를 통한 기회에 대해서는 진화 생물학자 에드워드 윌슨Edward Osborne Wilson이 멋지게 요약해 주었다. 유전자는 환경의 영향에 끈을 매는 것이며 그 끈에는 탄력이 있다고 말이다.

다시 말하면 유전은 운명도 아니고 부모가 아무것도 할 수 없다는 뜻도 아니지만, 그렇다고 무시해서도 안 되는 것이다. 아이들은 부모가 좋은 의도로 무엇이든 쓸 수 있는 흰 종이가 아니다. 부모는 자녀의 특별한 유전자 코드를 이해해 그들의 타고난 기질이 최고의 모습으로 발현될 수 있도록 도와야 한다.

이 책 사용법

『차일드 코드』의 앞 부분에서는 육아에 대한 이 새로운 접근법의 과학적 토대에 대해 이야기할 것이다. 1장에서는 무엇이 인간의 행동을 유발하는지에 대한 이해를 바꿔 준 연구들과 아동의 행동에 폭넓은 영향을 끼치는 유전학(과 양육의 한계)에 대한 연구들을 소개할 것이다. (과학적 연구에 큰 관심이 없다면 1장은 그냥 넘어가도 좋다.) 2장에서는 유전자 코드가 어떻게 아동의 발달, 성격과 행동, 세상과 상호작용하는 방식을 형성하는지 살펴볼 것이다. 더 효과적인 육아를 위해, 그리고 그 과정에서 스트레스를 줄이기 위해 자녀의 유전적 기질을 이해하는 것이 얼마나 중요한지 깨달을 수 있을 것이다.

3장부터 9장까지는 본격적으로 내 아이에게 집중한다. 자녀의 성향과 행동을 토대로 유전적 기질을 평가해 볼 수 있을 것이다. 그리고 아이가 잠재력을 발휘하고 위험한 상황을 피할 수 있도록 어떻게 도와줄 수 있는지 안내할 것이다. 그리고 무엇보다 더 행복한 육아를 위해 마음을 내려놓고 자신감을 갖는 방법에 대해 이야기할 것이다.

자, 그럼 시작해 보자.

핵·심·요·약

· 유전자는 아동의 뇌와 행동을 형성하는 데 중요한 역할을 한다.

· 육아에 대한 조언이 상충하는 이유는 아동의 행동에 영향을 끼치는 개개인의 독특한 유전자 구조를 무시하기 때문이다. 그 어떤 조언도 모든 아이에게 똑같은 효과를 발휘할 수 없다.

· 자녀의 유전자 구성을 이해하면 아이가 잠재력을 발휘하고 타고난 약점을 극복할 수 있도록 도울 수 있다. 아이와 더 조화로운 관계 맺기가 가능해 육아 스트레스도 줄어들 것이다.

The Child Code

1장

과학적으로 살펴보는
유전과 환경

다음 질문으로 시작해 보자. 부모가 자녀의 행동에 지극히 중요한 역할을 한다는 뿌리 깊은 생각은 과연 어디서 왔을까?

부모의 역할에 대한 강조와 그에 대한 오해는 아동심리학의 탄생과 맞물려 있다. 부모도 자녀의 행동을 이해하기 위해 노력하지만 학자들은 수백 년 동안 아동을 이해하기 위해 애써 왔다. 아동의 발달에 대한 최초의 저서는 1787년, 독일의 철학자 디트리히 티데만Dietrich Tiedemann이 생후 30개월 동안 아들의 성장을 관찰하며 집필한 책이었다. 티데만은 영국의 철학자 존 로크John Locke에게 큰 영향을 받았는데 로크는 인간은 백지 같은 상태로 삶을 시작하며 인간의 발달은 전적으로 경험에 좌우된다고 믿었다. 거의 100여 년 후 독일의 또 다른 생리학자 빌헬름 프라이어Wilhelm Thierry Preyer가 생애 초기 몇 년간 딸의 발달을 기록한 『아동의 마음The Mind of the Child』을 집필했고 이는 아동심리학의 포문을 연 책으로 여겨진다.

아동심리학은 한 아이의 성장을 관찰하고 기록한 초기 '유아전기baby biography'에서 더 많은 아동의 발달을 광범위하게 관찰하는 연구로 확장되었다. 시간이 흐르면서 발달심리학자들이 부모의 역할에 관심을 갖기 시작했고 그 결과 연구 대상은 부모까지 확대되었다. 이와 같은 변화를 거치면서도 아동 발달에 관한 연구는 주로 관찰을 중심으로 진행되었다. 하지만 그와 같은 연구에는 한계가 있었고 그 한계가 바로 부모가 자녀의 행동에 과도한 책임을 지게 된 중요한 원인이었다.

전통적인 가족 연구와 그 한계

부모가 자녀에게 미치는 영향을 이해하고 싶다면 부모와 자녀를 함께 연구하는 것이 당연하다고 생각할 것이다. 지금까지 부모와 아동에 관한 수천 개의 연구가 축적되었고 그 연구 결과를 통해 우리가 알고 있는 자녀 교육에 대한 기본 개념이 형성되어 왔다. 연구는 부모에게 양육 방식에 대해 묻고 자녀의 행동을 측정하거나, 자녀에게 부모와 자신에 대해 묻기도 했으며, 부모에게 자신과 자녀에 대해 묻기도 했다. 가끔 돌봄이나 가르침을 제공하는 제3자에게서 정보를 수집하기도 했다.

모든 연구의 목적은 기본적으로 부모의 양육 방식과 자녀의 행동 사이의 상관관계(유사성에 대한 통계적 수치)를 찾아내는 것이었고, 연구 결과는 부모의 역할이 아동의 행동에 영향을 끼친다는 증거로 해석되었다. 예를 들면 부모의 다정한 개입과 긍정적 양육이 아동의 정서적·행동적 문제를 감소시킨다는 것이 지속적으로 도출되는 결론이었다. 반대로 엄격하고 일관성 없는 부모의 자녀가 문제 행동을 보인다면? 그것이야말로 양육 방식의 중요성에 대한 증거로 해석되었다.

하지만 그렇게 성급한 결론을 내릴 필요는 없다. 일관성 있고 다정한 태도로 긍정적인 양육을 해야 할 이유는 많다. 문제는 그 연구 결과가 부모 행동이 곧 아동 행동의 원인이라고 (잘못) 해석된다는 것이다. 이 논리 자체에는 결함이 있다. 결함은 고등학교 과학 시간에 배웠던 기본 지식을 살펴보면 금방 이해할 수 있을 것이다. 즉 상관관계가 곧 인과관계는 아니다. 두 가지가 서로 관련되어 있다고 해서 하나가 다른 하나의 원인이라고는 할 수 없다는 뜻이다.

인과관계를 찾는 가장 좋은 방법은 통제 실험이다. 하지만 실험을 위해 아동을 다른 부모에게 보내 볼 수는 없기 때문에 아동 심리학자들은 이 점에 있어서 몹시 불리한 입장이다. 예를 들어 무작위의 아이들을 더 허용적인 부모나 더 엄한 부모와 살게 해 볼 수 있다면 서로 다른 양육 방식이 아동의 행동에 어떤 차이를 가져오는지 알아낼 수 있을 것이다. 무작위라는 것은 다양한 아이들이 엄한 부모나 허용적인 부모에게 임의 배정된다는 뜻이고, 그래서 두 그룹에서 발견되는 차이가 서로 다른 양육 방식 때문이라고 결론 내릴 수 있다는 것이다. 무작위 실험 설계는 특정한 개입의 영향이나 새로운 약의 효과 여부를 판단하기 위해 사용하는 방법이다.

하지만 부모 행동과 자녀 행동의 경우처럼 상관관계가 인과관계는 아니다. 영향을 끼치는 방향에 대한 정보가 포함되지 않기 때문이다. 부모가 따뜻하게 대할 때 자녀의 행동이 좋아질 수 있고 부모가 엄할 때 자녀는 더 공격적인 모습을 보일 수도 있다. 하지만 자녀의 더 나은 행동이 부모를 다정하게 만드는 것도 충분히 가능하다.

나는 아이가 제시간에 옷을 입고 학교 갈 준비를 마치고 문 앞에서 기다리고 있으면, 일어나기 싫다고 침대에서 고집을 부리고 있을 때보다 훨씬 따뜻한 부모가 된다. 떼를 쓰는 아이보다 즐겁게 노는 아이에게 사랑을 주기가 훨씬 쉽다. 이는 잘못된 행동에도 마찬가지로 적용된다. 아이의 공격적인 모습 때문에 부모가 이를 개선하기 위해 더 엄격한 규칙을 만드는 것도 마찬가지로 가능하다. 그런 부모도 아이가 그렇게 행동하지 않으면 따뜻하고 유쾌한 부모가 될 수 있을지도 모른다. 핵심은 부모 행동과 자녀 행동의 상관관계에서 어느 쪽이 사실인지 알 수 없다는 것이다.

부모가 자녀의 행동을 유도하는가? 아니면 자녀의 행동이 부모의 양육 방식에 영향을 끼치는가?

이는 몹시 중요한 차이다. 부모 행동과 아동 행동의 상관관계를 부모 역할의 중요성에 대한 증거로 잘못 해석한 것이 지금까지 심각한 결과를 초래해 왔다. 이는 사회가 자폐증을 바라보는 관점의 변화에서도 확인할 수 있다. 처음에 의사들은 아이와 교감하지 않는 차가운 엄마가 자폐증의 원인이라고 생각했다. 자폐 성향을 보이는 아동의 엄마는 다른 엄마들처럼 잘 웃거나 달래 주지 않는 등 상호작용이 부족한 경향이 있다는 연구 결과를 토대로 그와 같은 결론을 내린 것이다. 엄마와 아이의 상호작용 부족과 자폐증 사이에 상관관계는 있었지만, 그 상관관계를 차가운 양육이 자폐 성향 발달의 원인이라고 잘못 해석한 것이다.

하지만 오랜 시간 자폐 아동의 가족을 연구한 결과에 따르면, 아이의 자폐 성향이 나타나기 전에는 자폐 아동의 엄마도 다른 엄마들과 똑같은 모습을 보였다. 하지만 아이가 자폐 성향을 드러내기 시작하면서 엄마의 신호에 다른 아이들과 비슷한 반응을 보이지 않았다. 옹알이를 하지 않거나 엄마와 눈을 맞추지 않거나 상호작용을 즐기는 것 같지 않았다. 결국 시간이 흐르면서 엄마도 그런 행동을 덜하게 되었다. 엄마의 행동이 아이의 행동에 영향을 끼친 것이 아니라 그 반대였던 것이다.

부모와 자녀에 대한 장기 연구는 영향을 끼치는 방향을 찾아내는 한 가지 방법이다. 아이들이 애초에 어땠는지, 그리고 부모는 어땠는지 고려하면서 부모의 행동이 자녀의 미래 행동에 영향을 끼치는지 아닌지 알아낼 수 있기 때문이다. 그리고 부모와 아동에 대한 그 장기 연구에서 놀라운 사실이 발견되었다. 바로 부모의 양육 방식이 아동의 미래 행동에 영향을 끼치는 것보다 아동의 행동이 부모의 미래 양육 방식에 더 큰 영향을 끼쳤다는 것이다. 즉 부모의 양육 방식이 자녀를 만드는 것이 아니라 자녀가 부모의 양육 방식을 좌우했다고 볼 수 있다.

예를 들어 보자. 저명한 아동 발달 연구자들이 9개국에서 1,300여 명의 아동과 부모를 추적 관찰했다(중국, 콜롬비아, 이탈리아, 요르단, 케냐, 필리핀, 스웨덴, 태국, 미국).[4] 아동이 여덟 살, 아홉 살, 열 살, 열두 살, 열세 살 때 부모의 행동과 아동의 정서적·행동적 문제의 양방향 영향력에 대해 조사했다. 그 결과 모든 문화 집단에서 아동이 부모의 양육 방식에 큰 영향을 끼친다는 사실이 드러났다. 정서적·행동적 문제가 있는 아동의 부모는 과거의 행동을 고려한다 해도 다음 검사 때 따뜻함이 덜했고 더 통제하려는 모습을 보였다. 반대로 부모가 아동의 행동을 유도한다는 증거는 거의 없었다. 부모의 다정함이나 통제 정도는 아동이 미래에 정서적·행동적 문제를 겪을 가능성에 커다란 영향을 끼치지 않았다. 연구에 따르면 부모가 아동의 행동에 영향을 끼치는 것보다 아동의 행동에 부모가 반응하면서 양육 방식이 만들어지는 경향이 훨씬 컸다. 9개국에서 공통적으로 보이는 모습이었다.

부모와 아동의 상관관계를 부모 행동이 자녀 행동의 원인이라고 잘못 해석하는 것, 혹은 그 반대로 해석하는 것에는 또 다른 문제가 있다. 아동과 부모의 행동 모두에 영향을 끼치면서 이를 비슷하게 만드는 완전히 다른 요소가 있을 수 있다. 이를 제3의 변수라고 한다.

예를 들어 보자. 아이스크림 판매량 증가와 선글라스 착용에는 상관관계가 있다. 그렇다고 아이스크림 판매량 증가가 선글라스 착용의 원인이라는 뜻일까? 아니면 선글라스 착용이 아이스크림 판매량 증가의 원인인가? 둘 다 아니다. 아이스크림 판매량 증가와 선글라스 착용 사이에 상관관계가 존재하는 이유는 그 두 가지 모두를 유발하는 또 다른 요인이 있기 때문이다. 바로 제3의 변수인 더운 날씨다. 사람들은 날씨가 더워서 아이스크림을 먹고 선글라스를 낀다. 생물학적 부모와 자녀의 상관관계일 경우, 그 제3의 변수, 즉 부모의 행동과 아동의 행동 모두의 원인이 되는 요인은 바로 그들이 공유하는 유전자다.

위의 예로 다시 돌아가 보자. 우리는 유전자가 행동과 감정에 영향을 끼친다는 사실을 알고 있다. 그래서 부모의 따뜻함이 자녀의 긍정적인 행동과 관련 있다는 사실을 발견할 때 가능한 해석은 세 가지다. 첫째, 부모의 따뜻함이 아이의 바른 행동을 유도한다. 둘째, 바르게 행동하는 아이가 부모의 따뜻한 태도를 이끌어 낸다.

셋째, 생물학적 부모와 자녀는 유전자를 공유하고 있으며 상관관계는 오직 유전자가 감정과 행동에 끼치는 영향의 부산물일 뿐이다. 그렇다면 (더 따뜻하고 긍정적인 부모가 될 가능성이 높은) 좋은 행동에 영향을 주는 유전자를 갖고 있는 부모는 자녀에게 좋은 행동을 하기 쉬운 유전적 기질을 물려줄 가능성이 더 높다.

공격성 또한 유전자의 영향을 받는다는 사실을 우리는 알고 있다. 그래서 부모의 엄격한 훈육이 아동의 공격성 증가와 관계가 있다는 사실에 가능한 해석은 세 가지다. 첫째, 부모의 엄격한 훈육이 아이의 공격성을 유발한다. 둘째, 아이의 공격성이 부모의 엄격한 훈육의 원인이 된다. 셋째, 엄격한 부모는 공격성과 관련된 유전자를 갖고 있을 가능성이 높고 그래서 자녀 역시 더 공격적인 모습을 보일 확률이 높다고 해석할 수 있다. 이 세 가지 가능성은 상호 배타적이지 않다. 그중 두 가지, 혹은 세 가지 모두가 영향을 끼치고 있을 수도 있다. (자녀가 생물학적 아빠의 DNA 50퍼센트와 생물학적 엄마의 DNA 50퍼센트를 무작위로 물려받는다면 어느 쪽에서든 가장 좋거나 가장 나쁜 점만 물려받을 수는 없다.)

요약하자면, 부모의 양육 방식과 자녀의 행동 사이의 상관관계에서 부모가 아이에게 영향을 끼친다는 결론에 도달하기는 쉽다 (실제로 많은 아동 '전문가'들이 여전히 그렇다!). 하지만 아이가 부모의 행동을 유발하거나, 부모와 자녀가 공유하는 유전자 조합 때문에 비슷한 모습이 드러날 가능성도 그만큼 존재한다. 아이는 부모가 모범생이었든 비행 청소년이었든 상관없이 비행을 저지르는 청소년으로 자랄 수 있다. 실험을 설계할 수 없으므로 알아낼 방법은 없다. 다만 부모와 자녀의 행동에 상관관계를 유발하는 원인이 있다는 사실만 알 수 있다. 그 원인이 무엇인지 모를 뿐이다. 하지만 다행스럽게도 유전자가 행동에 영향을 끼치는 정도와 부모의 양육이 행동에 영향을 끼치는 정도를 자연스럽게 구분할 수 있는 두 가지 방법이 있다.

유전과 환경의 영향 ① 입양 연구

유전과 환경의 영향력을 분리해 주는 첫 번째이자 가장 이상적인 '자연 실험'은 입양 연구다. 부모와 자녀의 상관관계에 대해 논할 때(그리고 그 상관관계로는 실제 양육의 중요성에 대해 논하기 어려울 때), 그 부모와 자녀는 **생물학적으로** 연결된 부모와 자녀를 뜻한다. 생물학적 부모와 자녀는 유전자와 환경을 동시에 공유하고 있기 때문에 서로 비슷한 것이 공유하고 있는 유전자 때문인지 환경의 영향 때문인지 파악하기 쉽지 않다. 하지만 입양 가정에서는 유전자와 환경이 분리된다. (혈연 관계가 아닌 사람에게) 입양된 자녀는 유전자를 제공한 생물학적 부모와 환경을 공유하지 않는다. 그리고 유전자를 물려주지 않은 입양 부모가 제공하는 환경에서 자란다. 생물학적 부모의 유전자와 입양 부모의 환경으로 유전과 환경의 영향력이 자연스럽게 분리되는 것이다.

이는 아동과 아동의 생물학적 부모, 아동을 입양한 부모로부터 (가끔은 형제자매로부터도) 유전적 성향이 얼마나 영향을 끼치는지, 그리고 가정 환경이 얼마나 중요한지 파악할 수 있는 자료를 수집 가능하다는 뜻이다. 입양된 아이들은 생물학적 부모와 더 비슷하게 행동할까?(유전적 성향이 더 중요할까?) 아니면 입양 부모와 더 비슷하게 행동할까?(환경적 영향이 더 중요할까?) 이것이 바로 유전과 환경의 영향력을 분리하는 자연 실험이다.

인간 행동의 원인을 가장 확실하게 밝혀 준 입양 연구의 예로는 조현병이 있다. 조현병은 전체 인구의 1퍼센트에서 발병하는 심각한 정신질환으로 환각이나 망상 등의 증상을 보인다. 처음에는 조현병도 자폐증처럼 잘못된 육아로 생기는 병으로 여겨졌다. (그때나 지금이나 왜 모든 것은 엄마 책임인가!) 의사들은 그런 엄마를 조현병 유발형 부모라고 불렀고, 정서적 애착을 제공하지 못하는 그 차가운 엄마들이 바로 조현병의 원인이라고 생각했다. 하지만 잠시 생각해 보자. 자녀가 심각한 정신질환을 앓고 있는데 그것이 엄마인 자기 탓이라는 말을 들으면 기분이 어떨까. 힘들어하는 자녀를 지켜보는 것도 괴로운데 그것이 전부 자기 책임이라면 말이다. 안타깝지만 조현병과 자폐증에 대해서만 그런 것도 아니다. 1950년대까지 거의 모든 의사들이 정신질환이나 행동장애는 전부 부모가 제 역할을 하지 못했기 때문이라고 생각했다. 그리고 그때 입양 연구가 시작되었다.

1960년대 후반에 발표된 한 연구 결과에 대해 살펴보자.[5] 1915년과 1945년 사이, 오리건 주립 병원에서 조현병에 걸린 엄마가 낳은 아기 50명이 태어난 지 며칠 만에 엄마와 분리되어 조현병이 없는 부모에게 입양되었다. 연구팀은 아기들이 삼십 대 중반이 될 때까지 추적 조사해 조현병 병력이 없는 엄마에게서 태어나 입양된 아이들과 비교했다. 연구 결과에 따르면, 조현병을 앓았던 엄마가 낳은 아기 중 17퍼센트가 '조현병 엄마'와 그 어떤 관련이 없었음에도 불구하고 정신질환 증상을 보인다는 사실이 드러났다. 다시 말하면 부모와 조현병 유전자를 공유하는 (하지만 환경은 공유하지 않는) 아동 5명 중 1명이 같은 증상을 보인 것이다. 보통 100명 중 1명에게서 나타나는 증상임을 생각하면 높은 수치다. 조현병 이력이 없는 부모가 낳은 아기들 중에서는 아무도 그와 같은 증상을 보이지 않았다. 이는 조현병 발병에 유전자가 중요하다는 첫 번째 확실한 증거였다. 조현병은 양육 방식 때문에 생기는 질환이 아니었다. 현재에 이르러 우리는 조현병의 유전율이 약 80퍼센트라는 사실을 잘 알고 있다.[6]

조현병의 경우, 양육이 아니라 유전이 원인이라는 사실을 입양 연구가 꽤 분명히 보여 주었다. 하지만 조현병과 같은 심각한 질환에서만 유전의 역할을 볼 수 있는 것은 아니었다. 유아의 수줍음부터 알코올 사용장애 alcohol use disorder 까지 입양 설계를 활용한 거의 모든 연구가 유전의 영향력에 대한 확실한 증거를 보여 주었다.[7] 아동의 행동은 거의 모든 측면에서, 심지어 생물학적 부모가 키우지 않는 상황에서도 생물학적 부모를 닮아 있었다. 인간의 유전자는 그만큼 강력했다.

하지만 부모들이여, 절망하지 말라. 자녀의 운명을 유전자가 전부 좌우하는 것은 아니다. 입양 연구는 가정 환경의 중요성을 밝히는 데도 중심적인 역할을 했다.[8] 스웨덴에서 실시한 범죄 행동 관련 입양 연구에 대해 살펴보자.[9] 무엇이 아이들로 하여금 법을 어기게 만드는 것일까?[10] 참고로 스웨덴은 스웨덴에서 태어났거나 살고 있는 모든 개인의 출생과 입양을 포함한 가족 관계 정보를 관리하고 있기 때문에 전 세계에서 가장 규모가 큰 입양 연구 실험실이나 마찬가지다. 그리고 이를 개개인의 의약품 처방이나 입원 이력, 범죄 기록까지 국가의 다른 모든 기록과 비교해 볼 수 있다. (그와 같은 국가 기록 덕분에 노르딕 국가에서 가능한 연구들에 대해 내가 언급할 때마다 미국 사람들은 깜짝 놀란다. 아마 연구에 높은 가치를 부여하는 노르딕 문화의 토양 때문일 것이다.) 그 국가적 자료 덕분에 입양 아동이 생물학적 부모와 얼마나 비슷한지 혹은 입양 부모와 얼마나 비슷한지는 물론 국가가 관리하는 그 어떤 기록과도 얼마나 관련이 있는지 살펴볼 수 있다.

연구팀은 어떤 요소가 반사회적 행동에 영향을 끼치는지 이해하기 위해 스웨덴 범죄 기록에 등록된 범죄자들 중 입양 아동과 그들의 생물학적 부모와 양부모에 대한 정보를 수집했다. 범죄 이력이 있는 생물학적 부모에게서 태어나 입양된 아동은 범죄 이력이 있는 부모와 함께 살지 않아도 범죄를 저지를 가능성이 높았다. 범죄 행동에 관한 유전자는 없지만 유전의 영향을 받는 기질적 요소들, 예를 들면 공격성과 충동성과 같은 특성이 삶의 초기부터 꽤 분명히 드러난다고 앞에서 이미 언급한 바 있다. 그런 기질적 특성이 범죄를 저지를 가능성과 관련이 있었다.

그리고 연구팀은 입양된 가정의 부모나 형제자매의 범죄 기록, 입양 가정 내 이혼이나 사망, 질병 등의 사건이 스트레스 요인이 될 수 있다는 가정하에 '환경 위험 점수표'를 만들었다. 위험한 환경은 입양 아동의 범죄 행동 가능성 상승과 관련이 있었다. 즉 유전과 환경 모두 아동의 범죄 행동에 영향을 끼친다는 뜻이었다.

입양 연구는 유전과 환경의 이론적 구분에 중요했지만 한계는 존재한다. 공개 입양이 늘어나는 상황에서 입양 아동이 생물학적 부모와 지속적인 연락을 취하기도 하는데 이는 생물학적 부모의 '환경 영향 없는 유전자'와 입양 부모의 '유전자 영향 없는 환경'의 자연스러운 분리를 방해한다. 복잡한 요소는 또 있다. 입양된 아동의 태아기 환경은 생물학적 부모가 제공하는 것이며, 그래서 유전의 효과와 태아기 환경의 효과를 분리하기 힘들다. 아동이 태어난 후 입양 가정에 들어선 순간부터의 환경 영향만 연구할 수 있을 뿐이다. 어쩌면 최근 입양 연구의 가장 큰 어려움은 세계 곳곳에서 입양 자체가 줄어들고 있다는 점일 것이며, 이는 결혼 제도 바깥에서의 임신에 대한 낙인 감소와도 관련 있을 것이다. 결국 스웨덴과 같은 국가 차원의 기록을 사용하지 않는 입양 연구는 점차 힘들어질 것이다.

유전과 환경의 영향 ② 쌍둥이 연구

다행히 유전과 환경의 중요성을 연구할 수 있는 또 다른 자연 실험이 있다. 바로 쌍둥이 연구다. 입양 연구는 점점 실행하기 어려워지는 반면 쌍둥이 연구는 점차 증가하고 있다. 쌍둥이는 모든 측면에서 흥미롭다. 일란성 쌍둥이라면 자기와 똑같은 사람이 이 지구에 살고 있다니 뜻이 아닌가! 쌍둥이는 기본적으로 둘로 나뉘며, 보통 일란성 쌍둥이와 이란성 쌍둥이라고 불린다. 일란성 쌍둥이는 난자 하나가 정자 하나와 만나지만 세포 분열 도중 아직 밝혀지지 않은 이유로 수정란이 2개로 나뉘는 것이다. 짜잔! 유전자가 똑같은 두 사람이 태어난다!

과학자들과 의학 전문가들은 일란성 쌍둥이를 'MZ monozygotic twins'라고 부른다('mono'는 하나라는 뜻으로 하나의 수정란에서 발생했다는 뜻이다). 하나의 수정란이기 때문에 유전물질을 100퍼센트 공유하며, 유전자 염기 순서가 일치한다. 그래서 언제나 같은 성별이다. 또 다른 형태는 이란성 쌍둥이, 정확한 용어로는 'DZ^{dizygotic} twins'라고 부른다('di'는 그리스어로 '둘'이라는 뜻으로 2개의 수정란에서 발생했다는 뜻이다). 이란성 쌍둥이는 난자 2개가 각각 정자를 만나는 것으로 동시에 수정되었다는 사실만 제외하면 보통의 형제자매와 마찬가지다. 그리고 동시 수정으로 자궁 내 환경을 공유하기 때문에 다른 형제자매와 달리 나이가 같다. 이란성 쌍둥이는 보통의 형제자매들처럼 유전물질의 50퍼센트를 공유하기 때문에 같은 성별일 수도 있고 다른 성별일 수도 있다.

쌍둥이는 기본적으로 같은 집에서 같은 부모가 양육하는 같은 나이의 형제자매이지만 유전자 구성을 얼마나 공유하고 있는지가 다르기 때문에 자연 실험이 가능하다. 쌍둥이를 연구하는 과학자들은 수천 쌍의 쌍둥이 자료를 수집해 일란성 쌍둥이가 얼마나 비슷한지와 이란성 쌍둥이가 얼마나 비슷한지를 비교한다. 만약 어떤 행동이 전적으로 환경에 의해 결정된다면 일란성 쌍둥이가 이란성 쌍둥이보다 유전물질을 더 많이 공유하고 있다는 점과 상관없이 두 쌍둥이의 유사성은 일치해야 할 것이다.

예를 들어 보자. 알코올 사용장애가 있는 부모가 알코올 관련 문제를 증가시키는 환경적 요인으로 작용한다면, 즉 가정 내 스트레스 요인이 되거나 알코올에 노출되는 정도를 증가시킨다면, 알코올 사용장애가 있는 부모의 자녀들은 유전자에 상관없이 전부 알코올 관련 문제를 겪을 가능성이 높아야 할 것이다. 다시 말해 무작위의 아동 2명을 알코올 문제가 있는 부모와 함께 살게 하면, 그리고 환경의 영향이 절대적이라면 두 아이 모두 알코올 문제를 겪어야 할 것이다. 물론 윤리적으로 그와 같은 실험을 할 수는 없지만 쌍둥이 연구가 그에 대한 답을 제공할 수 있다. 같은 부모 밑에서 함께 자라는 형제자매 중 다른 형제자매보다(이란성 쌍둥이) 더 많은 유전물질을 공유하는 형제자매가 있으니 말이다(일란성 쌍둥이).

그런데 전적으로 환경의 영향이 아니라면, 즉 개인의 유전자 구성이 알코올 사용장애와 같은 위험에 노출되는 정도에 영향을 끼친다면 일란성 쌍둥이는 유전자가 같기 때문에 이란성 쌍둥이보다 알코올과 관련해서 더 비슷한 모습을 보여야 할 것이다. 어떤 행동이 전적으로 유전자에 달려 있다면 일란성 쌍둥이는 유전자를 100퍼센트 공유하고 있기 때문에 모든 행동이 정확히 일치해야 할 것이다(상관계수 1.0). 그리고 이란성 쌍둥이는 유전자의 절반을 공유하기 때문에 절반 정도 비슷해야 할 것이다(상관계수 0.5). 결국 특정 행동에 대한 연구에서 일란성 쌍둥이가 이란성 쌍둥이보다 더 비슷하다면 이는 그 행동이 유전의 영향을 받는다는 뜻일 것이다.

마지막으로 일란성 쌍둥이가 정확히 똑같지 않다면, (사실 일란성 쌍둥이도 기질과 행동이 정확히 똑같은 경우는 거의 없고, 그것이 바로

The Child Code

전문가들이 '일란성' 쌍둥이라는 용어를 사용하지 않는 이유다) 이는 개개인의 특성에 영향을 끼치는 다른 무작위의 환경적 영향이 존재한다는 뜻이다. 예를 들면 쌍둥이 중 1명에게 자동차 사고나 힘든 연애 등 다른 한쪽이 겪지 않은 스트레스 요인이 있을지도 모른다. 친하게 지내는 친구들이 다를 수도 있다.

요약하자면, 특정 행동에 대한 일란성 쌍둥이 연구 결과가 정확히 일치하지 않을 때 우리는 그 차이의 원인을 정확히 파악할 수 없고, 유전자가 일치함에도 불구하고 달라질 수밖에 없는 환경적 영향이 있었을 거라고 짐작할 수 있을 뿐이다.

지금은 독자들이 상상할 수 있는 거의 모든 행동에 대해 전 세계의 학자들이 참여한 수천 개의 쌍둥이와 입양 아동 연구가 축적되어 있다. 핀란드, 노르웨이, 덴마크, 스웨덴 등 많은 나라에서 쌍둥이 출생 기록을 토대로 한 대규모 연구가 진행되었다.[11] 나는 핀란드에서 10여 년이 넘는 기간 동안 출생한 쌍둥이 1만 쌍 이상을 열두 살부터 중년까지 추적 조사한 알코올 사용장애 연구에 참여한 적이 있다.[12] 네덜란드에는 12만 명 정도의 쌍둥이가 등록되어 있는데 그중 일부를 대상으로, 세 살, 다섯 살, 일곱 살, 열 살, 열두 살 시기에 부모와 함께 관찰하는 초기 아동기 행동 발달에 대한 연구가 진행되기도 했다.[13] 몇 개 주의 출생 기록이나 면허증 발행 기록 등을 통해 쌍둥이 표적 집단을 구성하고 이를 토대로 진행한 대규모 연구도 많다. 현재 내가 몸담고 있는 대학은 미국

동부 연안 쌍둥이 기록의 본산이라고 할 수 있다.[14] 그 기록을 통해 물질 남용과 정신질환, 성격과 지능, 이혼과 행복, 투표 행동, 종교와 사회적 태도를 비롯해 우리가 생각할 수 있는 거의 모든 영역에 대한 연구가 이루어져 왔다.[15] 쌍둥이 연구와 입양 연구를 통해 거의 모든 행동에서 유전과 환경이 어느 정도 영향을 끼치는지 파악할 수 있었다.

그리고 그 모든 연구의 결론은 다음과 같다. 사실상 모든 것이 유전의 영향을 받는다. 유전자가 일치하는 일란성 쌍둥이는 같은 부모 밑에서 자라지만 유전자는 절반만 공유하는 이란성 쌍둥이보다 항상 더 비슷하다.

예를 들어 보자. 다양한 아동 행동 연구에서 예상대로 늘 드러나는 분명한 쌍둥이 상관관계가 있다(쌍둥이 사이의 그 유사성은 전혀 다를 경우 0부터 완전히 일치할 경우 1까지의 상관관계로 측정된다. 수치가 높을수록 더 비슷하다는 뜻이다). 자기 통제에 관한 대규모 연구에 따르면 일란성 쌍둥이의 상관계수는 0.6이었고 이란성 쌍둥이는 0.3이었다.[16] 세 살 남아의 불안과 우울에 대해서는 일란성 쌍둥이의 상관계수가 0.7이었고 이란성 쌍둥이는 0.3이었다.[17] 여아의 경우, 일란성 쌍둥이 상관계수가 0.7, 이란성 쌍둥이가 0.4였다. 일곱 살 남아의 문제 행동에 관한 일란성 쌍둥이 상관계수는 0.6, 이란성 쌍둥이의 상관계수는 0.4였고 여아의 경우 일란성 쌍둥이는 0.6, 이란성 쌍둥이는 0.3이었다.[18] 더 많은 숫자를 지겹게

늘어놓지는 않겠다. 여러분들도 이미 핵심은 파악했을 것이다. 남아와 여아의 경우, 연구 대상이 되는 거의 모든 행동에 있어서 (성인 행동에 있어서도 마찬가지다) 이란성 쌍둥이보다 일란성 쌍둥이의 상관관계가 높았고, 이는 곧 유전자를 더 많이 공유하는 형제자매가 더 비슷하다는 뜻이다. 그러니 유전자는 중요하다. 우리는 백지로 태어나지 않는다. 아동심리학의 초석을 다지는 데 큰 영향을 끼쳤던 철학자 존 로크는 틀렸다. 아이들은 선천적으로 더 두려움이 많거나 충동적이거나 공격적이거나 그 밖의 많은 성격에 영향을 끼치는 유전자를 갖고 태어난다.

유전이 행동에 영향을 끼친다는 그 증거를 보며 여러분들은 궁금할 것이다. 그렇다면 모든 것이 유전자 때문인가? 일단 유전자가 우리 행동을 결정하며 우리 삶을 좌우한다면 (그에 대해서는 2장에서 더 논할 것이다) 유전의 영향을 받지 않는 것은 없어 보일 것이다. 정말이다. 잠시 생각해 보라.

하지만 여기 몇 가지가 있다. 우리가 말하는 제1 언어는 전적으로 환경의 영향을 받는다. 내가 중국어가 아니라 영어를 하는 이유는 영어를 말하는 유전자를 타고났기 때문이 아니라 영어를 쓰는 곳에서 태어났기 때문이다. 언어를 배우는 능력이 유전의 영향을 받지 않는다는 뜻은 아니고(당연히 영향을 받는다) 어떤 언어를 쓰게 될지가 환경의 영향이라는 뜻이다. 이는 모태 신앙에 대해서도 마찬가지다. 사람들은 유전적인 이유로 가톨릭이나 불교 신자가 되는 것이 아니다. 가족의 종교적 성향 때문에 가톨릭이나 불교, 유대교 신자가 되는 것이다. 그렇긴 하지만 나이가 들면서 얼마나 독실해질 수 있는지는 유전의 영향을 받는다.

전통적인 가족 연구를 넘어 유전자가 끼치는 영향과 부모가 끼치는 영향을 분리해 보면 증거는 확실하다. 유전자는 우리의 기질과 성향, 우리 행동과 삶의 모든 측면에 영향을 끼친다. 버지니아 대학교의 행동유전학자 에릭 투르크하이머Eric Turkheimer 박사는 (우연히도 내 첫 심리학 교수였다) 행동유전학의 첫 번째 법칙을 다음과 같이 명료하게 정리했다. '인간의 행동에 관한 모든 특성은 유전자가 좌우한다'.[19] 사실이다. 연구가 증명한다. 물론 규칙에 일부 예외는 있지만 유전자가 인간 행동에 영향을 끼친다는 사실에는 반박의 여지가 없다.

떨어져 자란 쌍둥이: 유전자의 힘에 대한 사례 연구

짐 루이스Jim Lewis와 짐 스프링어Jim Springer는 서른아홉 살에 처음 만났다. 두 사람은 같은 종류의 차를 몰고 플로리다의 같은 해변에서 휴가를 즐겼다. 같은 담배를 피웠고 둘 다 손톱을 물어뜯는 버릇이 있었다. 아내의 이름은 둘 다 베티Betty였고 전 부인의 이름은 둘 다 린다Linda였다. 한 짐은 제임스 알란James Alan이라는 아들이 있었고 다른 짐은 제임스 앨런James Allan이라는 아들이 있었으며 두 사람 모두 토이Toy라는 강아지를 키웠다. 맞춤법은 잘

몰랐지만 계산은 빨랐다. 둘 다 목수 일을 했고 법률 집행 연수를 받은 적이 있다. 둘 다 180센티미터 정도의 키에 몸무게는 80킬로그램 정도였다. 두 짐은 태어나자마자 헤어진 일란성 쌍둥이였고 서로의 존재를 모른 채 다른 양부모 밑에서 자랐다가 거의 40여 년 만에 한 연구실에서 재회했다.

출생 직후 헤어진 일란성 쌍둥이는 유전과 환경의 영향이 얼마나 중요한지 파악할 수 있는 쌍둥이 연구의 또 다른 변형이다. 그리고 많은 사람이 그 실험에 매료되었다. 상상해 보라. 유전자가 똑같은 아기 2명이 각기 다른 가정에서 다른 부모에 의해 양육된다.[20] 유전자가 일치하는 두 사람이 다른 환경에서 자랄 때 얼마나 비슷하게, 혹은 다르게 자라는지 연구할 수 있는 특별한 기회다.

짐작하겠지만 쌍둥이가 출생 직후 떨어져 (친척이 아닌) 서로 다른 가정에서 자라는 경우는 몹시 드물다. 하지만 1970년대 후반, 미네소타대학교 연구팀이 영아기 때 헤어진 쌍둥이들을 추적하는 획기적인 연구를 시작했다.[21] 20여 년이 넘는 기간 동안 헤어진 쌍둥이 100쌍 이상을 찾아 실험실로 부른 다음 1주일 동안 신체적·심리적 상태를 점검했다. 대부분의 쌍둥이가 그 실험실에서 처음 만났고 짐 쌍둥이도 그렇게 만난 쌍둥이의 유명한 예였다.

놀라운 점은 다른 가정에서 자란 일란성 쌍둥이가 성격과 기질, 사회적 태도, 일이나 취미에 관해서까지 함께 자란 일란성 쌍둥이만큼 비슷했다는 것이다. 그 획기적인 연구의 놀라운 결론은 다음과 같다. 같은 부모 밑에서 자란다고 각기 다른 가정에서 자라는 것보다 더 비슷해지는 것은 아니다.

투르크하이머 박사의 유명한 논문에 따르면 행동유전학의 첫 번째 법칙은 '인간의 행동에 관한 모든 특성은 유전자가 좌우한다'라는 것이며, 그 뒤를 잇는 두 번째 법칙은 '같은 환경에서 자라는 것보다 유전자의 영향력이 더 크다'라는 것이다. 유전자가 일치하는 두 사람은 완전히 다른 가정에서 자라도 놀랄 만큼 비슷한 사람이 된다.

여전히 부모의 역할은 중요하다

그렇다면 그 놀라운 연구 결과는 부모가 어떤 차이도 만들어낼 수 없다는 뜻일까? 안타깝지만 행동유전학 관련 연구 결과는 종종 그렇게 해석되기도 한다. 그리고 이는 부모가 듣고 싶어 하는 메시지가 아니기 때문에 관련 연구는 기본적으로 무시되어 왔다. 하지만 유전자가 아동의 행동에 큰 영향을 끼치지 않을 거라고 안일하게 생각하는 것 역시 전혀 도움이 되지 않는다. 지금 부모들은 자녀를 제대로 키우기 위해 열심히 노력하지만 왜 그 노력이 결실을 맺지 못하는지 궁금해하면서 그 어느 때보다 스트레스를 받고 있다. 그리고 이는 비행을 저지르는 아이들의 부모는 분명 무엇인가 잘못하고 있을 거라는 비난으로 쉽게 이어진다. 그리고 더 중요한 것은 자녀의 유전적 기질을 인식할 때 부모로서 훨씬 더 큰 영향력을 발휘할 수 있다는 사실이다.

유전자가 자녀의 행동에 지대한 영향을 끼친다고 부모의 역할이 중요하지 않다는 뜻은 아니다. 단지 유전자가 중요하다는 뜻일 뿐이다. 그리고 부모는 우리가 생각했던 것과 다른 방식으로 중요하다. 2장에서 다룰 내용이 바로 그것이다.

- 육아에 대한 조언은 대부분 부모 행동과 아동 행동의 상관관계 연구 결과 에서 도출된 것이다. 부모가 아동의 행동을 유도한다고 연구 결과가 잘못 해석되어 왔지만 아동의 행동이 부모 행동의 원인이 되는 것도 가능하며 부모와 아동이 유전자를 공유하기 때문에 비슷하다는 해석도 가능하다. 그 근본적인 오류 때문에 대부분의 가족 연구 결과는 효율적인 육아에 대해 참조하기 적절하지 않다.

- 입양 연구를 통해 유전과 환경의 영향을 분리할 수 있다. 아동이 (유전자는 공유하지만 환경은 공유하지 않는) 생물학적 부모와 얼마나 비슷한지, 그리 고 (유전자는 공유하지 않지만 양육의 주체가 되는) 입양 부모와 얼마나 비 슷한지 비교한 결과 아동은 생물학적 부모를 더 닮았고 이는 유전자가 더 큰 영향을 끼친다는 확실한 증거다.

- 유전자가 일치하는 일란성 쌍둥이와 평균 50퍼센트의 유전자를 공유하는 이란성 쌍둥이를 비교하는 쌍둥이 연구를 통해서도 유전과 환경의 상대적 중요성을 파악할 수 있다. 일란성 쌍둥이는 거의 모든 측면에서 이란성 쌍 둥이보다 더 비슷했고 이는 인간 행동에 유전자가 끼치는 영향의 중요성을 뒷받침한다. 일란성 쌍둥이는 다른 환경에서 자라도 같은 환경에서 자란 것 만큼 비슷했고 이는 유전자가 우리 삶에 큰 영향을 끼친다는 증거다.

- 유전자가 아동의 행동에 큰 영향을 끼친다는 사실은 과학이 증명한다. 유전 자의 영향이 부모의 양육이 끼치는 영향보다 더 크다.

The Child Code

2장

유전자는 복잡한 방식으로
우리 삶에 영향을 미친다

지금쯤이면 아이가 귀엽게 걸어 다니는 유전자 덩어리로 보이기 시작할 것이다. 그 유전자는 얼마나 말대꾸를 하고 얼마나 규칙을 잘 지키는지, 얼마나 책 읽기를 좋아하고 얼마나 많이 우는지, 심지어 산타가 집에 있다는 생각만으로도 얼마나 무서워 벌벌 떨 수 있는지에 영향을 끼친다. 정말이다. 내 여섯 살 조카는 누가 집에 있을지도 모른다는 생각만 해도 너무 무서워서 매년 크리스마스에 산타에게 2층으로는 절대 올라오지 말라는 메모를 남겨야 했다(다른 형제자매를 위해 겨우 구슬려 얻어 낸 타협안이었다).

유전자는 아이의 행동에 큰 영향을 끼친다. 그렇다면 실제로는 과연 어떻게 작용하는 것일까?

내가 가장 좋아하는 글 중 하나는 베스트셀러 『스트레스Why Zebras Don't Get Ulcers』를 집필한 저자이자 동료 교수인 로버트 새폴스키Robert M. Sapolsky 박사의 '원인 유전자는 없다A Gene For Nothing'

라는 제목의 글이다.[22] 그 글을 좋아하는 이유는 나 역시 유전학을 연구하고 있지만 새폴스키 박사처럼 '원인 유전자'라는 말을 싫어하기 때문이다. 하지만 언론은 그 말을 사랑한다. 뉴스를 틀어 보면 알코올 사용장애의 원인이 되는 유전자에 대해 떠들 것이다! 우울증의 원인이 되는 유전자! 유방암을 초래하는 유전자! 공격성을 유발하는 유전자!

하지만 유전자의 작용은 사실 그보다 훨씬 복잡하다. 인간의 유전자는 약 2만 개뿐이며 그 대부분이 눈과 귀와 팔과 동맥 같은 것을 결정한다. 생물학적으로 우리를 구성하고 우리의 모든 행동까지 좌우할 만큼 유전자의 개수가 많지 않다. 초파리의 유전자는 대략 1만 4,000개 정도인데, 우리 아이들은 초파리보다 아주 조금 더 복잡한 것뿐이며 그래서 우리에게 영향을 끼치는 다른 개입이 분명히 있을 거라고 보는 것이 타당하다.

물론 고등학교 생물 시간에는 확실한 효과를 나타내는 하나의 유전자에 대해 배웠겠지만(쌍꺼풀 유무나 눈 색깔을 좌우하는 유전자 등) 희귀한 단일 유전자 질환을 갖고 있는 경우가 아니라면, 유전자가 우리 삶에 영향을 끼치는 방식은 몹시 복잡하다. 사회성이나 두려움, 공공장소에서 소란을 일으킬 정도의 분노 발작을 좌우하는 것은 어느 한 유전자가 아니다.

지능이나 성격은 물론 우리의 복잡한 행동도 수백 혹은 수천 개 유전자의 영향을 받는다. 예를 들면 유전적으로 불안해하는

(혹은 충동적이거나 두려움이 많은) 아이의 기질은 불안에 영향을 끼치는 수천 개 유전자의 변이 때문이다. 어떤 유전자 변이는 위험을 증가시키고 다른 유전자 변이는 위험을 감소시키며, 아이가 각각의 행동 영역에서 어디에 속하는지는 아이가 타고난, 우리를 위험하게 만들거나 보호하는 모든 유전자가 함께 작용한 결과다.

모든 아이는 부모를 닮지만 언제나 그런 것은 아닌 이유도 수많은 유전자가 복잡하게 작용하기 때문이다. 농구 선수 부부에게서도 키 작은 아이가 태어날 수 있다. 키가 큰 두 사람은 큰 키 유전자를 더 많이 갖고 있을 가능성이 높고 그래서 키가 평균 이상이 되는 것이지만 그렇다고 작은 키 유전자가 전혀 없다는 뜻은 아니다. 단지 더 적을 뿐이다. 우리는 부모의 유전자 중 50퍼센트를 무작위로 물려받기 때문에 키가 큰 부모에게서도 작은 키 유전자를 물려받을 수 있다. 키가 큰 부모에게는 큰 키 유전자가 더 많기 때문에 가능성이 높은 것은 아니지만 충분히 일어날 수 있는 일이다. 그래서 키 큰 부모에게서도 키 작은 아이가 태어날 수 있는 것이다. 똑똑한 부모에게서 지능이 평범한 아이가 태어날 수 있다. 외향적인 부모가 내향적인 아이를 낳을 수 있다. 아이들은 보통 (생물학적) 부모를 닮지만 모든 아이는 주사위 굴리기와 같은 무작위의 결과로 태어나기 때문에(우리는 부모 각각이 가진 유전자 중 어떤 유전자를 50퍼센트씩 갖고 태어날지 모른다) 결과는 결코 알 수 없다!

과학자들은 다양한 장애와 관련된 유전자를 여전히 찾고 있다. 답을 찾은 것도 있지만 여전히 갈 길은 멀다. 인간의 행동에는 무수히 다양한 측면이 있고 그래서 예를 들면 누가 충동적인지 아닌지 분명히 규정할 수 있는 것은 아니므로, 인간의 모든 행동에는 아주 많은 유전자가 개입된다는 사실만 알 수 있을 뿐이다. 특정 행동의 '원인'이 되는 특정한 유전자는 존재하지 않는다. 유전자는 뇌가 발달하는 방식을 좌우해 우리 행동에 영향을 끼칠 뿐이다.

뇌의 구조와 기능은 사람마다 다르며 이 차이는 유전자가 미치는 영향이 크다. 그리고 그렇게 만들어진 뇌가 두려움, 불안, 좌절, 보상 추구에 대한 각자의 기질에 영향을 끼치고 관심과 기억, 인식과 학습 방법에도 영향을 끼친다. 사회적 신호를 파악하는 복잡한 과정이나 생체 리듬 Circadian Rhythm이나 수면 같은 기본 생물학적 작용에도 영향을 끼친다. 뇌 발달에 영향을 끼침으로써 생물학적으로는 물론 행동적 측면에서 우리를 독특하게 만드는 많은 차이들의 토대를 쌓는 것이 바로 유전자다.

예를 들어 보자. 나는 특정 집단이 음주 문제에 더 취약한 이유를 연구하는 프로젝트에 참여했던 적이 있다.[23] 연구팀은 실험 참가자들의 뇌파 활동을 측정했는데 알코올 사용장애가 있는 사람의 뇌는 그렇지 않은 사람의 뇌와 달랐다. 다양한 물질에 노출되면 뇌가 변한다고 추측할 수 있으니 놀랄 일은 아닐지도 모른다(정말 그렇다). 하지만 가장 흥미로웠던 점은 부모가 알코올 사용장애를 갖고 있을 경우, 자녀의 뇌에서도 비슷한 뇌파 활동이 관찰되었다는 것이다. 자녀가 아직 알코올에 노출되기 전이었는데도 말이다. 그 차이는 충동과 보상, 인지 통제에 대한 뇌의 메커니즘을 반영한다. 게다가 그와 같은 뇌의 차이는 알코올 사용장애와 관련된 것만은 아니었다. 주의력결핍 과잉행동장애Attention Deficit Hyperactivity Disorder, ADHD, 행동 문제, 그리고 다른 약물 문제가 있는 아이들에게서도 그 차이가 발견되었고 이는 모두 충동성이나 자기 통제와 관련된 문제들이었다. 다시 말하면 뇌가 충동적인 행동에 더 취약한 방향으로 발달할 수 있다는 뜻이며, 이는 곧 성장 과정에서 다양한 위험에의 노출로 이어질 수 있다는 뜻이다. 아동기의 ADHD와 행동 문제부터 성인기의 다양한 약물 중독까지 말이다.

결국 유전자는 뇌의 독특한 발달에 영향을 끼치고 이는 다시 우리 행동에 영향을 끼친다. 하지만 이는 첫걸음일 뿐이다. 유전자가 우리 삶에서 중요한 역할을 하는 또 다른 이유는 우리를 특정한 행동으로 이끌기 때문이기도 하지만, 우리가 처한 환경과도 깊이 연결되어 있기 때문이다. 유전자는 환경과 연결되어 복잡하고 간접적인 방식으로 우리 행동에 끼치는 영향력을 확대한다. 유전자와 환경의 상호작용에 대한 이해가 아마 부모의 가장 중요한 역할일지도 모른다.

유전자와 환경이 상호작용하는 세 가지 방식

천성과 양육에 대한 열띤 논쟁은 오래 이어져 왔지만 유전자냐 환경이냐에 대한 고민은 사실 의미가 없다. 우리를 형성하는 유전자와 환경은 쉽게 분리할 수 있는 '요소'가 아니기 때문이다. 유전자는 무작위로 물려받는다고 해도 환경은 대부분의 경우 무작위가 아니다. 유전적 기질은 특정한 환경에 노출될 때 이를 경험하는 방식, 그 환경에 영향을 받는 정도에 영향을 끼친다. 연구자들은 이 유전자와 환경의 조합을 유전자-환경 상관관계라고 한다.[24] 간단히 말하자면 유전자와 환경은 다양한 방식으로 단단히 연결되어 있다는 의미다.

첫 번째 방식: 유발적·반응적 유전자-환경 상관관계

안소니Anthony는 아장아장 걸을 때부터 사교성이 좋았다. 세 살 때는 배트맨 가면과 망토를 걸치고 마트에 가길 좋아했다. 낯선 사람들에게 자기 초능력을 자랑했고(배트맨은 사실 초능력이 없었지만) 상대의 초능력이 무엇인지도 물었다. 그 사랑스러운 모습에 사람들은 웃으며 이야기를 나눠 주었다. 의도적이지는 않았지만 그와 같은 상호작용은 안소니에게 성인들과의 대화에 자신감을 심어 주었다. 안소니는 어른들은 대부분 친절하고 어른들과 이야기 나누는 것은 재밌다는 사실을 배웠다. 유치원에 다닐 때는 교실에 마지막까지 남아 선생님들과 이야기를 나누었다. 집에 가기 전에 칠판을 대신 지우며 선생님들과 많은 시간을 보냈다. 선생님이 도움을 요청할 때마다 안소니가 손을 들었고 선생님들도 안소니를 예뻐했다. 교실 맨 앞자리에 그를 앉혔고 덕분에 안소니는 눈에 띄기도 했고 선생님을 기쁘게 만들고 싶기도 해서 수업에 더 집중했다. 성적이 올랐다. 안소니는 선생님들과 긍정적인 영향을 주고받는 관계를 쌓아 나갔다. 그로부터 12년 후, 안소니는 하버드대학교에 입학했고 로켓 과학자가 되었다. 물론 지어낸 이야기지만 내가 무슨 말을 하려는지는 이해했을 것이다.

우리의 기질과 성향은 일상생활의 사소한 측면에까지 영향을 끼치고 그 영향력은 시간이 흐르면서 점차 누적된다. 안소니의 유전적 기질은 그를 특별한 '환경'으로 이끌었고 더 나아가 환경과 상호작용하는 방식에 영향을 끼쳤다. 그 환경의 영향이 차츰 누적되어 그는 결국 우주까지 나아갈 수 있었다. 하지만 그 '환경'의 영향은 애초에 그의 유전적 기질로 인한 부수적 효과였다.

우리가 타고난 기질은 세상을 탐험하는 방식에 영향을 끼치고 기질은 유전의 영향을 받기 때문에 이는 곧 유전자가 우리의 일상적 경험의 많은 측면을 좌우한다는 뜻이다. 남보다 화를 잘 내는 사람이라면 마트 계산대 직원에게 성질을 부릴 가능성이 높고, 계산대 직원은 그에게 협조할 수 있지만 반대로 일부러 시간을 더 끌 수도 있다. 이는 사람들은 기본적으로 나를 화나게 한다는 그의 관점을 재차 확인시켜 줄 것이다.

불안에 취약한 사람의 예도 들어 보자. 옆집에 이사 온 이웃에게 환영 선물을 들고 가볼까 생각하지만 무엇을 가져가야 할지 모르겠다. 쿠키를 구워서 갈 수 있지만 이웃이 단 음식을 먹지 않는다면? 와인을 들고 갈 수 있지만 술을 마시지 않으면 기분이 나쁘지 않을까? 라자냐는 식이 제한 때문에 먹지 못하면 어쩌지? 결국 아무것도 들고 가지 않는다. 시간이 흘러도 이웃과 친해지지 못한다. 차를 타고 지나갈 때 반갑게 손을 흔드는 게 전부다. 더 친해져서 편하게 계란을 빌리거나 잠시 아이들을 맡길 수 있는 사이가 되고 싶었는데 말이다.

반대로 길 건너 이웃은 외향적이다. 그녀는 새로운 이웃이 이사 오면 주저 없이 머핀을 구워서 간다. 새 이웃이 글루텐을 먹지 못해도 고마운 마음에 한바탕 같이 웃으며 금방 친구가 된다. 그들은 방과 후에 아이들을 돌봐 주며 교대로 휴식을 선물한다. 가족 중 누가 갑자기 아프면 서로 아이들을 돌보고 집안일을 챙겨 준다. 이 서로 다른 결과의 뿌리는 새로운 사람을 만나는 것이 얼마나 불안한지를(혹은 불안하지 않은지를) 토대로 내린 사소한 결정이었다(혹은 그 결정의 부재였다).

유전자는 이렇게 환경을 만들어 간다. 우리 삶을 좌우하는 수백 가지 사소한 결정에 영향을 끼침으로써 말이다. 유전자는 영아기 때부터 의식하지 못하는 사이에 우리를 특정한 방향으로 이끌고 그 영향은 평생에 걸쳐 이어진다. 연구자들은 이와 같은 유전자-환경 상관관계를 유발적 관계라고 한다. 우리는 유전의 영향을 받은 성격을 토대로 세상에 각기 다른 반응을 하며 살아간다. 우리의 기질은 물론 유전의 영향을 받은 외모와 지능, 정신건강, 행동 등이 세상에서의 경험에 영향을 끼친다. 그리고 그 세상은 또 우리의 특별한 유전자 코드에 반응해 일종의 피드백 고리를 만든다. 행복한 아기는 더 많이 안기고 더 많은 웃음을 받는다. 기를 쓰고 우는 낯선 아기를 안고 싶어 하는 사람은 없다. 오래 우는 아이를 돌보는 것은 사실 부모들도 좋아하지 않는다.

하지만 여기서 끝이 아니다. 유전자와 환경이 서로 영향을 끼치는 또 다른 방식이 있다. 우리의 유전자가 세상의 특정한 반응을 이끌어 내기도 하지만 유전자는 또 세상이 우리로부터 이끌어 내는 반응에도 영향을 끼친다. 우리는 유전적 기질을 토대로 서로 다른 방식으로 세상을 해석하고 세상에 반응한다.

최근에 친구들을 만났을 때의 상호작용에 대해 한번 생각해 보자. 친구와 함께 파티에 갔다가 낯선 사람과 대화를 하게 된다. 알고 보니 그는 친구와 같은 업종에서 일하고 있었고 그래서 한동안 그 분야의 '유명인들'에 대한 이야기를 했다. 대화가 끝난 후 당신은 친구에게 이렇게 말한다. "유명한 사람 좀 안다고 거들먹거리기는!" 친구는 믿지 못하겠다는 표정으로 당신을 보며 말한다. "나는 정말 친절하다고 생각했는데! 공통 주제를 찾아 이야기하려고 노력했잖아." 같은 상호작용이었지만 각기 서로 다른 방식으로 이를 경험했다.

이와 같은 차이는 반응적 유전자-환경 상관관계다. 타고난 기질은 우리가 살면서 마주하는 대상에 대한 반응에 영향을 끼친다. 이것이 바로 같은 부모가 낳아 같이 키우는 두 아이가 부모에 대해 완전히 다른 경험과 기억을 갖고 있을 수 있는 이유다. 더 예민하고 감정적으로 반응하는 기질을 타고난 아이는 부모가 목소리를 높일 때 몹시 속상할 것이다. 그 경험을 두려운 것으로 인식하거나 부모와 거리감을 느껴 멀어지게 될 수도 있다.

반대로 형제자매라 하더라도 감정적 반응이 덜한 아이는 부모가 목소리를 높여도 당황하지 않을 것이고 대수롭지 않게 여길 것이다. 부모는 같은 행동을 했지만 그 경험은 두 아이가 각자 타고난 기질에 따라 완전히 다른 경험이 되었다. 이것이 자녀의 기질을 이해하는 것이 육아에 도움이 되는 이유다. 아이가 타고난 기질에 따라 '같은' 환경이 실제로는 같지 않을 수 있기 때문이다.

두 번째 방식: 능동적 유전자-환경 상관관계

나는 두 살 터울 동생 제닌Jeanine과 가깝게 지낸다. 하지만 늘 그런 것은 아니었다. 나는 내 동생이 자라는 것을 견딜 수 없었다 (미안, 제닌. 하지만 사랑해!). 제닌은 신경질 날 정도로 완벽해서 옆에 있는 내가 늘 형편없어 보였다. 이는 고등학교 시절 최고조에

달했다. 나도 적당히 괜찮은 아이였지만(내가 부모님께도 늘 말씀드리는 바였다), 나는 선을 넘길 좋아했다. 통금이 자정이라면 자정에서 10분이 지난 후 몰래 들어갔다. 가면 안 되는 파티에 몰래 갔고 술집 주인을 구슬려 미성년자 때부터 술을 마셨다. (하지만 적어도 성적은 전부 A였다. 물론 부모님은 믿지 않았지만.) 한편 동생은 주말에는 친구들과 영화를 보거나 친구 집에서 부모님의 감시 아래 같이 놀았다. 우리의 고등학교 시절 경험은 매우 달랐다. 같은 학교를 다녔고 같은 환경에 있었지만 몹시 다른 경험을 추구했고 그 경험들이 우리를 다른 방향으로 이끌었다. 동생과 나는 타고난 기질이 몹시 달랐다. 나는 언제나 외향적으로 모험을 좇는 사람이었다면 동생은 더 내향적이고 불안함이 컸다. 어쩌다 내가 몰래 파티에 갈 계획을 세우고 있다는 사실을 발견하면 늘 "그러다 큰일난다!"라고 말했다. 물론 나도 그럴 가능성이 있다는 사실은 알고 있었지만 재밌을 것 같아서 도저히 포기할 수 없었고, 부모님께 크게 혼날지도 모른다는 사실이 두려웠던 동생은 현명하게 친구 집에 가서 팝콘을 먹으며 영화 보기를 선택했다.

이것이 바로 유전자가 환경에 영향을 끼치는 두 번째 방식이다. 우리는 유전적 기질에 따라 서로 다른 환경을 적극적으로 찾아 나선다. 자극을 추구하는 청소년은 파티를 좋아하고, 내향적이거나 불안에 취약한 아이는 파티에 간다는 생각만 해도 끔찍할 것이다. 낮에 박물관 관람을 좋아하는 사람도 있고 그것만큼 지겨운 일은 없다고 생각하는 사람도 있다. 나가서 먹기를 좋아하는 사람도, 집에서 먹기를 좋아하는 사람도 있다. 타고난 기질은 우리가 추구하는 환경, 우리가 선택하는 상황으로 이어진다. 이를 적소 찾기^{niche-picking}라고 한다. 우리는 자기에게 가장 어울리는 것을 선택한다. 그리고 그 선택에 영향을 끼치는 것이 바로 유전자다.

적극적 환경 선택은 나이가 들수록 증가한다. 아이들은 환경을 선택하는 데 한계가 있다. 대부분의 경우 부모가 선택해 준 곳으로 가게 된다. 아이들의 환경 형성 능력은 주로 그 환경에 대한 행동적 반응으로 발휘된다. 아이에게 연극을 시키고 싶지만 무대에 서기 싫어 수업에 갈 때마다 운다면 부모도 결국 포기할 것이다. 박물관에 데려간 아이가 부모와 함께 작품을 감상하며 즐거운 시간을 보냈다면 더 자주 박물관을 찾을 것이다. 반대로 박물관에서 뛰어다니는 아이를 오후 내내 따라다니며 말리거나 직원들에게 사과하면서 시간을 보냈다면 박물관은 다시 가지 않을 가능성이 높다. 아이들은 부모가 제공하는 특정한 환경에 반응함으로써 간접적으로 경험을 만들어 나간다. 하지만 보통은 흐름을 따르는 편이다.

그리고 이는 자라면서 변한다. 청소년이 되면 원하는 환경을 적극적으로 찾아 나서는 능력이 훨씬 커진다. 원하는 친구를 선택하고(이 정도 나이가 되면 부모가 더 이상 '놀이 약속'을 잡아 주지 않는다) 시간을 보내는 방법에 대한 선택권도 넓어진다. 그리고 성인이 되어 독립하면 정해진 것은 아무것도 없다. 어디를 가고 누구와 시간을 보낼지 스스로 선택하는 주체가 된다. 그리고 그 선택은 우연이 아니라 유전의 영향을 받은 성격이 좌우한다. (그 과정에서 영향력 있는 어른들의 좋은 메시지가 영향을 끼치길 바랄 뿐이다.) 공부에 관심이 있다면 도서관에서 시간을 보내거나 체스 클럽에 가입한다. 모험을 좋아하면 역시 모험을 좋아하는 비슷한 친구를 찾는다. 스카이다이빙을 하거나 스키 클럽에 가입한다. 술을 마시러 가고 콘서트에 간다. 불안이나 걱정에 취약하다면 방에서 더 시간을 보낼 것이다. 파티에 가지 않고 다른 사회 활동도 적을 것이다.

유전의 영향을 받은 서로 다른 기질적 특성은 서로 다른 환경과 경험으로 우리를 이끌고, 그 경험이 우리를 만들어 나간다.

세 번째 방식: 수동적 유전자−환경 상관관계

유전자와 환경이 상호작용하는 마지막 방식은 부모와 자녀 관계에 한정되어 있다. 아이들의 환경과 그들의 반응에 영향을 끼치는 것은 아이들이 타고난 기질이 전부가 아니다. 부모도 타고난 기질이 있고 세상과 상호작용하는 방식이 있다.

부모의 기질은 양육 방식과 자녀에게 제공하는 환경에 영향을 끼친다. 충동적이고 모험을 좋아하는 부모는 자녀에게도 도전을 장려할 것이다. 스키나 스카이다이빙 기회를 제공하고 암벽 등반 수업에 등록해 줄 것이다. 학구적이거나 지적인 부모는 집 안을 책으로 채워 주고 어린이 신문이나 과학 잡지를 구독해 줄 것이다. 내향적인 부모는 소수의 사람만 함께하거나 더 조용한 활동을 계획할 것이다. 무대에 올라가기 싫어하는 부모는 아이에게도 연극 수업은 등록해 주지 않을 것이다. 부모의 육아 방식은 다양한 측면에서 부모가 타고난 유전적 기질을 반영한다.

그리고 여기에 반전이 있다. (생물학적) 부모가 자녀에게 유전자와 환경을 동시에 제공하기 때문에(기억하라, 아이들은 엄마의 유전자 50퍼센트와 아빠의 유전자 50퍼센트가 섞여 있다) 이는 곧 자녀의 환경이 부모에게 물려받은 유전자와 관련이 있다는 뜻이다. 그 환경은 아이가 부모와 공유하는 부모 유전자의 영향을 받은 것이기 때문이다. 다시 말하면, 부모는 아이에게 유전자를 전달하고 그 유전자의 영향을 받은 환경을 제공한다. 이는 곧 아이들의 환경이 (생물학적 부모가 제공한다는 가정하에) 아주 어릴 때부터 자신의 유전자와 관련이 있다는 뜻이다.

예를 들어 보자. 부모의 아이큐[IQ]가 높다. 지능은 유전이며 인지 능력에 영향을 끼친다.[25] 부모의 높은 아이큐는 자녀에게 유전될 가능성이 높고 그 부모는 또 책이 많은 환경을 제공할 가능성이 크다. 그렇다면 아이는 유전적 기질과 책이 많은 환경이 더해져 학업적으로 몹시 유리한 입장이 될 가능성이 높다는 뜻이다. 부모는 자신이 즐겼던 학업 중심 여름 캠프에 아이를 보낼 것이다. 이미 앞서 있는 그 아이는 레고 캠프와 로봇 캠프 등 추가의

'환경적' 자극을 받게 된다. 명석한 부모는 숙제를 도와줄 수도 있고 배움을 즐거워하는 아이 모습에 흐뭇할 것이다. 결국 그 아이는 명석한 유전자와 최적의 환경이라는 두 가지를 동시에 얻는다. 평균 이상이었던 부모의 유전자에서 모든 것이 시작된 것이다.

안타깝지만 그 반대도 마찬가지다. 두 배로 불리한 입장에 처해 있는 아이들도 있다. 예를 들면 공격성도 유전의 영향을 받는다.[26] 공격적 기질을 타고난 아이는 공격적인 부모 밑에서 자랄 가능성이 높고, 가정에서 엄격한 훈육이나 심한 체벌을 겪을 가능성도 높다. 이와 같은 환경적 경험은 아이의 공격적 기질을 악화시킬 수 있다. 무작위로 물려받은 유전자가 안타깝게도 성급한 분노와 이를 부추기는 환경으로 이어지는 것이다.

수동적 유전자-환경 상관관계는 자녀가 생물학적인 부모(혹은 친척) 밑에서 자랄 때만 존재한다. 친척 관계가 아닌 집에 입양된 아이들은 자신이 타고난 유전자와 관련 없는 환경에서 살게 될 수도 있다. 하지만 앞서 살펴본 유발적·반응적 유전자-환경 상관관계와 능동적 유전자-환경 상관관계는 양육의 주체가 누구인지에 상관없이 영향을 끼친다. 타고난 유전자와 상관없는 환경에서 자란다고 해도 모든 아이의 유전자는 타인에게서 어떤 반응을 유발하는지, 환경에 어떻게 반응하는지, 그리고 애초에 어떤 환경을 찾아 나서는지에 영향을 끼친다.

유전자가 만드는 삶의 피드백 고리

1장에서 이야기했던 떨어져 자란 일란성 쌍둥이 연구로 돌아가 보자. 그 연구를 보며 서로 다른 환경에서 자란 일란성 쌍둥이가 어떻게 함께 자란 일란성 쌍둥이만큼 비슷할 수 있는지 궁금했을 것이다. 이제 앞에서 언급한 유전자-환경 상관관계의 렌즈를 통해 그 연구 결과를 다시 살펴보자.

쌍둥이는 서로 다른 양부모 밑에서 자랐고 그래서 쌍둥이의 가정 환경은 타고난 유전자와 관련이 없었다(즉 수동적 유전자-환경 상관관계가 없었다). 하지만 쌍둥이는 같은 유전자를 공유했고 그래서 비슷한 기질을 발휘하며 살아가기 시작했다. 비슷한 기질은 (서로 다른) 부모와 교사, 더 나아가 세상에서 만나는 사람들의 비슷한 반응을 유발했을 것이다. 떨어져 각자의 삶을 살았지만 유전적 기질이 환경적 경험과 그 경험에 대한 반응을 좌우했기 때문에 완전히 다른 두 사람보다는 더 비슷한 경험을 하면서 살게 되는 것이다. 세상이 제공하는 비슷한 피드백과 경험에 대한 해석이 쌓이면서 두 사람은 점차 비슷해졌다.

다시 말하면, 그 '환경적 경험' 자체가 유전자에서 기인한다는 것이다. 그렇기 때문에 짐 쌍둥이는 서로 다른 환경에서 자랐음에도 불구하고 그토록 비슷할 수 있었다.

물론 무작위로 주어지는 사건이나 환경도 있다. 지진이나 태풍 같은 자연재해는 유전자와 아무 상관이 없다. 자동차 사고 같은 다른 종류의 스트레스 요인은 유전자의 영향일 수도 있고 아닐 수도 있다. 부주의한 운전자가 신호를 무시하고 달리다가 우연히 나를 치는 무작위의 사고도 있다. 하지만 내가 속도를 내서(모험을 즐기기 때문에!) 혹은 우울증 때문에 힘들어서 운전에 집중하지 못해 일어나는 사고도 있다. 가끔은 '무작위'로 보이는 환경적 사건도 어느 정도 성격의 영향을 받은 것일 수 있다. 내가 만난 사람 중에는 이를 극단적으로 받아들여 자동차 사고의 잘못을 가릴 때 양측 모두에게 잘못이 있다고 말한 사람도 있었다. 그때 그 자리에 있었던 것 자체가 잘못이라는 이유로 말이다!

'가혹한 운명의 돌팔매질과 화살들'을 제외하고라도 유전자는 환경의 수많은 측면에 영향을 끼친다. 그리고 좋든 나쁘든 무작위의 사건을 경험할 때의 반응에도 영향을 끼친다. 이는 우리의 독특한 유전자 구성으로 만들어지는 삶의 피드백 고리다.

좋은 부모의 역할은
기질을 다듬어 주는 것이다

그렇다면 부모의 역할은 어디서부터인가?

유전자가 기질의 토대를 쌓고 그 토대가 세상을 경험하는 방식에 영향을 끼치지만, 유전자가 아이들의 운명을 좌우하는 것은 아니다. 부모가 자녀의 유전적 기질을 파악해 타고난 잠재력을 발휘하고 문제를 일으킬 수 있는 기질 요소를 통제하도록 도와줄 수 있다. 다시 말하면 환경은 유전적 기질의 발현 방식에 영향을 줄 수 있다. 이를 유전자-환경 상호작용이라고 한다.[27]

예를 들어 보자. 자녀가 높은 충동성을 타고났다면 이를 통제하는 법을 배울 수 있도록 경계를 설정해 주고 이를 통해 충동적인 기질로 문제를 겪게 될 가능성을 낮춰 줄 수 있다. 정서성Emotionality이 높은 아이라면(부모 눈에 '아무것도 아닌 일로 난리를 치는' 것처럼 보인다면) 감정을 조절하는 법을 가르쳐 타고난 기질을 관리할 수 있도록 도와준다. 그리고 자녀가 타고난 기질의 장점을 충분히 발휘할 수 있도록 도와줄 수 있다. 선천적으로 사람들과 어울리기 좋아하는 아이는 더 많은 친구와 상호작용할 수 있는 환경에서 꽃필 것이고 이는 그들의 사회성을 더 발전시키는 데 도움이 될 것이다.

자녀의 기질을 이해하면 어떤 환경이 자녀의 성공에 도움이 되고 어떤 환경을 피해야 문제를 덜 겪게 될지 파악할 수 있다. '유전자-환경 상호작용'의 뜻은 부모가 자녀의 특정한 기질을 라디오의 음량 버튼처럼 조절하도록 도울 수 있다는 뜻이다. 안타깝지만 전원 버튼은 부모 마음대로 할 수 없다. (아들의 감정이 폭발할 때는 나도 정말 마음대로 하고 싶다.) 하지만 그 조율 과정이 부모가 자녀에게 가장 큰 영향을 끼칠 수 있는 방법이며, 이는 과학이 증명한다.

나의 첫 멘토이자 임상심리학, 행동유전학의 창시자 어빙 가츠맨Irving Gottesman은 1960년대, 유전자와 환경의 상호작용을 통해 아이들이 어떻게 자라는지 연구하면서 반응 범위reaction range라는 개념을 소개했다. 반응 범위는 특정한 유전적 기질을 타고나지만 그 기질이 어느 범위 내에서 발현될지 좌우하는 것은 곧 환경이라는 뜻이다. 내향적이고 혼자 있기 좋아하는 아이가 있다면 항상 자기 방에서 혼자 놀게 내버려 두지 않고 사람들과 함께 있을 때 더 편해질 수 있도록 친구들에게 꾸준히 노출시켜 아이를 도울 수 있다. 타고난 기질에는 어울리지 않지만 자라면서 필요하게 될 사회적 환경에 적응할 수 있도록 말이다. 하지만 그 어떤 도움으로도 내향적인 아이를 외향적인 아이처럼 파티의 주인공이 되고 싶게 만들 수는 없다.

반대로 몹시 외향적인 아이를 둔 부모라면 사람들 앞에서 발표를 하거나 학교 연극에 참여하는 등의 사회적 출구로 그 기질을 이끌어 주어야 나중에 아이가 술집 테이블 위에 올라가 춤을 추는 일이 없을 것이다.

다시 말하면 유전적 기질은 그 안에서 자녀가 어떻게 자랄지 경계를 설정하지만 그 기질과의 상호작용을 통해 결국 어디에 도달할지 결정하는 것은 바로 환경이다. 그렇다면 부모의 가장 중요한 역할은 자녀가 타고난 기질의 장점을 발휘하고 단점을 관리할 수 있도록 도와주는 것일지도 모른다.

마지막으로 이해해야 할 유전에 관한 중요한 개념이 하나 더 있다. 바로 '후성유전학 epigenetics'이다. 후성유전학은 유전자-환경 상호작용과 관련이 있는데, 이는 환경이 유전자의 발현에 분자 수준으로 영향을 끼친다는 뜻이다.

환경적 경험은 유전자의 발현이나 억제, 혹은 발현 정도에 영향을 끼친다. 새로운 연구에 따르면 스트레스가 많은 환경은 부정적인 후성유전학 효과를 초래해 스트레스 반응과 관련된 유전자를 활성화시키고 이는 부정적인 신체적·행동적·심리적 결과로 이어질 수 있다. 가난과 범죄에의 노출, 어린 시절의 트라우마, 차별 등의 모든 요소가 세대를 초월해 전해지면서 유전자 발현을 바꾸고 아동 발달에 부정적인 영향을 끼칠 수 있다. 아무리 완벽한 부모가 되어도 아이들은 우리 생각대로 자라지 않겠지만 스트레스나 상처나 트라우마가 될 법한 충격적이거나 폭력적인 경험들은 분명 아이들에게 나쁜 영향을 끼쳐 잠재력의 발휘를 방해한다는 사실은 자명하다.

앞서 1, 2장에서 유전자와 환경의 상호작용이 아동의 행동에 어떻게 영향을 끼치는지 이해했으므로 3장부터는 자녀의 유전적 기질을 파악하고 그 특별한 기질에 맞는 양육 방식에 대해 살펴볼 것이다. 이를 통해 부모는 자녀의 성장을 좌우하는 유전자와 환경의 상호작용에 영향을 끼칠 수 있을 것이고, 아이가 세상을 더 잘 헤쳐 나가는 데 도움이 될 발판을 만들어 줄 수 있을 것이다.

- 특정 행동을 유발하는 개별 유전자는 없다. 유전자는 더 복잡하고 간접적인 방식으로 우리 삶을 형성한다.

- 인간의 행동은 그 행동과 관련된 선천적 기질에 영향을 끼치는 수백 혹은 수천 개의 유전자가 한꺼번에 작용한 결과다. 충동성, 외향성, 불안과 관련된 행동은 물론 그 밖의 모든 행동이 마찬가지다. 유전자는 뇌의 성장 방식에 영향을 끼쳐 우리가 하는 모든 행동을 만들어 나간다.

- 기질부터 외모까지 유전적 특성은 세상에서의 경험에 영향을 끼친다. 유전적 기질이 서로 다른 아이들은 주변에서 각기 다른 반응을 얻게 되고 이는 다시 그들의 성장에 영향을 끼친다.

- 우리는 유전적 기질에 따라 각기 다른 방식으로 세상을 이해하고 이에 반응한다. 함께 자라는 형제자매도 각자의 독특한 기질 때문에 부모와 각기 다른 경험을 하게 된다.

- 유전자는 우리가 추구하는 환경에도 영향을 끼친다. 예를 들면 외향적인 아이는 사람이 많은 활동적인 환경을 찾는다.

- 아이들은 유전적 기질에 따라 부모와 가정 환경에 서로 다른 방식으로 반응한다. 한 아이에게 효과가 있었던 방식이 다른 아이에게는 효과가 없는 이유이기도 하다.

- 좋은 부모가 되는 첫걸음은 자녀의 유전적 기질 이해에 있다. 자녀의 유전적 기질을 이해하면 아이가 세상을 더 잘 헤쳐 나갈 수 있도록 도울 수 있다. 부모는 아이의 기질을 좀 더 나은 방향으로 조율할 수 있고, 환경은 아이의 유전자 발현을 변화시킬 수 있다.

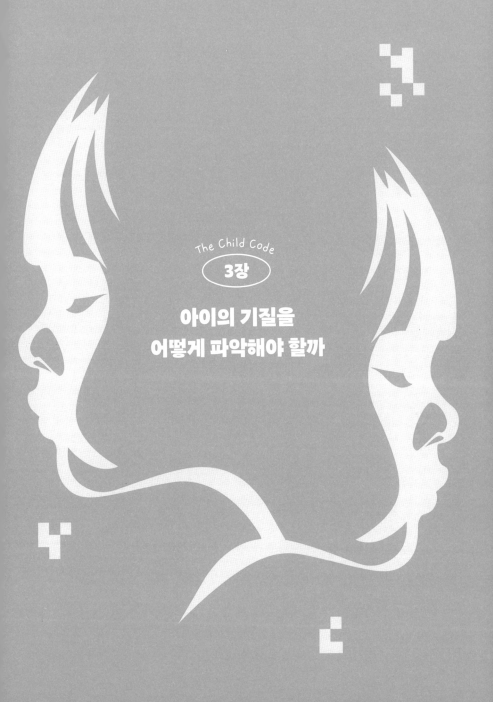

The Child Code

3장

아이의 기질을
어떻게 파악해야 할까

몇 년 전, 나는 가장 친했던 대학 친구와 아이들을 데리고 놀이터에 갔다. 아이들은 구름사다리에서 놀고 있었는데 내 아들은 사다리 꼭대기에 올라가 독수리처럼 날개를 펴고 이렇게 외쳤다. "나 좀 봐!" 친구의 아들은 바닥에서 그를 바라보며 소심하게 말했다. "그거 위험할 것 같은데……." 내 아들은 이렇게 대답했다. "그래도 엄청 재밌어!"

우리는 자녀의 행동을 관찰하며 기질을 파악한다. 부모의 임무는 다정한 탐정이 되는 것이다. 사실 아이들이 갓난아이일 때부터 자연스럽게 그렇게 된다. 아기가 울면 배가 고픈지, 기저귀가 축축한지, 낮잠이나 이불이 필요한지 알아내고 그에 맞게 반응한다. 그러다 보면 '배고파!'라는 울음과 '피곤해!'라는 울음의 차이를 금방 알게 된다.

부모는 자녀에 대해 누구보다 잘 알고 이를 활용해 갓난아이

시절부터 아이들의 기본 욕구를 돌본다. 하지만 그게 끝이 아니다. 아이마다 다른 기질을 파악하는 것은 각 발달 단계에서 아이에게 필요한 것을 제공하기 위한 부모의 육아에도 도움이 된다. 또한 당신 아이에게는 절대로 효과가 없을 기존의 비효율적 육아 방식으로 실패하고 좌절할 필요도 없게 된다. 부모는 자기만의 기질을 타고난 아이를 위해 어떤 방식이 효과가 있고 어떤 방식은 효과가 없는지 파악하는 탐정이 되어야 한다.

친구의 아이는 태어날 때부터 겁이 많고 소심했기 때문에 익숙한 것에서 빠져나와 약간의 위험을 감수하며 새로운 것을 시도해보게 만들 필요가 있었다. 친구는 부드럽고 끈기 있고 인내심 많은 엄마가 되어야 했다. 반대로 내 아들은 겁 없고 충동적이었기 때문에 위험한 상황에 처하지 않도록 자기 통제를 가르쳐야 했다. 확실한 경계가 필요했기 때문에 부드러운 조언은 효과가 없었고, 친구의 예민한 아들에게는 내 아들에게 필요한 단호한 규칙들은 적합하지 않았을 것이다. 솔직히 이를 파악하는 데 약간의 탐정 노릇이 필요했다. 나는 태생적으로 말로 문제를 해결하는 편이었다(심리학자가 된 이유도 바로 그것이다!). 하지만 아무리 대화를 반복해도 아들의 충동적인 행동에는 변화가 없었고 결국 효과를 본 것은 단호하고 확실한 규칙이었다.

아이의 기질에 접근하는 부모의 다른 방식

알렉시스^{Alexis}와 케일럽^{Caleb}이라는 두 아이가 있다. 두 아이 모두 처음에는 겁이 많았다. 유전적으로 불안에 더 취약한 기질을 타고났다. 낯선 사람이 말을 걸어오면 둘 다 엄마 다리에 매달렸다. 놀이터에서도 다른 아이들과 쉽게 어울리지 못했다. 수영 수업에서는 수영장 가장자리에 앉아 울음을 터트렸다. 하지만 부모는 아이들의 두려움 많은 기질에 몹시 다른 방식으로 접근했다.

케일럽이 다리 뒤에 숨으면 부모는 아이를 부끄럽게 만들지 않고 그저 수줍음이 많아서 그렇다고 친구에게 설명하고 다시 대화를 이어 나갔다. 놀이터에서는 다른 아이들과 함께 놀라고 설득하지 않고 부모가 함께 놀아 주었다. 수영을 하지 않겠다고 하자 선생님께 아직 준비가 되지 않은 것 같다며 내년에 다시 오겠다고 했다.

한편 알렉시스의 부모는 아이가 새로운 사람 앞에서 숨을 때 나와서 인사할 수 있도록 부드럽게 달래며 차분히 기다려 주었다. 그리고 다시 친구들과 대화를 이어 갔다. 놀이터에서 다른 아이들에게 쉽게 다가가지 못하면 아이를 데려가 친구들에게 소개해 주고 새 친구들이 편해질 때까지 옆에 있어 주었다. 수영 수업을 거부해도 매번 수영장에 데려와 준비가 될 때까지 옆에 앉아 있게 했다.

여기서 중요한 것은 두 아이의 부모가 '잘못'한 것은 아무것도 없다는 사실이다. 그들은 최선을 다해 아이의 마음을 살피고 그에 맞게 육아 방식을 조절했다. 하지만 알렉시스의 부모처럼 두려움 많은 아이가 태생적으로 회피하는 상황에 아이를 서서히 노출시켜 주는 것이 두려움을 극복하도록 돕는 데 훨씬 효과적이었다. (당연히 부모에게도 도움이 될 것이다!)

케일럽의 부모 역시 의도는 좋았지만 장기적으로는 아이에게 도움이 되지 못했다. 두려움으로부터 아이를 보호했지만 불안에 취약한 기질을 이겨 낼 수 있도록 도와주지는 못했다.

기질의 세 가지 주요 요소

기질은 다양한 방식으로 분류된다. 수십 가지 기질 측정 방법이 있으며 기질과 행동을 분류하고 명명하는 방식도 전문가마다 다르다. 이 책에서 나는 영유아의 기질적 행동에 대한 수백 가지 연구에서 지속적으로 드러나는 (명칭과 뉘앙스는 약간씩 다르지만) 세 가지 주요한 특성, 즉 세 가지 주요한 요소에 대해 집중적으로 살펴볼 것이다. 많은 연구가 아동의 부모나 다른 중요한 성인들의 진술, 연구실은 물론 집과 같은 자연스러운 환경에서의 아동 관찰을 통해 진행된다. 이 세 가지 특성은 다양한 문화권에서 성별과 관계없이 모두 나타나며 (약간의 성별 차이는 존재하는데 이에 대해서는 나중에 더 논할 것이다) 영아기에 관찰되기 시작해 유아기나 아동기 중반까지 지속적으로 나타난다.

세 가지 주요 특성에 대해 학술 문헌에서 볼 수 있는 용어로 설명하지는 않았다. 부모들에게 도움이 되고자 방대한 문헌에서 추출한 정보를 토대로 내가 정리한 것이다. 그러니 학자들과 부모들 모두, 이 책은 연구 목적으로 쓰인 것이 아님을 알아주길 바란다. 이 책은 (내가 연구했던) 임상심리학, 발달심리학, 행동유전학의 연구 결과들을 모아 다른 부모들에게 도움이 되고자 부모 입장에서 집필한 책이다.

기질의 세 가지 요소를 살펴보다 보면 자녀가 어떤 기질을 타고났는지 알게 될 것이다. 그 기질은 사춘기와 성인기의 행동을 예측하기 때문에 자녀가 타고난 기질을 잘 관찰하고 파악하는 것이 부모의 중요한 임무 중 하나다. 자녀에게 맞는 양육 방식을 찾으려면 먼저 자녀가 타고난 기질을 파악해야 한다.

지금부터 이를 극단적으로 보여 주는 여섯 아이를 소개할 것이다. 아이들의 서로 다른 기질적 특성에 대해 읽으면서 유전적으로 좋은 혹은 나쁜 기질은 없다는 사실을 반드시 기억하길 바란다. 물론 특정한 기질을 타고난 아이가 어떤 부모에게는 유난히 키우기 힘든 아이가 될 수도 있다. 하지만 특정한 기질이 좋은 혹은 나쁜 것이라는 관점은 시대의 변화에 따라, 그리고 각 문화에 따라 달라질 수 있다. 앞에서 이미 언급했듯이 어린 시절에 좋아 보이는 기질이 힘든 청소년기의 원인이 되기도 한다(사교성 높은 아이는 또래의 영향을 받을 가능성이 크고, 알코올이나 다른 약물 관련 실험 정신이 높을 수 있다). 어렸을 때 부모를 힘들게 했던 기질이 성인이 되면 장점이 되기도 한다(고집이 세 키우기 까다로웠던 아이가 원칙을 수호하는 성인으로 자랄 수 있다). 문화에 따라 아이들의 복종을 바라기도 하고 개성을 중시하기도 한다. 중요한 것은 모든 기질에는 장단점이 있다는 것이다.

외향성: 라일라와 밀라

라일라^{Lila}는 세상을 휩쓸 기세로 태어났다고 라일라의 부모가 말했다. 아기 때는 까꿍 놀이를 좋아했고 부모가 놀아 줄 때마다 깔깔 웃었다. 새로운 장난감을 좋아했고 부모님과 외출하는 것도 즐기는 듯 보였다. 아기였을 때부터 동네를 산책할 때 유아차 안을 들여다보는 낯선 사람들에게 옹알이를 했다. 기어 다닐 수 있게 되자 항상 움직였다. 몸으로 노는 문화센터 수업을 좋아했고 부모와 함께 노래하는 음악 수업도 좋아했다. 새로운 놀이터에 열광했고 놀이터에서 친구도 쉽게 사귀었다. 쇼핑을 좋아했고 마트를 종횡무진 돌아다니며 필요한 물건을 찾아 카트에 넣어 부모에게 도움이 되고 싶어 했다. 라일라가 밖에서 에너지를 소진시키지 않으면 집 안 구석구석을 뛰어다니거나 툭하면 어딘가에서 뛰어내려 물건이 곧잘 부서진다는 사실을 부모는 경험으로 알고 있었다.

　반대로 밀라^{Mila}는 조용하고 원하는 것도 많지 않은 아이였다.

밀라는 부모의 팔에 안겨 평화롭게 얼굴을 마주 보고 있을 때 행
복해했다. 답답해하거나 내려 달라고 꼼지락거리지도 않았다. 까
꿍 놀이처럼 긴장감 높은 놀이를 부담스러워했고 그저 포근히 안
겨 있는 것을 좋아했다. 책을 읽어 주면 조용히 앉아 들었다. 자라
면서도 시끄러운 놀이터나 키즈 카페에 가는 것보다 집 안에서 조
용히 하는 카드 게임 같은 놀이를 더 좋아했다. 밀라는 새로운 사
람이 집에 찾아오면 수줍어하면서 가까워지는 데 시간이 좀 걸렸
지만 조금 괜찮아지면 곰 인형을 자랑하거나 장난감으로 음식을
만들어 대접하기도 했다. 집이 조용하면 밀라가 방에서 블록을 쌓
거나 퍼즐을 하고 있다는 뜻이었다.

　라일라와 밀라는 첫 번째 특성인 외향성의 양극단을 대표하는
아이들이다. 외향성은 발달 초기에 드러나기 시작하고 긍정적 정
서(세상과 다른 사람들로부터 얼마나 즐거움을 느낄 수 있는가), 활동 수
준(얼마나 많이 움직이는가), 그리고 탐구적 행동(새로운 시도를 얼마
나 좋아하는가) 등에 대한 선천적인 특성이다.

　외향성이 높은 아이는 행복하고 활동적인 편이다. 아기 때부터
잘 웃는다. 부모와 놀 때 옹알이를 더 많이 한다. 많이 움직이는 편
이라 팔에 안겨 있지 못하고 꼼지락대며 놀이 매트 위에서도 늘
돌아다닌다. 새로운 곳에 가기를 좋아하고 새로운 활동을 즐긴다.

에너지가 넘쳐 놀이터에서 시끌벅적하게 놀거나 높은 미끄럼틀에서 내려오는 것을 좋아한다. 걷기보다 뛰어다닌다. 새로운 사람을 만나는 것도 좋아한다.

그와 반대로 더 조용하고 덜 활동적인 아이들이 있다. 아기 때부터 부모의 품 안에 안겨 있는 것을 좋아한다. 모르는 사람은 물론, 알고 있지만 자주 만나지 않는 사람 앞에서도 낯을 가린다. 혼자 혹은 소그룹으로 노는 것을 더 좋아한다. 사람들이 많거나 활동적인 놀이는 선호하지 않고 간혹 싫어하기도 한다.

정서성: 클로이와 조이

클로이Chloe는 태어난 직후부터 혼자 누워 있거나 낯선 사람에게 안기는 것을 싫어했다. 눕히기만 하면 다시 안아 줄 때까지 격렬하게 울었다. 사람들이 좋다고 하는 각종 아기 용품을 다 써 봤지만 클로이는 그 어떤 것도 좋아하지 않았다. 한번 기분이 상하면 쉽게 진정되지 않았다. 피곤하면 모든 게 더 힘들어졌다. 클로이는 자신이 좋아하지 않는 것은 무엇이든 거부했다. 도대체 왜 화가 났는지 알 수 없는 때도 많았다. 분명 피곤해 보이는데도 낮잠을 거부하거나 밤에도 잘 자려 하지 않았다. 자라면서도 무엇이든 자기 마음대로 되지 않으면 쉽게 짜증을 냈다. 게임에서 지거나 그림이 생각대로 그려지지 않으면 난리를 피웠고 그럴 때는 쉽게 달래거나 관심을 돌릴 수도 없었다. 낯선 사람을 두려워했고 문화센터 수업에 들어가기 싫으면 바닥에 누워 부모를 발로 차며 소리를 질렀다.

반대로 조이^Zoe는 '알아서 큰다'라고 할 수 있는 아이였다. 아기 때도 조금만 달래면 금방 기분이 좋아졌다. 여러 어른들에게 얌전히 안겨 있었으며 놀이 매트나 그네에도 혼자 잘 앉아 있었다. 마음에 들지 않았던 것도 금방 잊고 다른 일에 집중했다. 가장 좋아하는 과자가 집에 없을 때 울기도 했지만 얼른 다른 과자를 먹고 게임을 하자고 하면 금방 기분이 좋아졌다. 어린이 박물관 관람이든 만들기 수업이든 부모가 준비한 놀이는 무엇이든 즐겁게 하는 편이었다. 놀이터에 모르는 아이가 있어도 짜증을 내거나 도망가지 않고 시간은 걸렸지만 조금씩 다가가 함께 놀기도 했다.

클로이와 조이는 정서성의 양극단을 대변한다. 정서성이 높은 아이는 쉽게 두려워하고 힘들어하고 좌절한다. 영유아기 때부터 피곤하면 더 화를 내고 잠투정도 심하다. 장난감이 사라지면 울음을 터트린다. 게임에서 지거나 공놀이를 하지 못하게 되면 쉽게 화를 낸다. 이는 보통 '과잉 반응'으로 여겨지고 그런 반응이 한동안 지속된다. 정서성이 높은 아이는 금방 달래지지 않는 편이다. 두려움이 많아 밤에 괴물이 나타나거나 집에 누가 쳐들어올지도 모른다고 무서워한다.

의도적 통제: 헤이든과 제이든

헤이든^{Hayden}은 부모가 책을 읽어 줄 때 얌전히 앉아 있는다. 몇 시간 동안 블록으로 성 쌓기에 집중한다. 한자리에 가만히 앉아서 퍼즐을 완성한다. 부모의 지시를 잘 따른다. 사탕을 먹기 전에 밥부터 먹어야 한다면 크게 짜증을 내지 않고 기다릴 수 있다. 놀이터에서 놀다가도 부모가 부르면 바로 달려온다. 하지 말라고 하면 바로 멈춘다.

반대로 제이든^{Jayden}은 여기저기 돌아다니며 다양한 활동을 한다. 퍼즐을 시작했다가 금방 지겨워져 다른 놀이를 한다. 방에는 다양한 장난감이 펼쳐져 있다. 10분 이상 차분히 앉아 한 가지 활동을 하기 힘들어한다. 앉아서 책을 한 권 이상 읽지 못한다. 동생과 재미있게 칼싸움을 하다가 자칫하면 진짜 싸우는 것처럼 심각해진다. 하지 말라는 말을 몇 번이나 들어야 겨우 멈춘다. 기다려야 사탕을 먹을 수 있는 상황을 견디기 힘들어한다. 과자가 어디 있는지 알면 과자 봉지를 뜯다가 현장에서 발견될 것이다!

헤이든과 제이든은 **의도적 통제**^{Effortful Control} 능력의 양극단을 대변한다. 의도적 통제는 종종 자기 통제로 언급되기도 한다. 아이들은 출생 후 1년이 지나면 자기 감정과 행동을 통제하는 능력이 발달하기 시작한다. 의도적 통제는 감정을 조절하고 한 가지에 집중할 수 있는 능력을 일찍부터 보여 준다. 자라면서는 한 가지 장난감에 얼마나 집중할 수 있는지, 지시를 얼마나 잘 따르는지, 하면 안 되는 일을 얼마나 참을 수 있는지 등에 영향을 끼친다.

아이의 기질을 파악할 때 다섯 가지 주의점

이제 내 아이가 어떤 기질을 타고났는지 생각해 보자. 내 아이는 라일라 같은가 아니면 밀라 같은가? 클로이에 더 가까운가 조이에 더 가까운가? 헤이든? 아니면 제이든? 어떤 특성은 분명히 드러나지만 더 오래 관찰해야 파악되는 특성도 있을 것이다. 각 기질 연속선에서 자녀가 어디쯤 있는지 판단하기 위해서는 다음 다섯 가지 사항에 주의해야 한다.

1. 다양한 상황에서 일관적으로 드러나는 모습을 찾아라

모든 아이가 조금씩은 두려워하고 행복해하고 투정도 부리고 공격성도 드러낸다. 유전적 기질은 모든 상황에서 일관적으로 드러나는 모습을 말한다. 앞에서 여섯 아이를 묘사할 때 내가 기질이 드러나는 다양한 모습에 대해 언급한 이유도 바로 그 때문이다. 자녀가 어느 쪽에 속하는지 판단하려면 관련 있는 행동 한두 번이 아니라 관련 행동이 다양한 모습으로 얼마나 자주 드러나는지 생각해 보아야 한다.

모든 아이들이 개가 갑자기 으르렁거리거나 짖거나 달려들면 두려워한다. (성인도 마찬가지다!) 하지만 두려움이 많은 아이들은 강아지가 얌전히 앉아 있거나 밥을 먹고 있을 때도 무서워한다. 개뿐만이 아니다. 부모 곁에서 떨어지는 것, 새로운 사람을 만나는 것, 새로운 장소에 가는 것 등 많은 것에 대해 지속적으로 두려움을 보이는 경우가 이에 해당된다.

2. 시간이 지나도 변하지 않는 모습을 찾아라

유전적 기질은 시간이 지나도 잘 변하지 않는다. 그러므로 아이들이 자랄수록 더 파악하기 쉬워지기도 한다. 타고난 기질은 2~3개월째부터 드러나기 시작하지만 아이와 시간을 보내다 보면 발달 단계를 거치며 드러나는 특성인지 실제로 타고난 특성인지 더 잘 알 수 있게 될 것이다.

예를 들어 보자. 아이들은 독립심이 생기면서 부모의 모든 요구에 단호하게 "싫어!"라고 대꾸하는 귀여운 시기를 거치는 것이 정상이다. 그렇다고 그 아이가 쭉 반항하는 아이로 자랄 거라는 뜻은 아니다. 그저 그 시기를 겪고 있는 것뿐이다. 기질은 세 살이 되면 굳어지기 시작하기 때문에 아이가 자랄수록 부모는 아이의 유전적 기질을 더 정확히 판단할 수 있다. 유전자는 특정한 행동이 시간이 지나도 얼마나 안정적으로 드러나는지를 좌우하기 때문에 아이가 자라면서 지속적으로 보이는 행동이 바로 타고난 기질일 것이다. 동물을 쓰다듬거나 몸으로 하는 놀이를 싫어하던 두려움 많은 아이가 시간이 지나도 유치원에 가거나 놀이터에서 친구들을 만나기 싫어하는 모습을 보인다면 이는 발달 단계에 따른 일시적 특성이 아니라 불안에 취약한 기질을 타고난 것이라고 할 수 있다.

3. 자녀의 나이를 고려하라

아이들마다 기질적 특성이 서로 다른 것은 뇌가 서로 다른 방식으로 연결되기 때문이며, 아이들의 뇌는 급격히 자라기 때문에 발달 단계에 따라 기질적 특성도 다르게 드러난다. 외향성과 정서성 관련 행동은 일찍 나타나는 편이다. 갓난아이 때부터 웃는 정도가 다르다(외향성: 긍정적 정서). 불안해하거나 좌절하는 정도(정서성), 활동 반경 정도(외향성: 활동 수준), 새로운 장소나 장난감에 대한 선호도(외향성: 탐구적 행동) 역시 다르다. 새로운 것에 대한 두려움은 12개월 전후로 드러나기 시작하고(정서성), 의도적 통제 능력은 (부모들에게는 안타깝지만) 한 살이 지난 후에 드러나기 시작해 두 살과 일곱 살 사이에 급격하게 발달한다. 그러므로 나이에 따라 자녀의 모든 기질을 관찰할 기회가 아직 오지 않은 것일 수도 있다는 사실을 기억하라.

4. 부모의 편견을 고려하라

아이들이 타고난 기질을 토대로 세상을 경험하듯, 부모 역시 타고난 유전적 성향을 토대로 세상을 바라보고 자녀의 행동을 해석한다. 선천적으로 조심성이 많은 부모는 모험을 추구하는 부모보다 아이의 엉뚱한 행동을 훨씬 충동적이라고 여길 수 있다. 즉 부모가 어떤 기질이냐에 따라 아이의 행동을 바라보는 관점이 달라진다. 그렇기 때문에 아이가 타고난 기질을 파악하기 위해 믿을 만한 또 다른 성인의 도움을 받는 것도 좋다. 아이와 많은 시간을 함께 보내는 배우자나 돌봄 선생님, 조부모 등의 도움을 받아 자녀의 기질을 파악할 수도 있다.

5. 자녀를 있는 그대로 바라보아라

아이의 타고난 기질을 파악할 때 다른 사람의 생각이나 부모 입장에서 상상해 보는 아이의 미래 모습에 대해서는 너무 걱정할 필요가 없다. 당신은 아이를 잘 기르기 위해, 그리고 가정의 평화를 위해 자녀의 유전적 기질을 파악하려고 하는 것이다. 물론 아이가 타고난 기질 자체만 보면 걱정이 앞설 수 있고, 좋아 보이는 기질 또한 있을지도 모른다. 하지만 다시 한번 강조하는데, 더 좋거나 나쁜 기질은 없다. 기질이 아이의 운명을 결정하는 것도 아니다. 그러니 있는 그대로 아이를 바라보아라. 그것이 아이에게 가장 알맞은 양육 방식을 파악할 수 있는 유일한 방법이다.

기질은 연속선 위에 존재한다

3장의 끝에 있는 테스트의 '아이 기질 검사지'로 아이의 기질을 파악할 수 있다. 아이가 자랄수록 더 정확하게 파악할 수 있음을 기억하라. 그리고 각 특성과 여러 특성의 조합에 대해 더 자세히 검토하면서 외향성, 정서성, 의도적 통제가 고/중/저일 때 아이가 각각 어떤 모습일지 더 깊이 살펴볼 것이다. 그리고 각 기질 특성은 연속선상에 존재한다는 사실을 기억하라. 고/중/저라고 간단히 말하지만, 특정 요소가 꼬리표는 아니다(4장의 외향성/내향성 경우는 예외로, 각각의 경우에 대해 이미 너무 널리 쓰이고 있기 때문이다).

하지만 많은 성격 검사에서 꼬리표를 붙인다. 이러한 관습은 모든 사람을 낙관적인/화를 잘 내는/우울한/침착한 성격이라는 네 가지 유형으로 단순하게 구분했던 고대 그리스까지 거슬러 올라간다. 널리 유명해진 성격 유형 검사 MBTI는 네 가지 영역에서 (내향/외향, 감각/직관, 사고/감정, 판단/인식) 각기 어디에 속하는지에 따라 사람들을 열여섯 가지 성격 유형으로 분류했다. (나와 같은 ESTJ 친구들, 안녕!) 소설 『해리포터』 시리즈의 해리포터와 호그와트 학생들 역시 각각의 기숙사로 나뉘었다.

집단에 속하는 것은 기분 좋은 일이고 사람들이 집단에 이끌리는 데는 진화적인 이유도 존재한다. 소속감은 안전감과 친밀함을 제공한다. 하지만 성격과 기질에 관해서라면 인간은 서로 다른 종류에 속한다기보다 연속선 위에 넓게 분포한다.

　다시 말하면 유전자는 그 성격이 어느 정도 자연스럽게 드러나는지에 영향을 끼치고, 기질이 발현되는 방식은 환경에 따라 달라진다. 예를 들면 의도적 통제 능력이 낮은 아이도 그 능력을 배울 수 있다(이에 대해서는 6장에서 더 논할 것이다). 가르친다고 의도적 통제 능력이 낮은 아이를 몇 시간 동안 꼼짝 않고 앉아 있게 만들 수는 없겠지만, 적어도 장난을 치지 말라고 말하는 횟수는 줄일 수 있을 것이다. 기질이 연속선 위에 존재한다는 사실은 곧 우리가 변할 수 있다는 뜻이기도 하다.

　4장부터는 서로 다른 기질적 특성의 장점과 그 기질적 특성이 초래할 수 있는 문제에 대해 논할 것이다(자녀와 부모 모두를 위해서!). 그리고 타고난 기질이 서로 다른 아이들에게 어떤 육아 전략이 효과적인지 살펴볼 것이다. 간단히 말하자면 자녀가 타고난 기질적 특성을 바탕으로 세상을 탐험할 수 있도록 돕는 방법과 이를 실천할 수 있는 로드맵을 제공한다. 아동발달학에서는 이를 **조화의 적합성**Goodness of Fit이라고 한다.[28]

행복한 육아의 필수 요소, 조화의 적합성

　조화의 적합성이란 아동이 부모와, 그리고 더 광범위하게는 자신이 속한 환경과 얼마나 조화로운지를 지칭하는 용어다. 조화의 적합성은 행복하고 스트레스 없는 (적어도 스트레스가 적은!) 가정을 위해 꼭 필요한 요소다. 부모와 자녀가 자연스럽게 조화의 적합성을 누리는 운 좋은 경우도 있다.

첫 번째 예로, 책벌레 엄마와 엄마가 책 읽어 주는 것을 좋아하는 딸의 경우다. 엄마와 아이는 동네 도서관의 아동 북클럽 수업에 참여하고 수업 후 함께 책을 골라 도서관 구석의 푹신한 방석에 앉아 좋은 시간을 보낸다. 퍼즐이나 색칠 놀이 등의 취미도 공유한다. 두 번째 예로, 멋진 운동선수 같은 엄마도 있을 것이다. 스포츠를 좋아하고 경기 관람도 좋아한다. 엄마는 최대한 빨리 스포츠센터에 아이를 등록시키고 싶어 하고 가까운 야구장이나 축구장을 함께 찾으며 아이도 이를 좋아한다. 다른 팬들과 함께 응원하는 시간을 즐긴다.

자신을 둘러싼 환경에서 조화의 적합성을 느낄 때 아이들은 잘 자라고, 부모는 근본적인 이유는 깨닫지 못하지만 그저 육아가 쉽다고 느낀다. 부모는 아이가 책을 좋아하거나 스포츠를 좋아하는 것이 부모가 제공해 준 환경 덕분이라고 생각하기 쉽다. 그런 경우도 분명 있다. 하지만 1장에서 부모와 자녀의 유사성이 곧 부모가 자녀의 행동에 영향을 끼쳤기 때문인 것은 아니라고 이미 말한 바 있다. 부모들은 종종 인식하지 못하지만 정말 운 좋은 조합이 존재하는 것도 사실이다. 위의 첫 번째 예에서 엄마와 딸은 모두 외향성이 낮고 의도적 통제 능력이 높았다. 도서관에서 책 읽기나 함께 퍼즐 맞추기는 두 사람 모두에게 매력적인 활동이었다. 두 번째 예의 엄마와 딸은 모두 외향성이 높았다. 사람들과 함께 있거나 끊임없이 움직이는 활동을 좋아했다. 그들에게는 스포츠 관람처럼 활기찬 활동이 어울렸다. 운동 신경은 실제로 유전과 관련이 있으니 어쩌면 그 점에 있어서도 서로 비슷했을 것이다.

하지만 도서관에서 보내는 조용한 시간을 좋아하는 책벌레 엄마가 외향성 높고 의도적 통제 능력은 낮은 아이를 키운다고 생각해 보자. 가만히 앉아 책을 읽을 생각이 전혀 없는 딸 때문에 책을 읽어 주려는 엄마의 시도는 늘 실패한다. 아이는 엄마 무릎에서 뛰어내려 말 장난감 위에 올라타 온 방 안을 질주할 것이다. 도서관의 유아 책 읽기 수업에 가면 계속 자리에서 일어나 뛰어다니거나 표지만 보고 계속 다른 책을 꺼내는 딸이 엄마를 당황스럽게 만들 것이다. 매주 이런 일이 일어난다면 엄마는 딸에게 점점 화가 나고 함께 즐거운 시간을 보내기는커녕 훈육이 필요하다는 생각만 하게 될 것이다.

반대로 운동을 좋아하는 엄마가 외향성 낮은 아이를 키운다고 해 보자. 엄마는 딸을 체육 수업에 등록시키고 언니의 축구 경기를 함께 응원하러 갈 것이다. 하지만 외향성 낮은 딸은 그 모든 활동이 큰 부담이다. 가기 싫다고 계속 말할 테지만 그래도 엄마가 억지로 데려가면 구석에 앉아 입을 내밀고 아무것도 하려 하지 않을 것이다.

두 경우 모두 딸과 함께 즐거운 시간을 보내며 유대감을 쌓고자 하는 엄마의 의도는 좋았다. 하지만 솔직히 말하자면 부모는 본인이 원하는 것을 제공하려 한다. 아이도 내가 좋아하는 것을 당연히 좋아할 거라고 생각하면서 말이다. 다른 사람의 뇌가, 특히 아이의 뇌가 자신과 비슷할 거라고 가정하는 것은 자연스러운 현상이다. 누구나 자신의 렌즈로만 세상을 볼 수 있으니 말이다.

부모와 자녀의 기질 사이에 자연스러운 조화의 적합성이 존재할 때 육아는 부드럽게 흘러간다. 하지만 부모와 자녀가 타고난 기질이 서로 다르고, 특히 부모가 이를 제대로 인식하지 못하면 부모와 자녀 사이의 마찰이 증가하고 가까운 이들도 힘들어질 것이며 가족 구성원 간의 관계에도 해로울 수 있다. 앞에서 언급했던 조화의 적합성이 부족한 모녀 관계의 경우, 엄마는 딸의 부적절한 행동을 이해할 수 없었고 그와 같은 부정적이고 대립적인 상황이 반복된다고 느꼈다. 도서관에서 다른 부모들이 방해가 된다는 표정으로 힐끔거리는데 아이에게 돌아다니지 말고 가만히 앉아 있으라고 계속 말해야 하는 상황을 좋아하는 사람은 없다. 체육 교실에 들어가지 못하고 문을 붙잡고 우는 아이를 어떻게든 들여보내야 하는 상황도 마찬가지다.

예로 든 엄마들이 이해하지 못했던 것은 아이를 위해 준비한 활동이 그저 아이의 기질과 어울리지 않았다는 사실뿐이다. 특히 정서성 높은 아이들은 자신의 기질과 맞지 않는 활동을 해야 할 때 심각한 짜증이나 분노로 거부 의사를 표현할 것이다.

조화의 적합성은 아이의 기질에 전부 맞춰 주기 위해서가 아니라, 어떤 활동이 아이에게 어울리고 어떤 활동에 더 세심한 전략이 필요할지 제대로 준비하기 위해서 파악하는 것이다.

부모의 기질도 살펴야 하는 이유

조화의 적합성에 대해 알아야 할 마지막 한 가지가 있다. 앞에서 이미 깨달았을 수도 있지만 조화의 적합성은 자녀가 타고난 기질에 관한 것만이 아니라 '부모'의 기질에 관한 문제이기도 하다. 이미 말했듯이 모든 사람은 독특한 유전적 기질을 타고나며, 그것이 자녀 양육과 자녀의 행동에 대한 반응에 영향을 끼친다.

예를 들어 보자. 외향성이 높고 의도적 통제 능력이 낮은 아이를 키우면서 언제든 응급실에 달려가야 할지도 모른다는 두려움과 불안을 느끼는 부모도 있을 것이다. 비슷한 아이에게 기질이 다른 부모는 "어머! 잘했어!"라고 말하며 아이의 등을 토닥일 수도 있다. 그렇기 때문에 조화의 적합성을 위해서는 자녀뿐만 아니라 부모 자신에 대해서도 세심하게 살펴야 한다.

아이 기질 검사지 뒤에 '부모 기질 검사지'도 있다. 이를 통해 부모가 유전적으로 타고난 기질과 수년간의 삶의 경험이 반영된 부모의 성향을 파악할 수 있을 것이다.

검사지를 통해 부모와 자녀의 세 가지 기질 특성이 각기 어느 정도인지 파악하고 각자의 기질을 비교해 보라. 이는 먼저 자녀에 대해서는 물론 자녀의 행동에 대한 부모의 반응에 대해서도 더 잘 이해하고, 조화의 적합성을 만들어 가는 방법을 찾을 수 있게 도와줄 것이다. 부모와 자녀의 역동적인 상호작용을 이해하면 관계가 나아질 뿐만 아니라 아이가 잠재력을 발휘하는 데도 큰 도움이 될 것이다.

기질은 바뀌지 않는다?

검사를 하기 전에 고려해야 할 마지막 한 가지가 더 있다. 자녀의 유전적 기질을 이해하는 것은 부모에게 도움이 될 수 있지만, 그렇다고 아이의 기질이 바위처럼 굳건해 절대 바뀌지 않을 것이라는 고정 이론에 갇히지 않도록 주의해야 한다("내 아이는 정서성이 높아서 나는 평생 그 짜증을 감내해야 할 거야!"). 이는 유전자가 작용하는 방식을 보면 결코 사실일 수 없다. 물론 기질은 아이의 행동에 근본적인 방식으로 영향을 끼치고 덕분에 부모는 아이가 겪을 어려움을 예측하고 이를 잘 이겨 내도록 도울 수 있다. 아이의 타고난 강점을 강화하는 데도 마찬가지다. 자녀에 대한 이해는 부모가 자녀를 더 잘 양육할 수 있도록 도와준다.

심리학자 캐롤 드웩Carol S. Dweck은 성장 마인드셋과 고정 마인드셋의 힘에 대한 광범위한 연구를 진행했다.[29] 성장 마인드셋은 전략을 세우고 노력하고 타인의 도움을 받으면 타고난 능력을 키울 수 있다는 믿음이다. (다음 장부터가 바로 아이가 타고난 기질을 이해하고 어떤 전략으로 아이의 잠재력 발휘를 도울 수 있는지에 대한 내용이다.) 드웩의 연구에 따르면 자신을 바라보는 관점이 삶이 어떻게 펼쳐질지에 심오한 영향을 끼친다. 그렇다면 부모가 자녀를 바라보는 관점은 아이의 삶이 펼쳐지는 데 심오한 영향을 끼친다고 말할 수 있다.

드웩은 자녀에 대한 부모의 꿈과 희망이 고정 마인드셋으로 변질되기 쉽다고 지적한다. 영리한 학생이든, 재능 있는 예술가든, 학교 연극의 주인공이든, 하버드 졸업생이든 아이가 들어맞길 바라는 틀에 부모가 집착한다는 뜻이다. 도서관에서 소란을 피우지 않고 조용히 시간 보내기를 좋아하는 아이가 되거나 부모와 함께 스포츠를 즐기는 아이가 되길 바란다는 뜻이다. 아이가 타고난 기질이 부모의 생각과 조화롭지 않을 때 부모는 아이들이 타고난 모습 자체를 (혹은 타고나지 못한 모습을) 무심코 판단하고 있다는 메시지를 아이에게 전할 수 있다. 뿐만 아니라 아이들은 당연히 좌절을 겪게 될 텐데 그것이 아이의 미래에 부정적인 영향을 끼칠까 봐 성급하게 걱정한다면 그것이 바로 고정 마인드셋이다. '지금 조용히 앉아 집중하지도 못 하는데 대학은 어떻게 졸업하고 직장은 어떻게 구한단 말인가!'와 같은 생각은 부모가 자신의 잠재력 발휘에 대한 믿음이 없다는 메시지를 아이에게 전달한다.

다음 검사지를 통해 자녀의 유전적 기질을 전반적으로 파악할 수 있겠지만 그 아이는 지금 '자라고 있다'라는 사실을 반드시 기억하라. 부모의 가장 중요한 역할 중 하나는 아이가 자신이 타고난 기질을 인식하고 수용하며 그 기질로 인한 어려움을 극복하고 가장 자기다운 모습으로 자랄 수 있도록 돕는 것이다.

아이 기질 검사지

다음은 다양한 상황에 대한 아이들의 반응을 설명한 것이다. 각 질문마다 아이가 주로 어떻게 반응하는지 생각해 보려고 노력하라. 아이의 나이에 따라 더 적절한 질문이 있을 수도 있다. 각 문장이 아이의 모습과 전혀 같지 않다면 왼쪽 끝, 완전히 똑같다면 오른쪽 끝에 표시하라. 완전히 맞지도 않고 틀리지도 않으면 중간에 표시한다. 왼쪽 끝부터 오른쪽 끝까지 연속선을 충분히 활용하도록 한다.

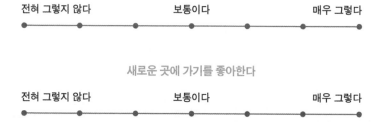

외향성Ex

새로운 게임이나 활동을 좋아한다

전혀 그렇지 않다　　　　　보통이다　　　　　매우 그렇다

새로운 곳에 가기를 좋아한다

전혀 그렇지 않다　　　　　보통이다　　　　　매우 그렇다

새로운 사람 만나기를 좋아한다

에너지가 넘친다

　　각 문장에 대해 연속선의 어느 부분에 표시했는지 살펴보라. 선의 오른쪽에 답이 몰려 있다면 높은 외향성을 타고났을 것이고, 왼쪽에 몰려 있다면 외향성이 낮은 아이일 것이다. 외향성이나 내향성Introversion이 두드러지지 않아 중간에 속하는 아이들도 있다. 다음은 낮은 외향성에 대한 추가 질문이다.

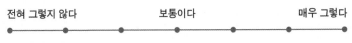

달리기 같은 에너지 넘치는 활동보다 독서 같은 조용한 활동을 더 좋아한다

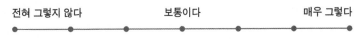

새로운 사람과 친해질 때나 낯선 상황에 적응하는 데 시간이 필요한 편이다

　　질문에 대한 대답을 다시 한번 살펴보자. 전반적으로 자녀의

외향성은 어느 정도인가?

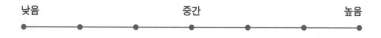

낮음   중간   높음

정서성^{Em}

일이 마음대로 되지 않을 때 쉽게 짜증을 낸다

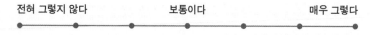

전혀 그렇지 않다   보통이다   매우 그렇다

밤에 괴물 이야기나 이상한 소리를 무서워한다

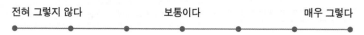

전혀 그렇지 않다   보통이다   매우 그렇다

화가 나면 그 감정이 10분 이상 오래 지속되는 편이다

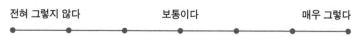

전혀 그렇지 않다   보통이다   매우 그렇다

화가 나거나 짜증이 났을 때 달래거나 주의를 돌리기 어렵다

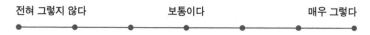

전혀 그렇지 않다   보통이다   매우 그렇다

위의 질문에 대한 답은 어떤가? 오른쪽에 표시가 많다면 높은

정서성을 타고난 것이고 답이 왼쪽으로 기운다면 정서성이 낮은 편이다. 다음은 낮은 정서성에 대한 추가 질문이다.

일이 계획대로 풀리지 않아도 짜증을 내기보다 상황에 잘 맞춰 가는 편이다

전혀 그렇지 않다　　　　　　　보통이다　　　　　　　매우 그렇다

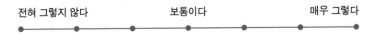

화가 나도 금방 풀리고 빨리 다른 활동을 할 수 있다

전혀 그렇지 않다　　　　　　　보통이다　　　　　　　매우 그렇다

질문에 대한 대답을 다시 한번 살펴보자. 전반적으로 자녀의 정서성은 어느 정도인가?

낮음　　　　　　　　　중간　　　　　　　　　높음

의도적 통제^{Ef}

의도적 통제[Ef]

"안 돼"라고 말하면 금방 행동을 멈춘다

전혀 그렇지 않다　　　　　　　보통이다　　　　　　　매우 그렇다

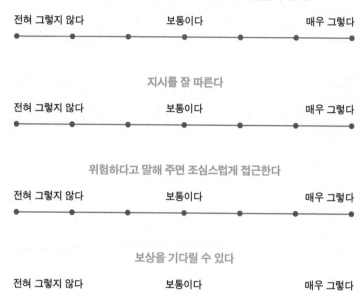

퍼즐이나 블록 쌓기 같은 한 가지 활동에 집중할 수 있다

전혀 그렇지 않다 　　　　　　 보통이다 　　　　　　 매우 그렇다

지시를 잘 따른다

전혀 그렇지 않다 　　　　　　 보통이다 　　　　　　 매우 그렇다

위험하다고 말해 주면 조심스럽게 접근한다

전혀 그렇지 않다 　　　　　　 보통이다 　　　　　　 매우 그렇다

보상을 기다릴 수 있다

전혀 그렇지 않다 　　　　　　 보통이다 　　　　　　 매우 그렇다

　　　답이 오른쪽에 몰려 있다면 높은 의도적 통제 능력을 타고난 것이고, 답이 왼쪽에 몰려 있다면 의도적 통제 능력이 낮은 것이다. 다음은 낮은 의도적 통제 능력에 대한 추가 질문이다.

차례를 기다리거나 가만히 앉아 있기 힘들어한다

전혀 그렇지 않다 　　　　　　 보통이다 　　　　　　 매우 그렇다

어떤 활동이나 상황에 대해 충분히 생각해 보지 않고 달려든다

전혀 그렇지 않다 　　　　　　보통이다 　　　　　　매우 그렇다

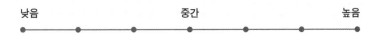

질문에 대한 대답을 다시 한번 살펴보자. 전반적으로 자녀의 의도적 통제 수준은 어느 정도인가?

낮음 　　　　　　　　중간 　　　　　　　　높음

아이 기질 프로파일

위의 답을 토대로 아이의 세 가지 기질 특성이 낮음/중간/높음 중 각각 어디에 속하는지 표시해 보자.

외향성Ex	낮음	중간	높음
정서성Em	낮음	중간	높음
의도적 통제Ef	낮음	중간	높음

부모 기질 검사지

부모 스스로 타고난 기질을 생각하며 다음 질문에 답해 보자. 부모를 위한 질문은 아이에 대한 질문과 다른데, 성인의 성격은 유전적 기질과 수년 동안의 삶의 경험으로 거의 굳어진 경우가 많기 때문이다. 다음 문장들에서 네 가지 영역과 관련된 성인의 서로 다른 기질적 특성을 대략 보여 줄 것이다. 검사의 목적은 자신의 타고난 기질을 파악해 아이의 기질과 어떻게 상호작용하는지 더 잘 이해하는 것이다.

외향성Ex

다른 사람들과 함께 있을 때 에너지를 얻는 편인가?

북적이는 모임에 참여하거나 새로운 사람 만나기를 좋아하는가?

에너지가 넘치고 말하는 것을 즐기는가?

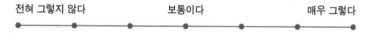

외향적이고 사교적인가?

전혀 그렇지 않다   보통이다   매우 그렇다

○───○───○───○───○───○───○

　모두 외향성에 대한 질문이다. 매우 그렇다는 쪽에 가까우면 외향성이 높고, 그렇지 않다는 쪽에 가까우면 외향성이 낮은 것이라 볼 수 있다. 다음은 낮은 외향성에 대한 추가 질문이다.

속마음을 잘 드러내지 않는 편인가?

전혀 그렇지 않다   보통이다   매우 그렇다

○───○───○───○───○───○───○

시끌벅적한 파티보다 책 읽기 같은 조용한 활동을 선호하는가?

전혀 그렇지 않다   보통이다   매우 그렇다

○───○───○───○───○───○───○

**여러 사람과 함께 있기보다 혼자 있거나
소수의 친한 친구들과 시간을 보내기 좋아하는가?**

전혀 그렇지 않다   보통이다   매우 그렇다

○───○───○───○───○───○───○

　위 질문의 부정적인 답과 아래 질문의 긍정적인 답은 낮은 외향성을 뜻한다. 질문에 대한 답을 다시 한번 살펴보자. 전반적으로 부모인 당신의 외향성은 어느 정도인가?

| 낮음 | | 중간 | | 높음 |

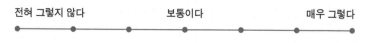

정서성^{Em}

쉽게 불안해하는 편인가?

| 전혀 그렇지 않다 | 보통이다 | 매우 그렇다 |

걱정이 많은가?

| 전혀 그렇지 않다 | 보통이다 | 매우 그렇다 |

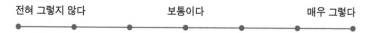

쉽게 우울해지거나 기분이 나빠지는가?

| 전혀 그렇지 않다 | 보통이다 | 매우 그렇다 |

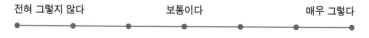

일이 계획대로 풀리지 않을 때 쉽게 좌절하거나 화가 나는 편인가?

| 전혀 그렇지 않다 | 보통이다 | 매우 그렇다 |

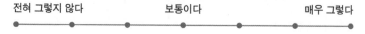

답이 오른쪽으로 기운다면 정서성이 높다는 뜻이다. 다음은 낮은 정서성에 대한 몇 가지 추가 질문이다.

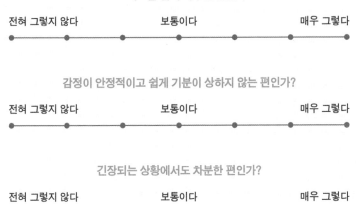

스트레스를 쉽게 다루는 편인가?

전혀 그렇지 않다   보통이다   매우 그렇다

감정이 안정적이고 쉽게 기분이 상하지 않는 편인가?

전혀 그렇지 않다   보통이다   매우 그렇다

긴장되는 상황에서도 차분한 편인가?

전혀 그렇지 않다   보통이다   매우 그렇다

질문에 대한 답을 다시 한번 살펴보자. 전반적으로 당신의 정서성은 어느 정도인가?

낮음   중간   높음

의도적 통제^{Ef}

계획을 세우고 잘 지키는 편인가?

전혀 그렇지 않다   보통이다   매우 그렇다

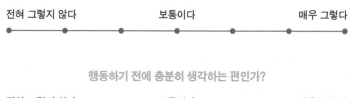

지겨운 일도 끝날 때까지 해내는 편인가?

전혀 그렇지 않다　　　　　　　보통이다　　　　　　　매우 그렇다

행동하기 전에 충분히 생각하는 편인가?

전혀 그렇지 않다　　　　　　　보통이다　　　　　　　매우 그렇다

답이 오른쪽으로 기운다면 의도적 통제 능력이 좋다는 뜻이다. 다음 질문은 낮은 의도적 통제 능력에 관한 질문이다. 매우 그렇다는 쪽에 가까우면 의도적 통제 능력이 낮다는 뜻이다.

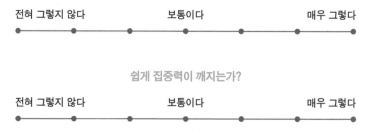

부주의하거나 산만한 편인가?

전혀 그렇지 않다　　　　　　　보통이다　　　　　　　매우 그렇다

쉽게 집중력이 깨지는가?

전혀 그렇지 않다　　　　　　　보통이다　　　　　　　매우 그렇다

두 가지 질문에 대한 답을 다시 한번 살펴보자. 어느 쪽으로 표시가 기울었는가? 전반적인 의도적 통제 능력은 어느 정도인가?

낮음		중간		높음

위험 감수 Risk-Taking

부모의 기질 파악을 위해서는 다음 영역도 고려해야 한다. 바로 위험을 얼마나 감수할 수 있는지다. 어렸을 때의 위험 감수 경향은 외향성, 그리고 의도적 통제 능력과 관련이 있다. 하지만 성인이 되면 뇌가 더 발달하고 복잡해지기 때문에 외향성이나 의도적 통제 능력과 위험 감수 경향을 분리할 수 있다. 다음 질문에 답해 보자.

위험할 수 있는 상황을 즐긴다

전혀 그렇지 않다		보통이다		매우 그렇다

약간 무섭더라도 새롭고 신나는 경험을 좋아한다

전혀 그렇지 않다		보통이다		매우 그렇다

질문에 대한 답을 살펴보자. 전반적으로 위험 감수 경향은 어느 정도인가?

낮음   중간   높음

부모 기질 프로파일

위의 답을 토대로 부모의 세 가지 기질 특성과 위험 감수 경향이 어느 정도인지 각각 표시해 보고, 아이의 기질 특성도 다시 표시해 보자.

영역	부모의 기질 특성			아이의 기질 특성		
외향성Ex	낮음	중간	높음	낮음	중간	높음
정서성Em	낮음	중간	높음	낮음	중간	높음
의도적 통제Ef	낮음	중간	높음	낮음	중간	높음
위험 감수Ri	낮음	중간	높음	–		

이제 아이의 기질을 부모의 기질과 비교해 보자. 부모와 아이의 기질이 얼마나 비슷한가? 육아 스트레스는 대부분 부모가 타고난 기질을 무의식적으로 반영해 제공하는 환경이 아이가 타고난 기질과 어울리지 않기 때문이다. 하지만 그 점을 인식하기만

해도 상황은 훨씬 좋아질 수 있다. 더 나아가 아이가 자신이 타고난 기질을 이해할 수 있다면 이를 잘 관리하는 법도 배울 수 있다. 타고난 강점을 탄탄히 하고 겪을 수 있는 어려움을 관리하는 전략 수립이 가능한 것이다.

앞서 말했듯이 이제 다음 장부터 본격적으로 각 기질에 대해 더 자세히 살펴보면서 부모와 자녀 사이에 조화의 적합성을 만들어 가는 육아 전략을 배워 보자.

핵 · 심 · 요 · 약

- 기질 관련 연구에서 지속적으로 드러나는 세 가지 주요 특성은 바로 외향성, 정서성, 의도적 통제다.

- 외향성은 긍정적 정서, 활동 수준, 탐구적 행동에 대한 경향과 관련이 있다.

- 정서성은 좌절과 두려움, 분노에 대한 경향과 관련이 있다.

- 의도적 통제는 자신의 감정과 행동을 통제하는 능력에 관한 것이다.

- 기질 특성의 정도가 다른 아이들은 서로 다른 욕구를 갖고 있으며 부모에게 각기 다른 어려움을 제공한다.

- 조화의 적합성은 부모와 자녀, 더 광범위하게는 부모가 제공하는 환경과 자녀의 기질이 조화로운 정도를 뜻한다.

- 아이들은 타고난 기질과 주어진 환경이 조화로울 때 잘 자란다.

- 부모의 기질과 자녀가 타고난 기질을 이해하면, 조화의 적합성을 찾아가면서 양측 모두의 스트레스를 줄일 수 있다.

120

The Child Code

4장

대표 기질 요소
I. 외향성

당신은 외향인인가 내향인인가?

거의 모든 사람이 답을 이미 알고 있을 것이다. 나는 외향인이다. 내게 즐거운 금요일 밤이란 새로 생긴 멋진 식당에서 많은 친구들과 저녁을 먹고 술을 마시는 것이다. (이십 대 때는 그 후에 춤도 췄다!) 나는 사람들과 어울리는 것이 좋다. 새로운 곳을 탐험하고 새로운 것을 시도하는 것이 좋다. 사람들을 만나지 않고 집에 너무 오래 갇혀 있으면 상태가 이상해진다. 컴퓨터 앞에 앉아 하루 종일 글을 쓰다가 남편이 집에 도착하면 그때부터 입을 다물 줄 모른다.

성인의 외향성과 내향성에 대해서는 이미 많은 논의가 있어 왔다. 내향인은 낯선 사람과 대화해야 하는 금요일 밤 회식이 싫을 것이다. 외향인은 말할 사람도 없이 혼자 하루 종일 일하는 것이 가장 끔찍할 것이다. 우리는 성인의 외향성 정도가 각자의 일상생활이나 타인과의 상호작용 방식, 선호하거나 회피하는 활동에 영향을 끼친다는 사실을 잘 알고 있다. 하지만 아동의 외향성과 내향성에 대해서는 그만큼 진지하게 접근하지 않는다. 그리고 그것이 바로 우리의 실수다.

아이들도 사람이 많거나 적은 곳, 활동적이거나 조용한 놀이에 대한 선호도를 어려서부터 자연스럽게 드러낸다. 성인도 그렇듯 좋아하지 않는 환경에 억지로 밀어 넣으면 아이는 엄청난 불편을 느낀다. 하지만 더 심각한 문제는 그 불편을 인지적으로 다룰 만큼 성숙하지 않기 때문에 짜증을 내거나 떼를 쓰는 등의 부끄러운 행동을 하게 된다는 것이다.

이 장에서는 외향성이 높은 아이와 낮은 아이에게 각각 무엇을 기대할 수 있는지 이야기 나눌 것이다. 이를 통해 자녀의 외향성 정도가 자녀의 행동이나 부모와의 상호작용에 어떤 영향을 끼치는지 더 잘 이해할 수 있을 것이다. 외향성 정도에 따른 장점과 썩 좋지 않은 점에 대해 이야기하고, 마지막으로 외향성 정도에 따른 육아 전략에 대해서도 살펴볼 것이다.

내향성과 외향성을 각기 다른 특성인 것처럼 언급하고 있지만 두 가지는 사실 하나의 연속선 위에 골고루 분포하는 특성이다. 이 책에서는 그 연속선의 오른쪽 끝과 왼쪽 끝의 상태를 각각 '외향성'과 '내향성'이라고 지칭한다. 하지만 모든 아이가 반드시 그 둘 중 하나에 속하는 것은 아니고 많은 아이들이 연속선의 중간 어디쯤에 존재할 것이다. 그러니 성인들처럼 외향인의 특성과 내향인의 특성을 골고루 보이는 것도 당연하다.

외향성 높은 아이

다섯 살 아들이 유아 수영장 가장자리에 앉아 있을 때 또래 여자아이가 다가와 그 옆에 앉았다.

"안녕, 나는 사반나Savannah야. 넌 이름이 뭐야? 우리 친구 하자. 여기 수영장 진짜 좋지? 우리 집에도 수영장 있어. 나중에 놀러 와. 벌써 재밌겠다! 가서 엄마한테 물어보자. 소꿉놀이도 하고. 네가 아빠하고 내가 엄마 할게. 우리 집에 장난감도 많아. 넌 어떤 장난감 좋아해?"

내 아들은 갑자기 우주선에서 외계인이 뚝 떨어진 것처럼 친구를 말없이 바라보고만 있었다. 사반나는 완벽하게 외향적인 아이였고 약간 내향적인 내 아들은 그런 친구 앞에서 완전히 당황해 있었다.

외향성 높은 아이는 새로운 사람, 새로운 장소, 새로운 시도를 자연스럽게 즐긴다. 사람들과 어울릴 때 에너지를 얻는다. 낯선 사람에게 말을 걸어 수다를 떨 수 있다. (어렸을 때 내 별명은 '재잘이'였고 엄마의 별명은 수다쟁이였다. 높은 외향성의 피가 가족들에게 흐르고

있는 게 분명했다.) 외향성 높은 아이는 생각나는 대로 말하는 경향
이 있다. 하루에 대한 모든 것을 말하고 싶어 하고 머릿속에 드는
모든 생각을 이야기하고 싶어 한다. 그들은 다양한 활동과 사람들
을 좋아한다. 주목받는 것이 불편하지 않고 종종 관심의 대상이
되려고 노력하기도 한다.

장점

외향성 높은 아이를 키우는 부모라면 그 외향성이 가져오는 많
은 장점을 이미 발견했을 것이다. 외향성이 높은 아이는 사회적으
로 더 활발하다. 새로운 친구를 빨리 사귄다. 놀이터에 데려가면
바로 달려가 다른 아이들과 함께 놀기 시작한다. 동네에서 열리는
농구 시합에 빠지지 않는다.

외향성 높은 아이는 매력이 넘친다. 부모는 아이가 다른 사람
들과 소통하는 모습을 기분 좋게 바라본다. 내 조카 그레이슨
Greyson은 다섯 살 때 해변에서 공을 던지고 있는 더 큰 아이들에
게 아장아장 다가가 이렇게 말했다. "안녕, 형아들. 나도 같이 놀아
도 돼?" 얼마나 귀여웠는지 여자아이들 무리가 당장 그를 데려가
하루 종일 놀아 주었다. (그레이슨의 엄마는 아이를 쫓아다닐 필요 없이
잠시 숨을 돌릴 수 있었다.) 외향성 높은 아이들의 사교성은 종종 성
인들이나 다른 아이들에게 몹시 사랑받는 특성이 되기도 한다.

새로운 사람을 만나고 새로운 것을 시도하려는 의지는 아이에

게 성장과 배움의 기회가 되기도 한다. 타인과의 적극적인 상호작용은 사회적 능력을 높여 준다. 새로운 장소에 대한 열정은 더 많은 세상 경험으로 이어진다. 그리고 이는 외향성 높은 아이들에게 긍정적인 감정을 제공하고 그 긍정적인 피드백 고리는 목표 달성을 위한 더 큰 동기부여가 된다. 긍정적인 감정을 느끼기 쉬운 기질 특성은 도전적인 경험에 대한 완충제로도 작용할 수 있다.

외향적인 사람은 종종 타고난 리더로 여겨지면서 학교에서는 물론 직장에서까지 그 덕을 볼 수 있다. 우리 사회는 외향성에 더 가치를 두는 경향이 있다. 이를 **외향성 우위**Extravert Advantage라고 한다. 최근의 연구에 따르면 외향적인 사람이 우위를 점하는 뜻밖의 방식 중 하나는 상호작용하는 사람들의 신체 언어나 발화 패턴, 동작을 무의식적으로 더 잘 따라 하기 때문인 것으로 밝혀졌다.[30] **흉내**mimicry라고 하는 이와 같은 특성은 타인에게 더 관심을 기울이기 때문일 수도 있다. 비슷한 동작이나 신체 언어를 사용하면 사람들 사이의 긍정적인 감정이 높아진다고 알려져 있으며 그것이 바로 사람들이 외향적인 사람에게 더 끌리는 이유이기도 할 것이다.

딱히 좋지 않은 점

외향성 높은 아이를 키우는 것은 장점도 많지만 썩 좋지 않은 점도 많다. 외향성 높은 아이는 항상 '움직이는' 상태일 가능성이 높다. 활동과 재미에 대한 욕구는 곧 통제할 수 없는 과도한 에너지이기도 하다. 그래서 부모가 아이들을 바쁘게 만들어 줘야 하는데, 이는 외향성이 낮은 부모에게는 몹시 피곤한 일일 것이다. 외향성 높은 아이는 또한 의도적 통제 능력이 낮은 경우가 많다. 엄청난 에너지가 낮은 통제력과 결합되면 집 안 곳곳의 물건이 부서질 것이다. 내 친구는 몹시 외향적인 둘째를 낳고서야 그렇게 많은 부모들이 아침 일찍부터 집을 나서 온종일 돌아다닌다는 사실을 알게 되었다며 웃곤 했다. 친구는 외향성이 낮은 첫째를 키우며 자신은 오전에 커피를 마시고 아이는 근처에서 장난감을 갖고 놀거나 레고나 퍼즐을 하는 아침 루틴을 만들었다. 그러다 둘째가 생기자 조용하고 편안한 토요일 아침은 바로 불가능해졌다. 둘째가 눈을 떠 침대에서 내려오는 순간 집 안은 전쟁터가 되었다!

또 다른 문제는 외향성 높은 아이가 타인과의 상호작용을 끊임없이 갈구하기 때문에 나타난다. 외향성 높은 아이들도 늘 쉽기만 하지는 않을 것이다. 외향성 높은 아이는 (모든 사람이 그렇겠지만) 모두 자기와 같은 방식으로 살아간다고 생각하고 그래서 자신에 대한 인식이 부족할 수 있다. 어른이든 친구든 모든 사람이 항상 누군가와 함께 있고 싶어 하는 것은 아니라는 사실을 모를 수 있다. 외향성 높은 아이는 안방부터 거실, 화장실까지 부모가 가는 곳마다 따라다닐 것이다. 하지만 가끔 남편이 내게 말해 줘야 하듯 모든 사람이 끊임없는 대화에서 에너지를 얻는 것은 아니다.

외향성 높은 아이를 키우는 부모가 고려해야 할 또 다른 점이 있다. 높은 사교성이 어릴 때는 사랑스럽겠지만 십 대가 되면 문제를 일으킬 수 있다. 외향성 높은 아이는 자라면서 부모를 더 힘들게 할 가능성이 크다. 또래와 함께 있는 것을 좋아하기 때문에 또래의 영향을 더 예민하게 받는다. 사람들이 자신을 어떻게 생각할지 더 많이 신경 쓸 것이다. 청소년기에 술이나 담배에 손을 대거나 더 위험한 행동에 얽힐 가능성도 높다. 사랑스러운 모습으로 친구들에게 자랑거리가 되어 주던 아이가 지금은 비욘세Beyoncé의 인기 곡을 듣다가 15년 후 대학 동아리 모임에서 테이블 위에 올라가 춤추는 사람이 될 수도 있다.

외향성 낮은 아이

내 딸은 내버려 두면 종일 집 안에서 논다. 작은 그릇들을 꺼내 한동안 요리 놀이를 하다가, 또 한참 인형 놀이를 한다. 그러다 그림책을 꺼내 조용히 읽는다. 다 읽으면 색칠을 하거나 퍼즐을 한다. 상상 속 세상에서 조랑말 인형과 같이 논다. 남편과 나는 10분 정도 요리 놀이나 조랑말 놀이를 하다가는 머리를 쥐어뜯고 싶어진다.

외향성 낮은 아이는 자기만의 생각과 감정, 놀이에 깊이 빠져 있다. 고요히 혼자 있는 시간을 즐긴다. 끝없는 활동이나 모험, 많은 사람들을 필요로 하지 않는다. 너무 많은 자극은 외향성 낮은 아이에게 압도적일 수 있다. 주변에 사람이 너무 많거나 정신없는 활동을 하게 되면 반드시 재충전을 위한 고요한 시간이 필요하다. 외향성 낮은 아이는 많은 사람보다 소수의 사람들과 시간을 보내기 좋아한다. 관심이 집중되는 것이 싫고 새로운 사람과 친해지는 데 더 시간이 걸린다. 외향성 높은 아이가 아는 사람이 많고 관심 있는 것도 많은 반면, 외향성 낮은 아이는 친한 친구 몇 명과 한 가지 활동에 집중하는 것을 선호한다. 하지만 편한 사람 앞에서나 한 가지 주제에 정말로 관심이 생기면 마음을 열고 말이 많아지기도 하는데, 부모 입장에서는 귀여웠던 아이가 사람들만 많아지면 입을 다물어 버리는 모습이 놀랍기도 할 것이다. 외향성 낮은 아이는 새로운 활동을 시작하거나 집단에 처음 들어갈 때 말하기보다는 먼저 관찰하기를 좋아한다. 부모는 이런 아이에게 누구한테든 자신의 의견을 말하는 데 두려움을 갖지 않도록 격려해 줄 필요가 있다.

장점

'외향성 우위'에 대한 언급도 많지만 낮은 외향성의 장점도 많다. 먼저 외향성 낮은 아이는 손이 많이 가지 않는 편이다(정서성이 낮은 경우라면 특히 그렇다). 그들은 선천적으로 타인의 공간을 존중하는 편이다. (부모도 가끔 혼자만의 시간이 필요하다!) 부모에게 매달리는 편도 아니고 학교에서 지나치게 활동적인 편도 아니다. 유행이나 또래의 영향을 덜 받는 편이고 자기만의 관점과 생각이 분명하다. 결정을 내리거나 행동에 뛰어들기 전에 더 깊이 생각한다. 내향인으로 유명한 물리학자 알버트 아인슈타인Albert Einstein도 "조용한 삶의 단조로움과 고독이 창조성을 자극한다"라고 말했다. 내향인들은 종종 더 창의적이고 사려 깊고 계획적이다. 사람들과 깊은 관계를 맺고 양보다 질을 선호한다. 자기만의 세상에 대한 선호는 독립성으로 이어질 수 있다.

딱히 좋지 않은 점

외향성 낮은 아이는 새로운 활동을 시도해 보라는 격려가 많이 필요하다. 익숙한 것을 좋아하고 새로운 사람을 만나거나 새로운 장소에 갈 때는 쉽게 에너지가 소진될 수 있다. 그래서 약간의 압력이 없다면 미지의 대상을 탐험하거나 새로운 사람을 만나고 싶어 하지 않을 것이다. 사회적 상황은 스트레스가 될 수 있다. 외향성 낮은 아이가 정서성이 높다면 불편한 상황에서 심각한 짜증이나 분노, 감정의 폭발로 이어질 수 있다. 사람들이 많으면 에너지를 빼앗기기 때문에 이후에 조용한 시간이 필요하거나 활동 도중에도 휴식이 필요할 것이다. 고요한 시간이 부족하면 쉽게 짜증을 낼 수 있다.

외향성 낮은 아이는 조용하기 때문에 간과되기 쉬운 면도 있다. 외향성 높은 또래들처럼 관심의 대상이 되지 못하고 나서서 말을 하는 경우도 별로 없다. 부모나 교사와의 상호작용이 덜하기 때문에 별로 필요하지 않은 사람이라는 인상을 주게 될 수 있다. 성인들에게 필요한 관심을 받지 못할 수도 있다는 뜻이다. 더 독립적이고 주체적이라는 점은 외부 영향에 덜 민감하다는 뜻이기도 하다. 또래 압력을 받지 않는 점은 좋지만 부모의 지시를 잘 따르지 않는 것은 썩 좋지 않을 수 있다. 내향적인 사람은 자기 생각에 만족하고 대답하는 데 오랜 시간이 걸릴 수 있어서 고집 센 사람으로 여겨지기도 한다. 외향성 낮은 아이는 말을 해야 하거나 빠른 결정을 내려야 하는 상황에서 스트레스를 받는다. 그리고 이는 고집이 세다거나 외향적인 또래만큼 명석하거나 민첩하지 못하다는 오해로 이어질 수 있다. 다른 아이들에 비해 호감을 덜 사게 되고 영리하지 못하다거나 다른 문제가 있다고 여겨질 수도 있다.

낮은 외향성과 수줍음은 다르다

낮은 외향성은 종종 수줍음으로 여겨지기도 하는데 두 가지는 사실 서로 다르다. 그 두 가지 특성이 혼동되는 이유는 집단 활동을 싫어하거나 다른 아이들과 놀려고 하지 않는 등의 비슷한 행동으로 이어지기 때문이다. 가장 중요한 차이는 외향성 낮은 아이는 혼자 있는 것을 즐기고 소그룹 활동을 더 선호한다는 것이고, 수줍음 많은 아이는 집단에 속하고 싶지만 친구와 함께 있는 상황에서 불안감을 느끼는 것이다(심할 경우 사회불안으로 이어지기도 한다).

수줍음 많은 아이는 외향성 연속선의 어느 지점에도 분포할 수 있다. 외향성이 높은 편일 때 다른 아이들과의 상호작용에서 불안을 느끼면 이는 외로움으로 이어질 수 있다. 사실은 다른 아이들과 함께 놀고 싶기 때문이다. 반대로 외향성 낮은 아이는 다른 아이들과 상호작용하는 데 아무 문제가 없을 수 있다. 단지 혼자 있기를 선택하는 것뿐이다. 자녀가 외향성이 낮은지 수줍어하는 아이인지는 부모가 가장 잘 판단할 수 있다. 다음 질문에 답해 보자. 아이가 혼자 있을 때 행복해 보이지 않는가? 다른 친구들과 함께 있고 싶지만 불안해서 다가가지 못하는 것 같은가? 두 질문에 모두 그렇다고 대답했다면 아이는 외향성이 낮다기보다 수줍음이 많은 것이고 그런 경우 사회적 능력을 키워 주면 도움이 될 수 있다. 수줍음은 어느 정도 유전의 영향을 받지만(거의 대부분이 그렇다) 그 자체로 기질적 특성은 아니며 아이와 함께 분명히 개선할 수 있는 부분이다.

아이의 사회성을 키워 주는 '대화'

끊임없이 다른 사람과 대화하는 외향성 높은 아이든, 집단 활동을 싫어하는 외향성 낮은 아이든 대부분의 아이는 사회성을 키워 주면 도움이 된다. 사회성 역시 걷기와 말하기처럼 타인과의 상호작용 훈련을 통해 배우고 단련할 수 있다. 물론 성장 중인 뇌는 사회성 기술의 미묘한 차이를 아직 이해하지 못할 수도 있다. 예를 들면 부모 입장에서 자녀가 말을 하길 바라는 상황이 있을 것이고(친구가 놀림받고 있는 모습을 볼 때) 입을 다물고 있길 바라는 상황도 있을 것이다(마트에서 줄을 서 있을 때 뒤에 선 사람을 보며 "엄마, 저 아줌마 머리 이상해!"라고 말할 때).

사회성은 자라면서 지속적으로 연마할 수 있다. (가끔은 성인들도 그렇다.) 부모가 자녀의 사회성을 키워 줄 수 있는 가장 좋은 방법은 대화를 통한 가르침이다. 대부분의 사회적 상황에서 가장 중요한 것은 감정적 능력이고, 감정과 행동이 어떻게 연결되어 있는지 이해하면 아이들은 타인과 더 훌륭한 상호작용을 할 수 있다. 이와 같은 기술을 가르칠 기회는 어디에나 있다. (내 아들은 그런 기술을 '엄마 팁'이라고 부른다. 물론 열세 살인 지금은 '엄마 팁'이라고 말할 때 꼭 눈알을 굴리긴 하지만 말이다.)

예를 들어 보자. 자녀에게 책을 읽어 주고 무슨 일이 일어났는지 주인공의 감정과 행동을 연결시켜 질문해 볼 수 있다. 토끼는 왜 이렇게 화가 났을까? 코끼리가 장난감을 가져갔을 때 아기 돼지 기분은 어땠을까? 아이가 학교에서 다른 아이가 한 일에 대해 이야기할 때도(보통 내 아이가 다른 아이의 잘못된 행동을 보고하는 경우다: "오늘 데이비드^{David}가 어땠는 줄 알아?") 이를 다른 선택에 대해 생각해 볼 수 있는 기회로 활용할 수 있다.

아이가 사회적으로 힘들어하는 상황에 대해 역할 놀이를 해 보는 것도 좋다. 외향성 낮은 아이가 어른과 말을 할 때 눈을 마주치지 못하면 실제로 해 보면서 그 기술이 왜 중요한지 이해시켜 줄 수 있다. 아이에게 바닥을 보며 말을 한 다음, 들으면서 기분이 어땠는지 물어보라. 아이도 눈을 마주치지 않고 이야기할 때 상대의 불편함을 느낄 수 있을 것이다. 그리고 함께 눈을 마주하며 대화하는 연습을 해 보라.

"연습이 완벽을 만든다(적어도 더 낫게는 만든다)"라는 말은 스포츠에만 해당되는 것은 아니다. 아이들의 사회성에도 마찬가지로 적용 가능하다. 외향성 높은 아이가 다른 아이에게 말할 기회를 주거나 외향성 낮은 아이가 먼저 나서서 친구를 사귈 때 등 아이가 상황에 잘 대처하면 반드시 칭찬해 주자. 행동을 말로 칭찬해 주면 아이들은 부모가 더 자주 보고 싶어 하는 행동이 무엇인지 파악하고 그 행동의 빈도를 높일 것이다(이에 대해서는 다음 장에서 더 언급하겠다).

외향성 정도에 맞는 육아 전략

아이에게 무엇이 필요한지 파악하는 것이 육아의 가장 큰 어려움으로 느껴질 수 있지만, 다행히 자녀의 외향성 정도를 파악하면 큰 도움을 받을 수 있을 것이다. 외향성 정도가 다른 아이들은 부모로부터 각기 다른 것을 원한다. 아래의 표를 참고해 보라.

| 외향성 정도에 따른 차이점 |

외향성 높은 아이	외향성 낮은 아이
새로운 사람 만나기를 좋아한다.	소그룹 활동이나 친한 친구들과 놀기를 선호한다.
새로운 장소를 좋아한다.	사회 활동 후 재충전할 시간이 필요하다.
새로운 것을 시도하기 좋아한다.	활동을 시작하기 전에 관찰하는 편이다.
말이 많고 생각나는 대로 말하는 편이다.	조용한 활동을 즐긴다.
관심의 대상이 되는 것을 좋아한다.	관심의 대상이 되는 것을 좋아하지 않는다.
새로운 친구를 쉽게 사귄다.	새로운 사람에게 다가가는 데 시간이 걸린다.
칭찬이 많이 필요하다.	혼자 놀아도 불만이 없다.

부모는 이 표를 참고하여 자녀와의 더 나은 '조화의 적합성'을 위해 육아 방식을 조절하고 문제 행동을 줄일 수 있다. 외향성 정도가 서로 다른 아이들은 부모가 도와주면 개발할 수 있는 성장 영역 또한 각기 다르다.

외향성 높은 아이를 위한 육아 전략

앞서 말했듯, 외향성 높은 아이는 부모나 다른 사람들과의 상호작용을 갈구한다. 여기 그런 아이들에게 필요한 출구와 그런 아이들이 원하는 관심을 제공하는 동시에, 고요한 시간이 나쁜 것은 아니며 세상의 관심을 나눠 가질 필요도 있다는 사실을 가르칠 수 있는 네 가지 전략이 있다.

1. 충분한 사회적 자극을 제공하라

외향성 높은 아이는 활기차고 활동적인 환경에서 더 잘 자라는 경향이 있다. 그런 아이들에게는 사람들과 어울릴 수 있는 기회가 필요하다. 외향성 높은 아이의 부모는 새로운 것을 주저 없이 시도하고 즐기는 아이를 더 다양한 환경에 노출시킬 수 있다. 친구들과의 놀이 약속, 놀이공원, 볼링장, 콘서트, 스포츠 경기장, 어린이 극장, 댄스나 운동 교실, 캠프나 그룹 활동, 공원 등 사람이 많은 곳이라면 어디든 좋다. 동네에서 할 수 있는 활동을 찾아보라.

가능한 활동 목록을 만들어 냉장고에 붙여 놓는 것도 좋다. 내 친구는 박물관이나 공원 등 동네에서 할 수 있는 모든 활동 목록을 가능한 시간과 함께 적어 식탁 바로 옆에 붙여 놓았다. 어떤 공원이 어느 요일 몇 시에 문을 여는지 다 알고 있어서 외향성 높은 아들의 에너지가 작은 집을 꽉 채워 버리기 전에 아침 일찍부터 데리고 나갈 수 있었다.

2. 많은 피드백을 제공하라

외향성 높은 아이는 시시콜콜 이야기 나누기를 좋아한다. 그들의 뇌는 상호작용에 최적화되어 있다. 다른 사람들로부터 긍정적인 반응을 얻을 때 에너지와 의욕을 얻는다. 다시 말해 부모의 말과 관심을 갈망한다는 뜻이다. 정글짐에 올라가는 모습을 부모가 봐 주길 바라고 얼마나 높아 올라갔는지 알아주길 바란다. 학교에서 무슨 일이 있었는지 전부 말하면 즐겁게 들어 주길 바란다. 부모 역시 외향성이 높다면 자연스럽게 반응하게 될 것이다. "와, 정글짐 꼭대기까지 올라갔네!" "세상에, 정말 재밌었겠다!" 하지만 외향성이 낮은 부모라면 그런 말이 쉽게 나오지 않을 것이다. 한번은 외향성 낮은 부모가 끊임없이 아이의 행동을 읽어 주는 게 어색한 것 같고 아이들도 계속 칭찬을 받는 것은 좋지 않은 것 같다고 내게 말한 적이 있다.

외향성이 낮은 부모라면 외향성 높은 자녀의 뇌는 자신의 뇌와 다르기 때문에 성장하기 위해 피드백이 필요하다는 사실을 기억하라. 부모의 피드백이 없으면 타인의 피드백을 구할 것이고 이는 항상 좋은 결과로 이어지지는 않을 것이다. 피드백을 주라는 말이 잘못된 칭찬을 넘치게 주라는 뜻은 아니다. 그저 아이의 행동을 읽어 주기만 하면 된다. "학교에서 재밌는 시간을 보냈나 보구나!" "다른 친구들과 엄청 재미있게 놀았구나!" 하지만 아이의 성취도 기꺼이 축하해 주자. "자전거를 정말 잘 타고 있어!" "친구들과 의 젓하게 노는 법을 잘 배웠구나!" 긍정적인 피드백을 제공하면 아이는 부모가 원하는 행동을 더 자주 할 것이다. 잘한 일에는 말이 없고 나쁜 일에 대해서만 언급하면 안 된다. 아이들은 어떤 행동이 부모의 관심을 불러일으키는지 금방 알아챌 것이기 때문이다.

3. 차분해지는 방법을 가르쳐라

외향성 높은 아이는 끝없이 움직이고 싶어 하기 때문에 부모가 차분함의 중요성을 가르쳐 주어야 한다. 세상을 탐험하고 다양한 활동을 해 보는 것은 여러 가지 면에서 멋진 일이지만 누구나 의 식적으로든 무의식적으로든 재충전이 필요하다. 외향성 높은 아이에게 자연스러운 일은 아닐 것이다. 외향성 높은 아이는 넘치는 활동으로 종종 지나치게 흥분해 그 감정에 휩쓸리게 될 수 있다. 그래서 부모가 어렸을 때부터 차분한 시간을 갖는 것이 중요한 이유를 가르쳐 줘야 한다. 행동이 지나치지 않도록 자신을 통제하는 것은 외향성 높은 아이에게 꼭 필요한 기술이다. 외향성 높은 아이는 사회적 상호작용과 그에 수반되는 긍정적인 감정을 좋아하지만 그런 아이들도 녹초가 될 때까지 계속 움직이다 보면 짜증과 말싸움, 분노에 휩싸이기 쉽다. 누구나 피곤하면 못난 모습이 나올 수밖에 없다.

외출이나 사회적 활동 사이에 고요한 시간을 확보할 수 있게 도와줘라. 그 시간이 필요한 이유에 대해 이야기 나누며 휴식과 재충전의 중요성을 이해하고 내면화할 수 있도록 해야 한다. 외향성 높은 아이와 대화할 때는 다음과 같은 방식을 추천한다.

아이 수영장에 가자!

부모 아침에 이미 친구들과 공원에서 놀았잖니. 친구들과 노는 건 좋지만 누구나 잠시 쉬는 시간이 필요하단다. 수영 대신 엄마랑 퍼즐 놀이를 하는 건 어때?

아이 공원에 가고 싶어!

부모 많이 놀수록 재밌는 거 알지만 우리 모두 고요하게 혼자만의 시간을 보낼 필요도 있어. 그렇지 않으면 지쳐서 쓰러져 버리고 말 거야. 생일 선물로 받은 새 레고를 조립해 보는 건 어때?

외향성 높은 아이가 저항하거나 반항해도 놀라지 말라. 어쨌든 그들은 늘 움직여야 하는 기질을 타고난 것이다. 우리 뇌는 좋아하는 것을 더 많이 원하고 외향성 높은 아이는 상호작용이 곧 보상이라고 생각한다. 하지만 부모의 역할은 자녀가 타고난 기질을 조절하며 욕구를 통제할 수도 있어야 한다는 사실을 알려 주는 것이다. 아이가 얼마나 많은 활동과 상호작용을 원하고 이를 해낼 수 있는지 파악할 수 있는 사람은 부모다. 그러나 매일 반드시 고요한 시간을 보내야 한다는 뜻은 아니다(부모와 아이 모두에게 효과가 좋다면 물론 괜찮다). 아이에게 얼마나 많은 활동이 적당한지 파악하고 그에 맞게 고요한 시간을 조절하라. 어떤 아이는 하루에 한 번일 수도 있고 다른 아이는 1주일에 한 번일 수도 있다.

중요한 것은 차분한 시간의 필요성에 대해 아이와 이야기를 나누고 혼자서도 그 시간을 즐길 수 있도록 돕는 것이다. 다음과 같은 말이 도움이 될 것이다.

"방에서 조용히 책을 읽고 나니 다시 힘이 번쩍 나는 것 같지? 이제 다시 놀아 볼까?" 혹은 "가끔 계속 신나게 놀기만 하면 힘이 너무 넘치는 것 같기도 하지? 물이 뜨거워지면 부글부글 끓는 것과 비슷하단다. 그러면 불을 끄고 차분한 놀이를 좀 하면 돼"라는 말도 좋다.

외향성 높은 아이가 조용한 활동을 즐길 때 칭찬을 아끼지 말고 아이들이 그 시간에서 의미를 찾을 수 있도록 도와줘라.

"정말 멋진 퍼즐을 완성했구나! 정말 자랑스럽겠다. 가끔은 혼자 무언가를 완성해 보는 것도 기분이 참 좋지?" 혹은 "아침에 신나게 논 후에는 잔디에 누워 잠시 하늘을 보는 것도 좋아"라는 말도 좋다. 시간이 지나면 아이들의 생활에 습관으로 자연스럽게 자리 잡을 것이다.

4. 숙고와 공감을 가르쳐라

외향성 높은 아이는 깊이 생각하는 법을 배울 수 있도록 도와줄 필요가 있다. 위에서 언급했듯이 우리는 이 세상에 존재하는 자기만의 방식만 알고 있어서 다른 사람도 우리처럼 행동할 거라고 자연스럽게 생각하게 된다. 외향성 높은 아이는 모든 사람이 자기처럼 에너지를 얻는 것은 아니라는 사실을 이해할 필요가 있다. 어떤 사람은 생각을 정리할 수 있는 조용한 시간이 더 많이 필요하거나 계속 대화를 나누지 않으면서도 사람들과의 시간을 즐길 수 있다. 외향성이 낮은 형제자매나 친구가 있다면 타인을 이해하는 좋은 창이 될 수 있을 것이다.

"마이클Michael 알지? 함께 재밌게 놀았잖아. 하지만 마이클은 너보다 훨씬 조용한 아이 같지 않니? 가끔은 마이클도 이야기할 수 있도록 잠시 기다려 주는 건 어때?" 혹은 "떠오르는 생각을 전부 말하고 싶겠지만 가끔은 먼저 곰곰이 생각해 보고 움직이는 것도 좋단다"라는 말도 좋다. (의도적 통제에 관한 6장에서 고요한 시간을 갖거나 행동하기 전에 생각하는 법을 가르치는 전략을 소개할 텐데 이는 외향성 높은 아이에게도 유용한 조언이 될 것이다.)

외향성 낮은 아이를 위한 육아 전략

외향성이 낮은 아이는 외향성 높은 아이만큼 관심을 요구하지 않는다. 물론 그렇다고 필요한 것이 없다는 뜻은 아니다. 외향성 낮은 아이가 조용히 잘 자랄 수 있도록 돕는 네 가지 유용한 방법을 소개한다.

1. 사랑받고 수용받고 있다고 느끼게 만들어라

몹시 쉬운 일처럼 들릴지도 모른다. 물론 부모는 자녀가 사랑받고 수용받고 있다고 느끼길 원할 것이다. 하지만 우리는 외향인들의 세상에 살고 있다. 외향인이 3명이라면 내향인은 1명이라고 한다. 우리 문화는 나가서 일을 해내고 고민 없이 말하는 거친 개인주의에 자부심을 갖고 있다. 외향인들이 만들어 놓은 사회다. 그래서 외향성이 낮은 아이는 사회에 적응하거나 어울리지 못하거나 자신은 '부족'하다고 느낄 수 있다. 가족 구성원의 기질에 따라 집 안에서도 그렇게 느낄 수 있다. 또한 앞장서서 목소리를 내는 (보통 외향성 높은) 아이들이 더 주목받는 학교에서도 마찬가지다. 그리고 어린아이들은 자신이 그렇게 느끼는 이유를 이해하지 못할 수도 있다.

부모의 가장 중요한 역할 한 가지는 외향성 낮은 아이가 자신에 대해 이해하도록 도와주는 것이다. 자신에게 아무 문제가 없다는 사실을 말이다. 모든 사람은 각기 다른 기질을 타고난다고 말해 주자. 많은 사람과 다양한 활동을 즐기는 아이도 있지만 조용한 활동이나 혼자 있는 시간을 좋아하는 아이도 있다고 말이다. 그리고 자신은 어느 쪽인 것 같은지 물어보고 그런 사람들이 내향적인 사람이라고 설명해 주자. (나는 아이들에게도 정확한 용어를 사용해 설명한다. 결국 자라면서 듣게 될 말이니 미리 이해하는 것이 도움이 될 것이기 때문이다.) 그리고 내향인들의 멋진 점에 대해 전부 알려준다. 더 조용히 사색하는 사람들이고 그 조용한 시간 덕분에 깊이 있는 사고와 창의성 발휘가 가능하며, 관계를 깊게 맺기 때문에 멋진 친구들이 많다고 말이다. 그리고 인터넷에서 유명한 내향인들에 대해 함께 찾아보며 내향인들도 그 특별한 기질 덕분에 충분히 성공할 수 있다는 사실을 알려 주자.

외향인이 눈에 띄는 세상에 살고 있기 때문에 외향성이 낮은 아이는 부모의 지지와 격려가 더 많이 필요하다. 사람들의 관심을 받거나 놀이터에서 인기 있는 아이가 아니어도 부모는 자신을 사랑한다는 사실을 알아야 한다. '너무 말이 없어서' 친구들과 쉽게 어울리지 못하는 것 같다면 앞에서 언급했던 사회성 기술을 함께 연습하라. 외향성이 낮은 아이는 친구가 많다고 전부 좋은 것은 아니며, 엄마 품에서 조용히 책을 읽거나 집에서 노는 것, 친한 친구 몇 명만으로도 '충분'하다는 사실을 알 필요가 있다. 외향성 낮은 아이는 삶의 소박한 즐거움을 더 누릴 것이고 부모는 이를 문제가 아니라 선물로 바라볼 수 있도록 도와줘야 한다.

2. 아이의 기질에 맞는 활동을 찾아라

외향성이 낮은 아이는 사람이 많지 않거나 자극이 강하지 않은 활동을 더 즐긴다. 레고를(더 자라면 모형 비행기나 배를) 조립하고 책을 읽고 퍼즐을 하고 색칠을 하고 방에서 장난감을 가지고 노는 등의 활동이다. 외향성 낮은 아이가 자기만의 방법으로 창의성을 표현할 수 있는 다양한 기회를 만들어 줘야 한다. 도서관이나 미술관, 박물관을 방문하거나 집에서 함께 영화를 보는 것도 좋다. 외향성 낮은 아이에게 어울리는 운동도 다양하다. 골프나 테니스, 아이스스케이팅, 조정, 암벽 등반, 자전거 타기 등 혼자서도 할 수 있는 운동들이다. 대규모 팀으로 움직일 필요는 없으면서도 충분히 활동적일 수 있다.

사진 찍기도 좋은 취미가 될 수 있다. 바깥에서 다른 사람들과 함께 세상을 경험하는 동시에 필요하다면 카메라 뒤로 잠시 물러나 안전감을 확보할 수 있다. 외향성 낮은 내 아들은 가족 모임에서 늘 '사진사'를 자처했다. 사람들과 계속 대화를 할 필요 없이 가족의 일부가 되는 방법이었다. 그림 그리기, 정원 돌보기, 요리하기 등도 외향성 낮은 아이들에게 좋은 취미다. 지속적인 상호작용으로 고갈될 위험 없이 부모나 다른 사람들과 세상에 나가 시간을 보낼 수 있는 좋은 방법들이다. 동물들과 시간을 보내는 것도 좋다. 내향인들은 반려동물에게 느끼는 유대감을 사랑하는 편이다. 동물들은 사람보다 말도 없고 피곤하게 만들지도 않으니 말이다. 동물 구조 센터에서 봉사를 하는 것도 외향성 낮은 아이가 다른 사람들과 과도한 상호작용 없이 좋은 일을 할 수 있는 멋진 방법이다.

3. 혼자만의 조용한 공간을 마련해 줘라

외향성 낮은 아이는 혼자만의 공상에 빠질 수 있는 공간이 필요하다. 자기 방이 좋지만 그것이 불가능하다면 아이만의 요새를 만들어 주거나 구석에 쿠션을 쌓고 천으로 가려 작은 공간을 마련해 줄 수 있다. 다른 사람은 접근할 수 없는 자기만의 특별한 공간이라고 느끼는 것이 중요하다. 외향성 낮은 아이는 주변 환경이 너무 자극적이라고 느낄 때 자기만의 세계로 물러날 방법이, 재충전을 위한 혼자만의 시간이 필요하다.

4. 언제 조용한 시간이 필요한지 인식할 수 있도록 도와라

외향성 낮은 아이 중에는 자신이 언제 차분한 시간이 필요한지 아주 잘 아는 아이도 있다. 외향성 낮은 내 딸은 저녁 식사에 손님을 초대하거나 친구를 초대해 놀 때 사소한 일에 짜증을 내기 시작하면 그런 때가 온 것이다. 많은 사람과 너무 오래 함께 있었다면, 언제나 위층으로 올라가 '낮잠'을 좀 자겠다고 말한다. 그리고 자기 방으로 가서 5분에서 15분 정도 책을 읽은 다음 다시 명랑한 아이가 되어 나타난다. 가끔은 우리가 먼저 상태를 파악하고 묻기도 한다. "조용한 시간이 좀 필요하니?" 그러면 딸은 안도하는 표정으로 그렇다고 대답하고 방으로 가서 잠시 쉬곤 했다.

하지만 많은 아이들이 지나친 자극을 인식하는 데 도움이 필요하다. 많은 사람과 어울린 다음 재충전을 위한 조용한 시간을 갖도록 부모가 지도해 줘야 할 수도 있다. 언제 자극이 지나치다고 느끼는지 인식할 수 있도록 돕고 혼자만의 시간을 가질 수 있는 방법을 찾도록 격려하라.

예를 들어 생일 파티에 참석했는데 너무 정신이 없어 보인다면 이렇게 말해 줄 수 있다. "밖에 나가서 바람 좀 쐬고 올까?" 집에서 모임이 있을 경우에는 부엌에서 일손을 도와 달라고 부탁할 수 있다. 잠시 자리를 비웠다가 다시 나타나 놀아도 괜찮다는 사실을 알려 주자. 어른들이 칵테일파티 도중 잠시 발코니에 나가 있는 것과 마찬가지다. 몇 분이라도 거리를 두면 다시 배터리가 충전된다는 사실을 알려 주자.

"사람들이 많으니까 조금 힘들었지? 잠시 바람 쐬고 오니 훨씬 편해 보이네." 그리고 돌아와 다시 즐겁게 놀 수 있도록 도와줘라. "오, 저걸 봐! 한나Hannah가 재밌는 게임을 하고 있네. 한나야, 어떻게 하는지 조쉬Josh에게도 좀 보여 줄래?"

외향성 낮은 아이는 무리에 끼기 전에 관찰하기 좋아한다는 사실을 기억하라. 그러니 함께 놀기 전에 아이가 잠시 관찰하도록 기다려 주는 것도 괜찮다.

외향성이 중간 정도인 '양향성' 아이라면

외향성이 뚜렷하게 높고 낮은 특징이 드러나는 아이도 있지만 중간 정도인 아이도 있다. 내 남편의 경우, 자신이 '외향화된 내향인'이라고 생각하는데, 외향성이 중간 정도인 성인들이 종종 쓰는 표현이기도 하다. 양향 성격자 Ambivert 역시 외향성 연속선의 중간에 위치하는 사람들을 지칭하는 용어로 널리 쓰인다. 그런 사람들은 외향성 관련 특성과 내향성 관련 특성을 모두 보인다. 사람들의 거의 모든 행동은 종형 패턴으로 나타나기 때문에 실제로 많은

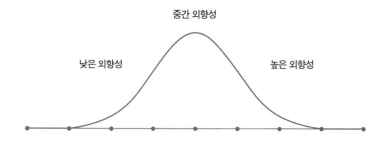

| 외향성 종형 패턴 |

중간 외향성

낮은 외향성   높은 외향성

사람이 이에 해당된다.

외향성이 중간 정도인 아이는 사람들과 어울리거나 새로운 시도를 어느 정도까지는 즐기지만 더 조용한 활동도 즐기고 재충전을 위한 차분한 시간도 필요하다. 그런 아이는 높은 외향성 특성과 낮은 외향성 특성을 동시에 보인다. 어느 쪽으로도 극단적이지 않기 때문에 높은 외향성과 낮은 외향성에 어울리는 활동을 골고루 즐긴다.

부모가 기억해야 할 핵심은 자녀의 패턴이다. 사회적 상호작용은 어느 정도가 적당한가? 고요한 시간은 얼마나 많이 필요한가? 아이를 관찰하다 보면 알 수 있을 것이다. 물론 관찰하지 않아도 쉽게 드러날 수 있다. 중간 외향성 아이들은 두 가지 활동을 모두 즐기기 때문에 적응력이 더 강하고, 정서성이 낮을 경우 특히 그렇다. 하지만 특정한 활동을 할 때 자녀의 상태가 안 좋아진다는 사실을 발견하면 적어 놓는 것도 좋다. 매일 다양한 활동에 어떻게 반응했는지 기록해 놓아라. 예를 들면 다음과 같다.

토요일

- 오전 8~10시: 놀이터에서 친구 3명과 함께 놀기(아주 즐거워함)
- 오전 10~12시: 어린이 박물관(아주 즐거워함)
- 오후 12~14시: 낮잠
- 오후 14~16시: 형의 야구 경기 관람(짜증을 내고 말을 듣지 않음)

경기 관람 때 짜증을 내는 행동은 그저 야구가 지겨워서 그랬을 수도 있지만 아침부터 피곤하게 돌아다녔기 때문일 수도 있다. 1주일 혹은 그 이상 기록해 보면 어느 경우인지 파악할 수 있을 것이다. 오랫동안 밖에서 사람들과 어울려야 할 때 투정을 부리거나 짜증을 내는 패턴이 반복되면 그 사이에 조용한 활동을 넣어 차분한 시간을 마련해 주는 것이 좋다. 예를 들어 형이나 언니가 오후에 운동 경기가 있다면 아침에 놀이터에서 친구들과 논 다음에 집에서 조용히 놀면서 충전해 다시 오후 경기에 따라가는 것이다. 야구를 보러 갔을 때만 그렇다면 그냥 야구가 싫은 것이다.

외향성 연속선에서 어디쯤 존재하는지에 따라 (그리고 다른 가족 구성원의 외향성 정도에 따라) 양향성 아이에게도 필요한 기술이 있을 것이다. 예를 들면 양향성 자녀가 저녁 식사 자리에서 혼자 떠들어 외향성 낮은 동생이 한마디도 못하고 있으면 모든 사람에게 이야기할 수 있는 기회가 필요하다고 말해 줄 수 있다. 반대로 외향성이 높은 언니나 오빠를 따라 끊임없이 움직이고 있다면 잠시 쉬어야 할 시간도 필요하다고 알려 줘야 한다.

아이와 시간을 보내다 보면 어떤 면에서 도움이 필요한지 파악할 수 있을 것이다. 하지만 중간 외향성 아이들은 보통 그렇게 극단적이지 않기 때문에 외향성이 더 높거나 낮은 또래들 사이에서 자연스럽게 다양한 활동을 즐길 것이다. 다음은 외향성 정도에 따른 추천 활동 목록이다. 참고하길 바란다.

| 외향성 정도에 따른 추천 활동 |

외향성 높은 아이	외향성 낮은 나이
유치원이나 놀이 학교	독서
놀이터에서 많은 친구들과 놀기	퍼즐
볼링	사진 찍기
춤/운동 수업	도서관
어린이 콘서트	레고
스포츠 관람	방에서 놀기
어린이 극장	색칠하기
캠핑이나 집단 활동	밤에 영화 보기
어린이 박물관	미술관
팀 스포츠	혼자 하는 스포츠
놀이공원	정원 가꾸기
동물원	요리하기

※주의: 외향성 정도에 상관없이 목록의 모든 활동을 좋아할 수는 있지만, 외향성 높은 아이는 기본적으로 사회적 자극이 더 필요하고 외향성 낮은 아이는 조용한 활동이 더 필요하다.

151

4장

대표 기질 요소 I. 외향성

준비가 중요하다

위에서 언급한 육아 전략들은 아이들의 다양한 외향성 정도에 따라 각자에게 필요한 조화의 적합성을 만들어 줄 수 있는 방법들이다. 아이가 타고난 기질이 환경과 더 잘 어울릴수록 문제 행동의 소지는 줄어든다. 물론 이렇게 생각하는 부모도 있을 것이다. '하지만 세상이 그렇지 않잖아! 세상이 개인의 모든 욕구를 맞춰 주지 않는다는 걸 아이들도 배워야지!' 충분히 일리 있는 말이다. 나도 외향성 낮은 아이가 사람들도 만나지 않고 방에서 계속 혼자 놀도록 내버려 두라거나 외향성 높은 아이를 쉴 틈 없이 여기저기 데리고 다녀야 한다는 뜻은 아니다. 아이의 기질을 이해하면 아이에게 잘 맞는 환경과 아이가 힘들어할 수 있는 환경이 무엇인지 파악할 수 있다. 그리고 어떤 환경은 부모가 통제할 수 있으므로 이를 활용해 아이의 짜증이나 도가 넘는 행동을 줄이거나 적어도 이해하기 쉽게 설명해 줄 수 있을 것이다.

하지만 아이의 기질에 대해 이해한다고 그 기질의 노예가 될 필요는 없다. 누구나 익숙한 환경에서 밖으로 한 걸음 나갈 필요가 있다. 외향성 높은 아이도 가끔 혼자 있는 법을 배워야 하고 외향성 낮은 아이도 사회적 상황에서 살아남을 수 있어야 한다. 아이가 어떤 상황을 힘들어할지 파악하라는 것은 그 상황을 겪지 않게 만들어 주기 위해서가 아니다. 아이들을 더 준비시키기 위해서다.

솔직히 말하자. 타고난 기질을 넘어서는 것은 쉬운 일이 아니다. 아이들이 타고난 기질과 어울리지 않는 환경에 있을 때 부조화가 생기고 그 부조화는 스트레스를 유발한다. 아이들은 그 스트레스에 각기 다른 방식으로 반응하는데 이는 타고난 정서성 정도와 관련이 있다. 타고난 기질과 환경의 부조화로 인한 스트레스를 아이가 얼마나 잘 다루는지가 부모의 개입 정도에 영향을 끼칠 것이다.

정서성이 높은 아이는 환경과 외향성 정도의 부조화를 관리하는 데 훨씬 어려움을 겪는다. 내 아이 둘은 모두 외향성이 낮았지만(외향성이 높은 나와 달리 아이러니하게도) 정서성은 서로 달랐다. 아들은 낮은 외향성/높은 정서성을 보였고 딸은 낮은 외향성/낮은 정서성을 보였다. 두 아이 모두 혼자 놀거나 부모 중 1명과, 아니면 소수의 친구들과 노는 시간을 좋아했다. 아이들이 많은 곳에 가면 입을 꼭 다물고 멀찍이 서서 가만히 지켜본다.

하지만 정서성이 높은 아들은 불편한 상황에서 꼭 크게 짜증을 냈다. 어렸을 때 생일 파티를 몇 번 해 보면서 확실히 알 수 있었다. 외향성이 높은 나는 시끌벅적한 파티를 좋아하고 그래서 아들의 두 번째, 세 번째 생일에 거대한 파티를 열어 아장아장 걷는 아기들부터 어른들까지 많은 친구를 초대했다. 생일 축하 노래를 부를 때 아들은 2년 연속 자지러지며 한 해는 테이블 밑으로, 다음 해는 소파 뒤로 숨었다. 내가 아들을 데리고 나오려고 달래는 동안 손님들은 노래를 끝내고 어색하게 자리를 떴다. 많은 사람의 관심이 자신에게 집중되는 것은 아들이 감당하기에 너무 힘든 일이었다. 그 사실을 알게 된 나는 테마가 있는 성대한 파티의 꿈을 포기하고 이제 가족이나 아들의 친한 친구 몇 명과 소박하게 생일을 축하한다.

그리고 나는 배움이 늦는 사람이므로(혹은 고생도 마다하지 않는 사람이므로) 딸을 위해 다시 파티의 꿈을 펼쳐 동물을 쓰다듬어 볼 수 있는 동물원 마당에서 성대한 파티를 열어 주었다. 딸은 외향성이 낮았지만 정서성도 낮았기 때문에 동물원에서도 그럭저럭 버틸 수 있었다. 염소와 양들 사이에서 달려 다니는 소란스러운 아이들을 조용히 관찰했고 구석에서 토끼를 발견해 쓰다듬었다. 사람들이 케이크 주위에 모여 노래를 부르고 촛불을 끄라고 할 때 약간 긴장한 것 같았지만 울면서 숨지는 않았다. 딸은 스트레스를 더 잘 다룰 수 있었기 때문에 타고난 기질과 약간 '부조화스러운' 상황에 노출되어도 크게 짜증을 내거나 화를 내지는 않았다.

그렇다면 타고난 기질과 환경이 어울리지 않아 아이가 괴롭다면 어떻게 해야 할까? 선택은 부모에게 달려 있다. 중단시키든가 준비시키든가.

물론 노력할 가치가 없는 일도 있다. 새로 문을 여는 어린이 박물관에 꼭 개관 첫날 가야 할 필요는 없다. 몇 주 기다렸다가 사람들의 관심이 뜸해진 다음 가면 어떨까? 아이의 엄청난 짜증을 감수하며 이웃집 아이의 생일 파티에 꼭 참석해야 할까? 그만큼 친한 사이가 아니라면, 아이가 (혹은 부모가!) 특별히 기분이 안 좋다면 그저 못 간다고 생각해 버릴 수도 있다. 그래도 괜찮다. 이사벨라Isabela의 네 번째 생일 파티에 못 간다고 세상이 무너지는 것은 아니다.

하지만 노력해 볼 가치가 있는 일도 가끔 있다. 아이가 좋아하든 싫어하든 부모에게 중요한 일이거나 반드시 참석해야 하는 일이라면 말이다. 그런 경우 가장 중요한 것은 바로 준비다. 외향성이 낮은 아이가 갑자기 잡힌 가족 모임으로 얼굴도 모르는 친척이 우르르 몰려드는 상황에서 괜찮을 거라고 짐작하지 말라. 외향성 높은 아이에게 몇 시간 동안 가만히 앉아 책을 읽어야 한다고 도서관에 가는 길에 말해 주지 말라. 미리 말해 주는 것이 중요하다 (여기서 '미리'는 차에 타면서를 뜻하는 것이 아니다). 아이들이 어떤 상황을 겪게 될지 미리 알 수 있게 하라. 그리고 그 상황에서 느낄 감정에 대해 이야기하라. 그리고 함께 계획을 세워라. 다음의 외향성 낮은 아이와 부모의 대화를 살펴보자.

부모 알리사Alyssa, 토요일에 가족 모임이 있어.
　　　　가족 모임이 뭔지 알지?

아이 몰라.

부모 친척들이 많이 모이는 자리야. 할머니, 할아버지, 이모네 가족이 모이는 것과 비슷한데 사람들이 훨씬 더 많을 거야.

아이 (불안한 표정으로) 내가 모르는 사람들?

부모 응. 새로운 사람들도 많이 올 거야. 기분이 어때?

아이 가기 싫어. 사람들 많은 거 나 싫어하잖아.

부모 그래, 네가 싫어하고 힘들어한다는 거 알아. 하지만 우리 도 꼭 가야 하는 자리야. 그럼 가서 힘들 때 어떻게 할지 계획을 세워 보자. 좋은 생각이 있니?

아이의 나이와 성숙도에 따라 계획을 세울 수도 있고 그렇지 못할 수도 있다. 다양한 아이디어에 대해 이야기를 나눠 보자. "힘 들어지면 잠깐 뒷마당을 산책하는 건 어때? 아니면 위층에 올라 가 할머니랑 고양이와 잠깐 놀까?" 아이에게 필요하다면 잠시 자 리를 비워도 괜찮다고 말하라. 아이가 전략을 세울 수 있도록 도 와라.

아이만 준비시키지 말고 부모도 함께 준비해야 한다. 부모의 에너지가 낮거나 잠이 부족하거나 해결되지 않은 일 때문에 스트 레스를 받고 있다면, 아이가 기질을 넘어서게 만들기 적절하지 않 은 때이다. 가족 모임에서 빠지기는 힘들 수 있겠지만 부모와 아 이가 준비되지 않은 것 같다면 언제나 멈출 수 있는 일은 생각보 다 많을 것이다.

사실 아무리 완벽한 계획을 세우고 준비해도 예상 밖의 변수가 생길 수 있고 정서성이 높은 아이라면 그 가능성은 더 클 것이다 (이에 대해서는 다음 장에서 더 논할 것이다). 부모는 호흡을 가다듬고 상황을 조절할 수 있어야 한다. 아이가 상황에 맞게 행동하지 못할 때 이에 대처하기 위한 방법을 생각해 놓아야 한다. 아이가 스트레스를 극복하지 못할 경우를 대비한 부모만의 계획이 있어야 한다.

나는 언제나 그 부분이 가장 힘들었다. 내가 할 수 있는 일을 다 했을 때, 아이와 이야기를 나누었고 계획을 세웠고 해야 할 말과 행동까지 연습시켰는데, 막상 그 상황에서 아들이 떼를 쓰거나 꼼짝도 않겠다고 버티는 것이 가장 싫었다. 아무리 많이 준비해도 내가 통제할 수 없는 부분이 있다는 사실이 좌절스러웠다. 분명히 가고 싶다고 했던 여름 캠프에 많은 돈을 냈고, 미리 이야기를 나누며 준비도 했다. 하지만 막상 출발하는 날이 됐을 때 많은 아이들을 본 아들은 완전히 얼어붙어 차에서 내리지 않으려고 했다. 아무리 계획을 세워도 소용없었다. 1주일 치 비용을 이미 내 버렸다는 말도 소용없었다. 엄마는 널 내려 주고 바로 출근해야 한다는 사실도 아무 도움이 되지 않았다. 준비하면서 아무리 기분이 좋았어도 상관없었다. 아들은 그저 그 순간 할 수 없다고 느낀 것뿐이다.

그리고 바로 그때 부모인 내가 준비한 대로 해야 한다. 그 순간에 좌절하는 만큼, '전부 계획을 세우지 않았냐고, 넌 괜찮을 거라고, 그러니 당장 내려서 가라고, 그래야 엄마도 일하러 간다'라고 소리치고 싶어질 것이기 때문이다. 그때 내가 했던 준비를 기억해야 한다. 호흡을 고르고 차분하게 다시 한번 이야기를 나누는 것 말이다. 가끔은 아들도 같이 차분해져 마음을 다잡고 캠프에 가기도 했지만, 가지 않는 날도 물론 있었다. 그럼 다음에 다시 시도해 보면 된다. 그럴 때마다 머리를 쥐어뜯고 싶을 것이다. 하지만 열세 살만 되면 인사도 없이 차에서 뛰어내려 친구들에게 달려간다는 사실은 말해 줄 수 있다. 그러니 조금만 버텨라. 육아는 단거리가 아니라 마라톤이다. 노력하다 보면 당신의 아이도 타고난 기질을 관리하는 법을 배워 갈 것이다.

부모의 외향성 정도가 육아에 미치는 영향

누구나 아이를 낳기 전부터 아이와 즐거운 시간을 보내는 모습을 상상했을 것이다. 그리고 그 즐거운 시간은 알든 모르든 부모의 외향성 정도와 관련이 있었을 것이다.

외향성 높은 부모는 아이들을 동물원이나 공원에 데려가고 싶어 하고 친구들과 약속을 잡고 성대한 생일 파티를 계획한다. 외향성 낮은 부모는 함께 책을 읽거나 그림을 그리는 고요한 시간을 기대한다. 부모가 자녀에게 보여 주고 싶은 세상은 곧 부모의 기질과 관심사의 결과다.

다행히 부모와 아이의 외향성 정도가 비슷하면 아무 문제가 없을 것이다. 외향성 높은 부모와 외향성 높은 자녀는 함께 다양한 활동을 하고 놀이터에 가서 사람들을 만나 즐겁게 놀 것이다. 외향성 낮은 부모와 외향성 낮은 아이는 집에서 혹은 자연을 함께 걸으며 즐거운 시간을 보낼 것이다. 모두 조화의 적합성을 타고난 경우다. 하지만 부모와 자녀의 기질이 완전히 반대일 수도 있다. 그럴 경우 부모는 걱정이 많아지고 육아는 어려워질 것이다.

외향성 높은 부모와 외향성 낮은 아이

외향성 높은 부모는 그렇지 않은 자녀를 보며 걱정이 많을 것이다. 우리 애는 외톨이야! 친구도 하나 없이 자랄 거야! 너무 방에만 있어! 학교 연극도 하지 않으려고 해! 나가서 세상을 좀 탐험해야 할 텐데!

나는 외향성 높은 부모로 외향성 낮은 두 아이를 키우고 있다. 그러니 나도 어찌 그런 걱정을 해 보지 않았겠는가? 하지만 외향성 낮은 아이들 역시 세상을 탐험하고 있다. 다만 그 방식이 외향인들과 다를 뿐이다.[31]

그리고 외향인들이 완벽히 수긍하기는 어렵겠지만 그 방식이 더 부족한 것도 아니다. 그저 다를 뿐이다. 외향성이 낮은 아이는 분주한 활동을 하거나 많은 사람을 만날 필요가 없다. 그들은 소수의 사람과 깊은 관계를 즐긴다. 그리고 그 소수는 보통 부모다. 외향성 낮은 아이도 편할 때는 말이 많고 명랑하지만 사람이 많을 때는 입을 다문다. 이는 외향성 높은 부모가 이해하기 힘들거나 좌절스러운 점일 것이다. 나랑 있으면 정말 명랑하고 즐거운 아이가 왜 다른 사람들만 있으면 저렇게 허수아비가 되는 것일까? 부모는 그 명랑하고 귀여운 아이를 친구들과 친척들도 볼 수 있길 바란다. 그리고 가끔 외향인들의 세상이나 외향인들의 존재 방식에 순응하라고 압력을 넣기도 한다. 물론 나 역시 그 문제에서 자유롭지 못했다.

하지만 나는 내향적인 내 아이들을 보며, 스스로 내향적이라는 다른 사람들과 이야기를 나누면서, 그리고 내향성에 대한 연구를 통해 깨달은 것이 있다. 아이들은 가끔 혼자 있고 싶다. 그렇다고 평생 친구가 없을 거라는 뜻은 아니다. 평생 자기 방에 틀어박혀 살 거라는 뜻은 아니다. 단지 조용할 수 있는 공간이 필요한 것뿐이다. 마음을 정리하고 재충전할 필요가 있는 것뿐이다. 가끔 부모에게서도 멀어지고 싶어 할 것이다. 그렇다고 부모가 필요하지 않다거나 부모를 사랑하지 않는다거나 영영 부모 곁을 떠나고 싶다는 뜻은 아니다.

하지만 외향성 높은 부모는 종종 외향성 낮은 아이를 힘들게 할 수 있다. 외향성 낮은 아이는 가끔 그저 앉아 있거나 부모 곁에서 조용히 놀고 싶어 한다. 요구가 많은 애인과 사귀어 본 적이 있는가? 아이들이 혼자 있고 싶어 한다면 아마 그와 비슷한 부모가 된 것인지도 모른다. 그것이 바로 외향성 낮은 아이가 외향성 높은 부모에게 갖는 느낌이다.

외향성 낮은 아이를 키우는 외향성 높은 부모는 다음을 기억해야 한다. 우리는 뇌가 다르다. 외향성 낮은 사람들은 외향성 높은 사람들이 즐기는 많은 활동에서 스트레스를 받고 그들과 다른 경험에서 즐거움을 찾는다. 아이의 외향성을 억지로 높이려 하면 관계만 망가질 것이다. 아이가 타고난 기질을 인정하고 사랑하는 것, 아이가 자신의 기질을 인지하고 수용할 수 있도록 돕는 것이 부모의 일이다.

외향성 낮은 부모와 외향성 높은 아이

외향성 높은 부모가 외향성 낮은 자녀를 걱정하는 것과 반대로 외향성 높은 자녀를 키우는 외향성 낮은 부모는 **죄책감**을 느낀다.

그들은 아이들을 따라가지 못한다고 느낀다. 아이들에게 더 많은 것을 제공해야 한다고 느낀다. 세상을 탐험하고 싶은 아이의 열정은 높이 사지만 그 열정을 채워 주는 것이 너무 힘들다. 외향성 높은 아이가 즐길 만한 활동을 찾아보고 그들에게 사회적 자극을 제공하는 방법에 대해 읽기만 해도 벌써 지칠 수 있다.

하지만 절망하지 말라! 부모와 자녀 모두에게 맞는 활동도 충분히 찾을 수 있다. 약간의 시행착오가 더 필요할 뿐이다. 외향적인 자녀는 사회적 자극을 원할 것이다. 내향적인 부모는 더 조용한 활동에 끌릴 것이다. 부모가 꿈꿔 왔던 아이와의 시간은, 함께 책을 읽거나 퍼즐을 하는 것은 그들에게 충분한 자극이 되지 못할 것이다. 그렇다고 그런 활동을 전혀 안 하고 싶을 거라는 뜻은 아니다. (의도적 통제 능력이 낮은 아이라면 어려운 일일 수도 있다. 이에 대해서는 6장을 참조하라.) 하지만 아이가 지루해하거나 힘들어하는 것 같다면 외향성 높은 아이에게 필요한 사회적 활동을 섞어 볼 필요는 있다.

갑자기 놀이 약속을 잡는다거나 토요일 아침마다 놀이터에서 다른 부모들과 이야기를 나누기 시작해야 한다는 뜻은 아니다(얼마나 힘들겠는가). 아이는 다른 아이들과 함께 놀면서 필요한 상호작용을 할 수 있고, 동시에 부모에게는 너무 부담스럽지 않은 활동을 찾아볼 수 있다. 분명 부모와 아이 모두에게 적합한 활동이 있을 것이다.

예를 들면 동네 도서관의 스토리텔링 수업 같은 것이다. 외향성 높은 아이는 다른 아이들과 함께할 수 있고 외향성 낮은 부모는 모르는 (혹은 알고 싶지 않은) 다른 부모들과 쓸데없는 수다를 떨 필요가 없다. 외향성 높은 아이를 키우는 외향성 낮은 내 친구 하나는 지역 생태관에서 하는 수업에 아이를 데려가 매주 다른 동물에 대한 수업을 듣게 하고 자신은 교실 뒤에 앉아 조용히 책을 읽었다. 아니면 아주 친한 친구들과 놀이 약속을 잡아 보아라. 친한 친구이니 부담은 덜하고 아이는 사회성을 키울 수 있다. 아이만 참석하는 운동 수업이나 스카우트 같은 그룹 활동도 좋다. 아이는 친구들과 상호작용을 하고 부모는 혼자 조용한 시간을 가질 수 있다. 학교 친구들과 함께 하는 방과 후 활동도 부모에게 혼자 있는 시간을 제공할 것이다.

중요한 것은 죄책감을 갖지 않는 것이다. 외향성 높은 아이가 다양한 관계를 맺는 데 도움이 되려고 계속 긴장하고 있는 것은 외향성 낮은 부모에게 너무 힘든 일이다.

훌륭한 육아는 아이를 위해 모든 것을 다 해 주는 것이 아니다. 부모와 자녀 모두에게 좋은 방법을 찾는 것이다. 부모와 자녀가 각자 자기 모습일 수 있을 때 모두가 더 행복하다. 그리고 더 행복한 부모가 더 좋은 부모다. 그러니 방과 후에 혼자 있는 시간을 마음껏 즐겨라.

외향성 낮은 부모에게 자연스럽지 않은 또 한 가지는 외향성 높은 아이의 인정과 피드백에 대한 욕구다. 외향성 높은 아이는 자기 목소리나 부모의 목소리를 통해 다양한 말을 듣고 싶어 한다. 만약 부모의 피드백이 부족하면 이를 자신이 못마땅하다거나 자랑스럽지 않다는 신호로 해석할 수 있다. 부모에게는 쉽지 않겠지만 긍정적인 피드백을 제공할 수 있는 방법을 찾으려고 노력해 보라. "와, 퍼즐을 정말 멋지게 잘 완성했네!" "오늘 놀이터에서 새로운 친구를 정말 많이 사귀었구나!" "그렇게 높이 나무를 올라갈 수 있을지 몰랐어!"와 같이 말하는 것도 좋다. 외향성 높은 아이는 조용한 부모에게서도 피드백을 갈망한다.

마지막으로 서로 다른 기질에 대해 아이와 이야기를 나누어라. 재충전을 위해 혼자 있는 조용한 시간이 필요하다고 아이에게 설명하라. 부모도 자기만의 공간이 필요하고 아이에게 그렇게 말하는 것도 괜찮다. 모든 사람의 뇌는 서로 다르게 연결되어 있어서 어떤 사람은 조용한 시간이 있어야 에너지를 얻을 수 있는데, 부모가 바로 그런 사람이라는 사실을 이해할 수 있도록 말하라.

일찍부터 아이와의 균형을 찾는 것이 중요하다. 그렇지 않으면 시간이 지날수록 외향성 높은 아이에게 분노가 치밀지도 모른다. 외향성 높은 아이는 항상 부모에게서 더 많은 대화, 더 많은 활동, 더 많은 시간을 원하기 때문이다.

형제자매의 외향성 정도가 다를 때

2명 이상의 자녀가 있다면 두 아이의 외향성 정도가 다를 가능성이 크다. 이는 부모에게 더 힘든 일이 된다. 외향성 높은 아이의 사회 활동에 대한 욕구와 외향성 낮은 아이의 조용한 시간에 대한 욕구가 부딪칠 것이기 때문이다. 거기에 외향성 높은 아이가 부모의 시간과 관심을 더 요구하면서 외향성 낮은 아이가 그에 비해 충분한 돌봄을 받지 못하거나 자신은 중요하지 않다고 여기게 될 수 있는 문제가 추가된다.

여기서 가장 중요한 것은 아이들에게 그에 대해 이야기하는 것이다. 부모와 자녀의 기질이 서로 다를 수 있다는 사실을 이야기해 주듯, 모든 사람의 외향성 정도가 각기 다를 수 있다는 사실을 알려 줘야 한다. 각자의 강점을 인식하고 서로 어떻게 다른지 이해하며 그럼에도 불구하고 모두 중요하고 소중하다고 느낄 수 있어야 한다. 서로 다른 욕구를 만족시키기 위해 어떻게 해야 할지 함께 답을 찾아보도록 하라. 함께 아이디어를 교환하고 계획을 세워라.

외향성 높은 아이가 사람 많은 박물관에 가고 싶은데 외향성 낮은 아이가 반대한다면 이렇게 말할 수 있다. "아침에 박물관에 가고 오후에는 네가 하고 싶은 걸 하는 게 어때?" 외향성 낮은 아이가 박물관에서 너무 힘들어하면 잠시 쉴 수 있는 방법을 찾을 수 있도록 도와라. 벤치에 앉아 책을 읽어도 좋다. 외향성 높은 아이가 저녁 식사 자리에서 대화를 주도한다면 외향성 낮은 아이도 의견을 말할 수 있는 기회를 만들어라. 외향성 높은 아이에게는 외향성 낮은 형제자매에게 양보하라고 격려하라. 차이에 대한 인식과 존중을 가르치는 것은 장기적으로도 아이들에게 도움이 될 것이다. 외향성 정도가 다른 아이들을 키우기 위해서는 더 많은 준비와 노력이 필요하겠지만 동시에 공감과 타협을 가르칠 수 있는 멋진 기회가 되기도 할 것이다.

부모가 줄 수 있는 가장 큰 선물

아이가 타고난 기질은 세상을 경험하고 세상과 상호작용하는 방식에 엄청난 영향을 끼친다. 그리고 아이의 외향성 정도에 부모가 어떻게 반응하는지가 그 경험의 토대가 된다. 부모가 자녀에게 줄 수 있는 가장 큰 선물은 자기만의 강점을 이해하고 수용할 수 있도록 돕는 것이다.

외향성 높은 아이는 넘치는 에너지와 열정 때문에 사랑받을 수도 있고 사람을 너무 피곤하게 만들어 성가신 존재가 될 수도 있다. 외향성 낮은 아이는 조용하고 창의적이고 사려 깊은 특성 때문에 인정받을 수 있지만 뭔가 부족한 존재라고 여겨질 수도 있다. 부모는 아이가 타인의 관점으로 자신의 기질을 바라보는 것이 아닌 자신의 관점으로 타고난 기질을 바라보는 관점을 세우는 데 중추적인 역할을 할 수 있다. 『나는 내성적인 사람입니다The Introvert's Way』의 저자 소피아 뎀블링Sophia Dembling의 "외향인은 불꽃놀이고, 내향인은 벽난로의 불꽃이다"라는 말처럼, 어떤 아이든 화려한 불꽃을 닮은 각자만의 빛나는 면을 가지고 있다. 즉 외향성 높은 아이든 외향성 낮은 아이든 세상과 나눌 수 있는 것이 무척이나

많다. 이 중 무엇을 나눌지 발견할 수 있도록 돕는 것이 바로 부모
의 역할이다.

핵 · 심 · 요 · 약

- 아이들은 활기찬 활동이나 조용한 활동, 사람이 많은 것이나 적은 것에 대한 타고난 선호도를 일찍부터 드러낸다. 육아의 많은 스트레스가 아이가 타고난 기질과 부모가 제공하는 환경의 부조화 때문에 발생한다.

- 외향성 높은 아이는 새로운 사람이나 새로운 장소, 새로운 시도를 즐긴다. 사람들 틈에서 에너지를 얻고 쉽게 친구를 사귀지만 간혹 귀찮은 사람이 될 수도 있으며 외향성이 그만큼 높지 않은 부모는 특히 그렇게 느낄 수 있다.

- 외향성 낮은 아이는 조용한 활동을 즐기고 혼자 있거나 소수의 사람들과 함께하는 것을 좋아한다. 지나친 사회적 자극은 부담스러워 한다.

- 외향성 높은 아이는 다양한 사회적 자극과 피드백이 도움이 되고 차분해지는 방법, 깊이 생각하고 공감하는 법을 배우면 좋다.

- 외향성 낮은 아이는 사랑받고 수용받고 있다는 느낌, 조용한 기질 특성에 맞는 활동, 혼자 있을 수 있는 고요한 장소가 필요하고, 쉬어야 할 때를 알아챌 수 있도록 도와주는 것이 필요하다.

- 외향성 정도가 중간인 아이들은 외향성 높은 아이의 특성과 외향성 낮은 아이의 특성을 모두 보이며 다양한 활동을 즐긴다.

- 아이의 외향성 정도가 부모와 다를 때 부모는 스트레스를 받거나 지나친 걱정을 하게 될 수 있다. 하지만 그 차이에 대한 인식이 이를 좁혀 나가는 데 도움이 될 것이다. 형제자매의 외향성 정도가 다른 경우에도 도움이 될 것이다.

168

The Child Code

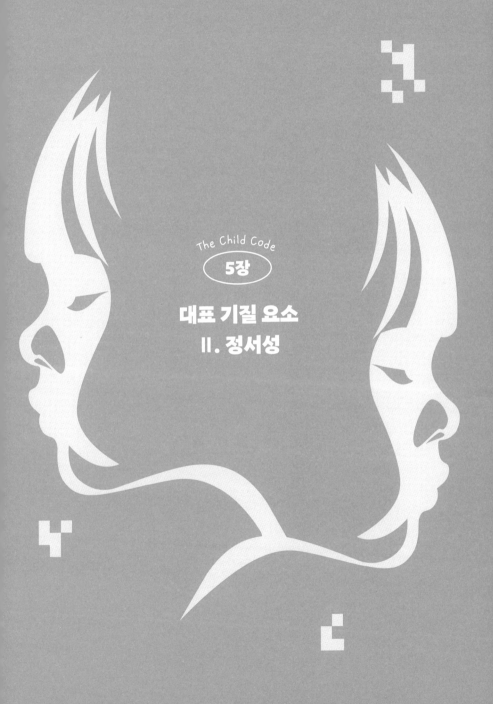

The Child Code

5장

대표 기질 요소
II. 정서성

아들이 유치원에 다닐 때 나는 토요일 아침마다 둘만의 외출을 계획했다. 공원, 동물원, 어린이 박물관 등을 찾으며 함께 즐거운 시간을 보낼 생각이었다. 하지만 그중 절반 정도는 문밖을 나서지도 못했다. 아들은 1분 동안 신발을 만지작거리다가 냅다 집어던지고 자기 방으로 들어가 문을 쾅 닫았다.

방금, 무슨, 일이 일어난 거지?

3장에서 언급했듯이 정서성이 높은 아이는 선천적으로 불안과 걱정, 두려움에 더 취약하다. 내 아들은 분명히 정서성이 높았다. 정서성이 높은 아이를 기르고 있다면 무슨 말인지 잘 알 것이다. 아무것도 아닌 일로 갑자기 폭발한다. 갑자기 딴 사람이 되어 버린다. 그 이유는 대체로 가장 사소한 일들 때문이다. 기분 좋게 그림을 그리다가 갑자기 그림을 북북 찢으며 방으로 들어가 버리기 일쑤다.

부모 역시 정서성이 높고 어렸을 때 느꼈던 감정을 기억하고 있다면, 그 행동이 어디서 왔는지 잘 알 것이다. 하늘을 칠한 파란색 크레파스가 내가 생각했던 파란색이 아니었고 그래서 그 그림은 완전히 망쳐 버렸다. 하지만 정서성이 낮은 부모는 아이의 그런 행동이 당황스러운 것은 물론 어쩌면 약간 무섭기도 할 것이다.

정서성이 낮은 아이를 키우는 부모라면 다른 아이들의 갑작스런 짜증과 폭발을 보며 도대체 무엇이 문제길래, 혹은 부모에게 무슨 문제가 있길래 아이가 저런 모습을 보이는지 궁금해할 것이다. 정서성이 유전자에 의한 것이라는 사실을 모르면 이는 엄청난 비난으로 이어질 수 있다. 정서성이 높은 아이는 반항적이고 제멋대로이며 관심받고 싶어 하는 건방지고 버릇없는 아이라고 여겨질 것이다. 아이의 폭발은 부모가 비난받아야 할 일이다. 너무 허용적이거나 훈육이 부족했을 것이다. 그래서 주변 사람들도 쉽게 한마디씩 거든다. 직접적으로든 뒤에서든 말이다. "버릇을 잘 들여야지, 저게 뭐니?"

그런데 우리는 왜 아이들의 행동에 손쉽게 부모를 비난하는 것일까? 내 남편이 이상한 행동을 해도 친구들은 나를 비난하지 않는다. 나도 다 이해한다는 표정을 지어 준다. 하지만 다른 사람의 아이에 대해서는 그렇게 반응하지 않는다. 나는 그 이유가 경계를 설정해 주고 보상을 제공하거나 책임을 지게 하고 관심을 유도하는 등 육아의 기본 원칙이 정서성 낮은 아이들의 행동을 바로잡고 좋은 습관을 들이는 데 효과적이었기 때문이라고 생각한다(물론 제대로 적용되었을 때의 이야기이고 우리가 살펴볼 것도 바로 그것이다). 그것이 바로 정서성 낮은 아이의 부모가 정서성 높은 아이의 부모는 뭔가 잘못하고 있을 거라고 생각하는 이유다. 좋은 행동을 칭찬해 주고 나쁜 행동에 책임을 지도록 하면 아이들은 바르게 자랄 것이다. 신발을 집어던지면 생각하는 의자에 앉혀라. 그러면 다시 신발을 던지지 않을 것이다. 그것이 바로 상식적이고 주류적인 육아 관점이다. 그 논리에 따르면 아이가 계속 잘못된 행동을 할 때 잘못하고 있는 사람은 부모일 것이다. 부모가 적절한 영향을 끼치기만 한다면 아이들은 올바르게 자랄 것이다. 간단한 문제 아닌가?

하지만 그렇게 속단할 문제는 아니다. 정서성 높은 아이는 그 정의에 따르면 스트레스를 관리할 수 없다. 그래서 아이가 나쁜 행동을 할 때 부모가 개입하는 것은 스트레스만 증가시킬 뿐이다. 통념과 반대로 정서성 높은 아이는 그렇지 않은 아이들보다 더 많이 벌을 받고 대가를 치르게 된다. 옆에 있는 부모가 공공장소에서 소란을 피우는 아이를 내버려 두는 것 같다면 이는 그 부모가 아이의 행동을 단속하는 것이 그 행동을 더 키우기만 할 뿐이라는 사실을 알고 있고, 그래서 공공장소에서 더 큰 소란을 피우고 싶지 않기 때문일 것이다. 안타깝게도 그 상황은 아이의 잘못된 행동이 그 행동에 대한 책임을 가르치지 않는 허용적인 부모 때문이라는 비난을 더 고착시킨다.

그 모든 비난과 오해의 뿌리는 정서성에 대한 아이들의 기질이 몹시 다르다는 사실에 있으며 그보다 더 중요한 것은 정서성 높은 아이와 정서성 낮은 아이에게는 서로 다른 육아 전략이 필요하다는 사실이다.

정서성은 아동의 행동과 깊이 관련되어 있기 때문에 5장에서는 아이가 바른 행동을 하게 만드는, 즉 짜증이나 분노를 줄이는 동시에 바람직한 행동을 촉진할 수 있는 효율적인 전략들에 대해 살펴볼 것이다. 정서성이 서로 다른 아이들에게 각기 어떤 전략이 효과가 좋은지도 논할 것이다. 그리고 정서성 높은 아이를 키우는 부모들을 위한 추가의 길잡이도 제공할 것이다.

징벌은 효과가 없다

사람들은 보통 모든 아이들에게 적용 가능한 몇 가지 기본적인 육아 원칙이 실재한다고 생각한다. 그리고 아이가 말을 듣지 않을 때 누구나 찾는 일반적인 해결책은 나쁜 행동에 벌을 주는 것이다. 그 원칙이 우리 뇌리에 얼마나 깊이 박혀 있는지 잠시 살펴보자. 아이들은 권위에 대한 존중을 배워야 한다. 아이들은 누가 책임자인지 알아야 한다. 누가 대장인지 알아야 한다. 자기 행동의 결과에 대해 배워야 한다(그리고 우리는 보통 부모가 그 책임을 지게 만들어야 한다는 뜻으로 이를 해석한다). 매를 아끼면 자식을 망친다. 나쁜 행동에는 나쁜 결과가 따라온다는 세상의 법칙을 가르쳐야 할 의무가 부모에게 있다고 우리는 생각한다.

우리는 대부분 그렇게 자랐고 대부분의 부모가 이를 자연스럽게 받아들인다. 아이들은 나쁜 행동을 하고 부모는 이를 벌한다. 너무 당연한 말 같아서 그 생각의 출처를 생각해 보려고도 하지 않는다. 하지만 그 육아 방식은 놀랍게도 남성이 아내와 자식, 가축에 대한 법적 책임을 갖고 있었던 시절에서 기인한 것이다. 아내나 자식이 나쁜 행동을 하면 그 책임은 남편이나 아버지에게 있었다. 그에 따라 남성은 여성과 자녀가 바른 행동을 할 수 있도록 '필요한 조치'를 취할 수 있었다. 그리고 안타깝게도 이는 많은 여성과 아동에 대한 학대로 이어졌다. 하지만 여성에 대한 처우나 남성과 여성의 관계에 대해서는 그동안 우리의 관점이 상당히 진화했다. 남편이 아내를 때려 바른 행동을 하게 만들 수 있다는 생각은 더 이상 받아들여지지 않는다. 아동을 체벌하는 것에 대한 관점 또한 수년 동안 진화했지만 나쁜 행동은 벌해야 한다는 통념은 주류 의견으로 지속되고 있다. 내 친구가 언젠가 이렇게 말했던 것처럼 말이다. "아이들을 잘 키우는 데는 구닥다리 육아 방식만큼 효과적인 것은 없어."

하지만 나는 독자들에게 잠시 마음을 열고 지금까지와는 다른 육아 방식을 상상해 보라고 부탁할 것이다. 엄격한 부모가 되어야 한다는 생각의 역사적 뿌리가 너무 깊어서 부드러운 접근은 낯설 거나 지나치게 감정적이라 여겨질 수도 있을 것이다. 하지만 잠시 통념을 내려놓고 아이의 행동을 좌우하는 과학에 주의를 기울여 보자. 대부분의 부모가 그렇듯 행실이 바른 아이를 원한다면 말이 다. 적어도 조금이라도 더 나은 행동을 하기를 원한다면 말이다.

연구에 따르면 징벌은 효과가 없다. 물론 그 순간 행동을 멈추 게 할 수는 있다. 하지만 부모들의 생각과 반대로 그 행동이 미래에 일어날 가능성은 바꾸지 못한다. 징벌로 우리가 아이들에게 원하는 모습을 가르칠 수는 없기 때문이다. 그와 반대로 징벌은 우리가 아이들에게서 보고 싶지 않은 모습을 보여 주는 것이다. 부모가 소리를 지르면 화가 날 때 소리를 질러도 된다고 가르치는 것이 다. 아이를 때리면 때려도 된다고 가르치는 것이다. 아이들이 징벌 에서 배우는 것은, 자기 뜻을 관철시키고 싶을 때, 타인을 자신의 뜻대로 움직이게 만들고 싶을 때, 다른 사람의 행동이 마음에 들 지 않을 때, 소리를 지르고 때리고 벌해도 된다는 것이다. 부모가 전하고자 하는 교훈은 아닐 것이다.

역설적인 점은 또 있다. 징벌은 반복되지 않길 바라는 아이들 의 행동에 더 집중하게 만드는 것이다. 부모의 관심은 아이에게 보상이나 마찬가지다. 그래서 나쁜 행동에 잔소리를 하는 것은 부 모가 보고 싶어 하지 않는 그 행동에 보상을 해 주는 것과 마찬가 지다. 아이들이 해야 하는 행동을 할 때 우리는 보통 아무 말도 하

치열드 코드

The Child Code

지 않는다. 조용하고 평화롭게 하루를 보내면서 그 축복 같은 고요의 순간을 즐긴다. 하지만 이는 부모가 더 많이 보고 싶어 하는 바로 그 행동을 무시하는 것이다. 아이들은 엄마나 아빠의 관심을 끌고 싶다면 가만히 앉아 예쁘게 색칠을 하는 것보다 동생을 놀리는 것이 훨씬 효과가 좋다는 사실을 빨리 배운다. 얌전히 앉아 밥을 잘 먹을 때는 아무 말이 없지만 코로 우유를 내뿜으면 분명히 반응이 온다! 대부분의 부모가 바른 행동은 인정해 주지 않고 나쁜 행동을 할 때만 관심을 준다.

그렇다면 부모들은 이렇게 물을 것이다. "하지만 징벌로 옳고 그름을 분별하는 법은 배울 수 있지 않을까?"

결론부터 말하자면 아이들은 무엇이 옳고 그른지 이미 알고 있다. 양치를 해야 한다는 사실을 몰라서 하지 않는 것이 아니다. 동생을 때리면 안 된다는 사실을 몰라서 때리는 것이 아니다. 이미 수천 번 양치를 하라고, 동생을 때리지 말라고 아이들에게 분명히 말했을 것이다. 정서성이 낮거나 높은 아이들 모두 나쁜 행동을 한창 하고 있을 때가 아니면 자신이 어떤 행동을 해야 하고 어떤 행동을 하지 말아야 하는지 아주 잘 알고 있다. 어떤 행동은 괜찮고 어떤 행동은 괜찮지 않은지, 왜 괜찮지 않은지, 그리고 그 행동을 하면 어떤 일이 생기는지도 아주 잘 설명할 수 있다. 하지만 그렇게 잘 안다고 해서 그 행동을 안 하는 것은 아니다. 즉 징벌이 효과가 없는 이유는 무엇이 틀렸다는 사실을 안다고 자동적으로 그 행동을 안 하게 되는 것은 아니기 때문이다. 나의 경우, 아이스크림 한 통을 다 먹는 것은 좋은 생각이 아니라는 사실을 안다. 그래도 그런 행동을 한다. 운동을 더 해야 한다는 사실을 알고 있다고 매일 아침 6시에 침대를 박차고 나와 운동화를 신게 되는 것은 아니다.

징벌의 마지막 문제는 아이들이 재빨리 적응한다는 것이다. 이는 곧 나쁜 행동을 그만두게 만드는 바람직한 효과를 얻으려면 점차 징벌의 수위가 높아져야 한다는 뜻이다. 걸음마를 배우는 아이에게 화를 내 보았던 사람이라면 누구나 알 것이다. 처음에는 조금만 목소리를 높여도 깜짝 놀라지만 시간이 지날수록 놀라는 정도는 줄어든다. 그렇다면 같은 반응을 얻기 위해 징벌 수준을 점점 더 높여야 한다는 뜻이다. 더 크게 소리를 지르거나, 더 오래 훈계를 하거나, 엉덩이 때리기가 널리 사용되던 시절이라면 더 세게 때리는 등으로 말이다. 이는 어느 쪽에도 좋지 않은 악순환의 시작이다. 바로 행동을 멈추게 만들지도 못한다. 점점 더 심한 징벌이 필요할 뿐이다. (그렇다면 그 끝은 어디일까?) 나중에 그 행동을 할 가능성도 줄여 주지 못한다. 화를 낸다고 부모의 기분이 좋아지는 것도 아니다. 부모와 자녀의 관계에도 상처가 될 것이다. 그런데 부모들은 왜 그렇게 징벌에 의지하게 된 것일까? 효과 없는 역사적 유산일 뿐이다. 여자들을 제자리에 묶어 놓으려고 했던 것처럼 말이다. 우리는 아이들을 위한 새로운 전략을 진작 찾았어야 했다.

징벌의 대안은 좋은 행동을 장려하는 것이다. 나쁜 행동을 없애는 것보다 좋은 행동을 하게 해 주는 것이 사실 훨씬 쉽기도 하다. 그리고 아이들은 좋은 상태에 더 오래 머물수록 나쁜 상태에 덜 머무르게 된다. 마법처럼 말이다! 이를 긍정 육아positive parenting라고 하며 아마 육아 블로그나 책에서 들어 본 적이 있을 것이다. 긍정 육아가 아이들에게 좋다는 사실을 보여 주는 연구는 엄청나게 많으며 우리는 과학적 근거가 있는 그 효과적인 전략들에 대해 자세히 살펴볼 것이다. 하지만 한 가지 중요한 점이 더 있다. 정서성이 낮은 아이와 정서성이 높은 아이에게 더 효과적인 전략은 약간 다르다. 정서성이 높은 아이를 키우고 있다면 사용할 수 있는 전략이 충분하지 않다고 느껴질지도 모른다. 걱정하지 말라. 그런 아이들을 위한 추가 전략에 대해서도 따로 언급할 것이다.

강아지를 훈련시킬 때처럼 좋은 행동을 장려할 때도 보상으로 시작한다. 부모가 쥐고 있는 가장 강력한 도구는 징벌이 아니라 보상이다. 좋은 행동을 칭찬하면 더 많이 보고 싶은 그 행동이 강화될 것이고, 나쁜 행동에 집중하기보다 좋은 행동에 집중하게 만들 것이다. 부모에게도 훨씬 즐거운 일이다. 하지만 제대로 해야 효과가 발휘될 것이다.

올바른 보상을 위한 네 가지 기본 원칙

모든 보상은 각기 다른 효과를 발휘한다. 아이폰이 아이스크림보다 늘 더 나은 보상은 아니라는 뜻이다. 보상을 제공하는 방식이 자녀의 행동 변화 여부에 커다란 영향을 끼칠 수 있다. 칭찬을 해 보았지만 효과가 없었다고 말하는 부모들도 많다. 보상은 제대로 제공할 때만 아이들의 행동 교정에 효과가 있다. 아이들의 행동을 교정할 수 있는 방향으로 보상을 제공하는 기본 원칙에는 네 가지가 있다.

1. 좋은 행동에 관심을 기울여라

먼저 바람직한 행동을 촉진하는 효과적인 방법은 좋은 행동에 관심을 기울이는 것이다. 유치한 말 같겠지만 아이들이 할 일을 아주 잘하고 있을 때 부모들은 거의 아무 말도 하지 않는다. 양치를 하라고 말한다. 잠옷을 입으라고 한다. 씻으라고 한다. 잠자리에 들라고 한다. 아이들이 말을 잘 들으면 아무 말도 하지 않는다. 아이들이 제 할 일을 계속 잘하기를 바라면서 하루가 간다. 아이들 입장에서는 욕조에 가득 찼던 물을 바닥에 쏟아야 겨우 부모의 반응을 얻는다. 잠옷을 갈아입지 않고 장난감을 갖고 계속 놀아야 엄마가 잔소리를 하기 시작한다. 새 소파 위에서 뛰거나 진흙으로 신발장을 온통 더럽게 만들어야 아빠가 달려온다.

그렇다면 이를 어떻게 바꿀 것인가? 나쁜 행동을 포착하는 대신 긍정적인 행동을 인식하는 데 집중해야 한다. 올바르게(즉 바람직한 행동을 증가시키는 방향으로) 보상을 제공하는 중요한 방법은 첫째, 열정적으로, 둘째, 구체적으로, 셋째, 즉시, 넷째, 지속적으로, 다섯째, 체계적으로 보상을 제공하는 것이다.

아이의 좋은 행동에 대해 열정적으로 말해 주는 것부터 시작해 보자. 지나가는 말로 하지 말라. 내면의 치어리더를 불러와 아이를 갖기 전에 한 번도 생각해 본 적 없을 만큼의 열정을 발휘해 옷을 챙겨 입은 것을 칭찬하라. "어머나, 세상에! 옷을 혼자서도 잘 입었네!" 모호하게 잘했다고 하지 말고 좋은 행동을 구체적으로 지목해 칭찬하라. "잘했어!" 혹은 "멋진 아이구나"라고 하지 말고 "양치를 아주 잘했구나!" "잠옷을 멋지게 갈아입었네" "와, 오늘은 옷을 정말 일찍 잘 입었구나!" "숟가락으로 밥을 어쩌면 그렇게 잘 떠먹을까!"라고 말하라.

좋은 행동을 했을 때 즉시 칭찬해야 하고 좋은 행동을 할 때마다 칭찬해야 한다. 옷을 입는 데 꾸물거리는 편이라면 나중에 볼일을 보다가 말해 주지 말고 옷을 다 입자마자 잘 입었다고 칭찬해 주어라. 그리고 좋은 행동이 완전히 몸에 익을 때까지 매일 아침 칭찬하라. "와, 오늘도 옷을 아주 잘 챙겨 입었구나!"

칭찬이 얼마나 자연스럽게 나오는지는 부모의 성장 환경과 성격에 따라 다를 것이다. 나는 긍정적인 칭찬이 넘쳤던 가정에서 자랐고 지금은 심리학자다. 그래서 우리 집에는 긍정적인 피드백이 많다. 성인이 된 후에도 부모님을 뵈러 갈 때는 아주 작은 칭찬거리까지 언급한다("오늘 세금을 다 냈어요!"). 그러면 부모님은 호들갑스럽게 칭찬을 해 주시고("세금을 다 냈다니 수고 많았네! 기분이 정말 좋지 않니?") 남편은 종종 그런 모습을 보고 웃는다. 그는 그 상황이 웃기다고 생각하지만, 칭찬을 받으면 정말 기분이 좋고 그런 긍정적인 피드백 덕분에 세금을 내는 일이 심지어 더 즐겁게 느껴지기도 한다.

그렇게까지 하고 싶지 않다면 이렇게 생각해 보자. 부모는 자녀의 직장 상사나 마찬가지다(물론 다들 아니라고 말하겠지만). 당신이라면 어떤 상사와 함께 일하고 싶은가? 아마 일을 잘하고 있을 때 이를 인정해 주고 해낸 일을 축하해 주는 상사일 것이다. 잘하고 있는 일에 대해서는 입도 벙긋 안 하다가 잘못할 때만 달려드는 상사 밑에서 일하고 싶은 사람은 없다. 누구나 다정하고 이해심 많고 격려해 주는 상사를 좋아한다. 누구나 가끔 실수를 하지만 이를 통해 배울 수 있다는 사실을 알고 실수에 대해 오래 언급하지 않는 상사를 좋아한다. 연구에 따르면 그런 상사와 일하는 사람들은 더 행복했고 더 생산성이 높았다. 이는 아이들에게도 마찬가지다. 부모 또한 아이들에게 우리가 바라는 이상형의 상사가 되어 행동할 필요가 있다.

2. 한 걸음씩 접근하라

사실 내 아들은 아예 옷을 입지 않아서 내가 칭찬해 줄 일도 없었다. 여기서 핵심은 아주 작은 것부터 시작하는 것이다. 올바른 방향으로 가는 한 걸음부터 칭찬하기 시작하고 거기서부터 쌓아 나가라. 아이가 아침에 옷 입기를 거부한다면 옷을 고르는 것부터 칭찬하기 시작하면 된다. 혹은 속옷을 입는 것부터 칭찬하기 시작하라. 옷 입는 데 시간이 걸리는 것이 문제라면 초 재기 시합으로 준비시킬 수도 있다. 처음에는 여유가 있어야 한다. 보통 30분이 걸린다면 20분을 주자. 그리고 15분, 10분으로 줄여 나가라. 한 걸음씩 말이다. 하라는 일을 했을 때 칭찬받는다는 사실을 인식하면 더 자주 하려고 할 것이다. 중요한 것은 감당할 수 있는 아주 작은 단계로 쪼개서 시작하는 것이다.

개별 행동을 각기 칭찬해 주는 것 또한 중요하다. 몇 가지 행동을 뭉뚱그려 칭찬하지 말라. 예를 들면 "오늘 저녁 루틴은 아주 부드럽게 흘러갔네"라고 칭찬하지 말라. 저녁 루틴을 만드는 각각의 행동을 하나씩 쪼개서(양치하기, 잠옷 입기, 자리에 눕기 등) 칭찬하라.

3. 중요한 것에 집중하라

아이의 모든 행동을 칭찬할 필요는 없다. 문제가 되는 행동에 집중하라. 아이에 따라 몇 가지일 수도 있고 많을 수도 있다. 모든 행동을 한꺼번에 해결할 수 없는 것이 현실이다. 의식적인 칭찬으로 우선 바꾸고 싶은 몇 가지 영역을 선정하라(한 번에 세 가지 이상은 추천하지 않는다). 함께 일하고 싶은 직장 상사에 대해 다시 생각해 보라. 즉각 개선할 점 스무 가지 목록을 받으면 누구나 막막해지기만 하고 어떤 변화도 이뤄 내지 못할 것이다. 하지만 두세 가지 목록만 준다면 이를 개선하기 위해 노력할 수 있고 마침내 성취하면 기분이 좋아지고 그 과정이 몸에 익으면 다음 단계로 나갈 준비가 되었다고 느낄 것이다. 아이들도 마찬가지다. 한꺼번에 너무 많은 행동을 교정하려 한다면 모두 길을 잃을 것이다. 나는 너무 정교해서 이를 따라가려면 적어도 박사 학위는 있어야 될 것 같은 스티커 표도 본 적이 있다.

한 번에 몇 가지 행동에만 집중할 때 다른 나쁜 행동이 나타난다면 어떻게 해야 할까? 내가 내리는 답은 이것이다. 무시하라. 어쩌면 이 부분이 부모들에게 가장 힘들지도 모른다. 나쁜 행동을 무시하라고? 그러면 안 될 것 같다는 생각이 들겠지만 이는 분명 효과가 있다. 관심은 보상의 한 형태라는 말을 기억하면서 좋은 행동을 장려하는 데 집중하고 무심코 나쁜 행동을 할 때는 보상을 제공하지 말라. 가장 중요한 행동에 우선순위를 두고 나머지는 (당분간) 무시하라. 저녁 루틴에 집중하고 있다면 아이들이 여전히 밥알을 세고 있어도 무시하라. 무시하라는 말은 말로도, 몸으로도, 눈으로도 말하지 말하는 뜻이다. 필요하다면 자리를 피해도 좋다.

때리거나 물건을 던지는 것, 혹은 지시를 따르지 않는 것에 대해서는 물론 무시할 수 없을 것이다. 하지만 아이들이 하는 많은 귀찮은 행동, 예를 들면 칭얼대거나, 짜증을 낸다거나 뾰로통해 있다거나 잘난 척하는 것, 관심을 구하는 것 등은 무시할 수 있다. 핵심은 일단 무시하기 시작했으면 지속해야 한다는 것이다. 그렇지 않으면 다시 그 행동이 잦아질 것이다. 부모의 관심을 얻기 위해 심지어 더 노력할지도 모른다. 부모가 항복하면 이는 나쁜 행동에 대한 보상이 되는 것이다. 그러니 마음을 굳게 먹어라! 이는 장기적인 전략이다. 시간이 갈수록 나쁜 행동은 반드시 줄어들 것이다. 그리고 아이가 칭얼대는 것을 멈추면? 즉시 그 좋은 행동을 칭찬하라! "엄마가 전화할 때 조용히 앉아 있어 줘서 고마워!" 아이가 당신에게 15분 동안 짜증을 내다가 지쳐서 그만두었다는 사실은 잊어라. 그에 대해서는 언급하지 말라. 조용해지자마자 아무 일도 없었던 것처럼 그 행동을 칭찬해 주어라. 이는 노력해서 갖춰야 할 기술이다.

4. 보상으로 나쁜 행동을 멈추게 만들어라

아이가 어떤 행동을 그만하기를 원할 때 어떻게 보상에 집중하는 것이 좋을까? 아침에 꾸물거리는 것, 동생에게 시비를 거는 것, 여기저기 옷을 벗어 놓는 것 등 부모들이 보기 싫어하는 아이들의 짜증 나는 행동은 끝이 없다. 이를 위해 칭찬을 활용하는 방법이 있다. 가족을 대상으로 광범위한 연구를 진행한 예일대학교의 아동심리학 박사 앨런 카즈딘^{Alan Kazdin}은 이를 '정반대의 긍정에 집중하기'라고 했다. 다시 말하면 아이가 멈추기를 바라는 행동에 집중하지 말고 아이가 하기를 바라는 행동에 집중하는 것이다. 문제 행동과 반대되는 긍정적인 행동에 말이다. 그래서 꾸물거리기나 동생과 말싸움하는 것에 집중하는 것이 아니라, 아이들이 해야 할 일을 했을 때나, 아침에 시간 맞춰 옷을 입고, 동생과 싸우지 않고, 저녁을 잘 먹고, 어제 신은 양말을 빨래 통에 잘 넣은 것에 집중해 칭찬하라. 그런 행동이 바로 칭찬받을 만한 행동들이다. 시간이 흐르면 아이의 짜증 나는 행동이 정반대의 긍정적인 행동으로 대체될 것이다.

올바른 보상 전략 ① 보상 표 활용하기

지금까지는 언어적 보상, 즉 칭찬에 집중했다. 언어적 보상의 힘을 과소평가하지 말라. 부모의 따뜻한 포옹과 함께 전해지는 넘치는 칭찬은 아이들에게 강력한 보상이 될 수 있다. 기억하라. 내면의 치어리더를 깨워라!

하지만 더 심각하고 고질적인 행동에 대해서는 더 분명한 보상 체계가 필요할지도 모른다. 여기서 보상 표가 필요하다. 차후의 더 큰 보상을 위해 즉각적인 보상으로 표에 스티커를 붙이거나 표시를 한다. 아이가 좋아하는 것이라면 무엇이든 보상으로 사용할 수 있다. 가장 좋아하는 공원에 놀러 가기, 가장 좋아하는 게임을 함께하기, 특별한 선물을 받기 등이다. 아이가 원하는 것들로 가득찬 '보상 은행'을 만들 수도 있다. 그 과정에 참여시키면 아이들도 즐거워할 것이다. 좋은 행동과 보상의 연결 고리를 빨리 익히게 만들고 싶다면 '예행 연습'을 해 보는 것도 좋다. 예를 들면 양치하는 습관을 들이기 위해 보상으로 스티커를 붙이기로 했고 스티커 세 장에 특별한 선물을 받기로 했다면 이렇게 해 볼 수 있다. "자, 그럼 연습해 보자! 가서 양치하는 척해 봐. 그리고 이 표에 스티커를 같이 붙이자!" 아이가 잘 따른다면 (또는 내키지 않아 하거나 하는 둥 마는 둥 양치하는 척한다고 해도) 당장 표에 스티커를 붙이고 이렇게 말하라. "이거 봐! 벌써 스티커 한 장이 붙었네! 두 장만 더 붙이면 선물을 받을 수 있어!"

연습하기를 거부한다면 이렇게 차분하게 말하면 된다. "좋아, 나중에 준비가 되면 해 보자." 길게 훈계를 할 필요도, 잔소리를 할 필요도 없다. 내 경험에 따르면 아이들 열에 아홉은 얼마 지나지 않아 그게 마치 '자기' 생각이었던 것처럼 이렇게 선언할 것이다. "나 지금 양치할 거야." 아이가 결국 그 방식에 동의하고 해야 할 일을 하면 (기분이 별로 좋지 않다고 해도) 넘치게 칭찬하라. 1시간 전에 스티커를 받을 수도 있었다고 굳이 언급할 필요는 없다. 혹은 비꼬는 투로 결국 해내서 기쁘다고 말하지도 말라. 배우자에게 빨래를 하겠다고 말했을 때 상대가 "지난주에 하기로 했던 그 빨래?"라고 말한다고 생각해 보라. 더 빨리 빨래를 하고 싶은 마음이 들지는 않을 것이다. 사실 빨래를 하려던 마음까지 싹 사라져 버릴 것이다. 장려하고 싶은 좋은 행동에 대해서만 긍정적으로 언급해야 함을 기억하라. "잘했어! 이를 정말 잘 닦았네!" 이는 배우자에게 "빨래를 해 줘서 너무 고마워"라고 말하면서 사족을 덧붙이고 싶은 마음을 이를 악물고 참는 것과 마찬가지다.

보상 표를 사용한다면 표는 단순하게, 보상은 넉넉하게, 그리고 언제나 칭찬과 함께 스티커를 붙여야 한다는 사실을 기억하라. 보상을 받기 위해 스티커를 열 장이나 붙여야 한다면 보상을 받기도 전에 지겨워질 것이다. 보상 표는 좋은 행동과 보상을 연결시키는 기회라는 사실을 명심하라. 보상을 받기까지 너무 오래 걸리거나 너무 어려워 짜증이 난다면 이는 목적에 위배되는 것이다. 보상에 인색할 필요는 없다.

보상 표에 '재미'가 추가된다면, 즉 가장 좋아하는 히어로의 사진을 붙이거나 예쁜 색으로 색칠을 하게 하면 보상을 더 기대하게 될 가능성이 있는지 묻는 부모들도 있다. 자랑하고 싶은 만큼 멋진 보상 표를 만들고 싶다면 건투를 빈다! 그리고 아이와 함께 표를 만드는 것은 유대감을 쌓는 재미있는 활동이 될 수 있다. 하지만 종이에 대충 그린 표보다 멋진 영화 「겨울왕국^{Frozen}」 표에 아이들이 더 협조적이 된다는 증거는 없다. 그러니 예술적이지 않은 부모라면 괜히 공을 들일 필요는 없다. (열정적이고 구체적이고 즉각적이고 지속적이며 체계적으로 접근하는) 핵심 내용이 잘 담겨 있는지가 더 중요하다.

서서히 넘어가기

이러다 영원히 스티커만 붙이고 있어야 하는 건 아닐지 걱정이 되기도 할 것이다. 하지만 뇌가 행동과 보상을 일단 연결시키면 점차 보상이 없어져도 행동은 지속된다. 어릴 때는 변기를 사용하면 보상을 받았을 것이다. 하지만 지금도 화장실에 갈 때마다 초콜릿을 기대하지는 않을 것이다. 고등학생이 되어서도 양치할 때마다 별 스티커를 붙여 줘야 할 일은 분명 없을 것이다. (혹시 아들이라면 규칙적으로 씻는다는 개념 자체를 아직 이해하지 못했을지도 모르지만 말이다.)

차츰 보상을 줄이기까지 얼마나 시간이 걸릴지 궁금할 것이다. 이는 아이마다 다르다. 보통 몇 주에서 몇 달까지 걸릴 수 있다. 일단 행동이 몸에 완전히 익은 것 같다면 다음 행동으로 넘어갈 준비가 되었을 것이다. 그래도 언어적 칭찬은 계속하는 것이 좋다. 하지만 다른 행동으로 넘어갈 때 퇴행이 보인다면 너무 일찍 그만둔 것이다. 아직 습관으로 단단히 자리 잡히지 않은 것이다. 하지만 큰 문제는 아니다. 다시 돌아가 조금 더 오래 지속하면 된다.

꼭 기억해야 하는 것

부모들에게 듣는 가장 흔한 불만은 다음과 같다. 해야 할 일을 하는 것뿐인데 왜 칭찬을 해 줘야 하는가? 우리 모두 해야 할 일이 아주 많기 때문이다. 나는 운동 횟수를 늘려야 한다. 더 건강하게 먹어야 한다. 침대를 정리해야 한다. 맞다. 아이들도 청소라는 말을 듣자마자 청소를 해야 하지만, 아이가 방을 치울 가능성은 부모가 새해를 맞아 매일 새벽 6시에 운동하러 가는 것만큼 희박한 일일 것이다. 부모는 아이가 해야 할 일에 대해 잔소리를 늘어놓으면서 그 일을 하지 않는다고 불만에 가득 찰 수도 있고, 과학의 도움을 받아 올바른 행동의 습관을 만들어 줄 수도 있다.

부모들의 흔한 걱정은 또 있다. 바른 행동을 하게 만들려고 아이를 매수하는 것은 나쁜 방법이 아닌가? 분명히 말하지만 보상은 뇌물이 아니다. 뇌물은 하지 말아야 할 일을 하게 만들기 위해 사용되는 것이다. 부모는 자녀가 해야 하는 일을 하게 만들려고 노력하는 것이다. 우리 모두는 보상을 위해 일한다. 월급을 받기 때문에 출근한다. 더 건강해지는 느낌 때문에 (그리고 어쩌면 몇 킬로그램은 빠질 수도 있기 때문에) 운동을 하러 간다. 나는 남편이 정말 고맙다고 말해 주기 때문에 침대를 정리할 가능성이 더 크다.

기억하라. 인간의 뇌는 보상에 최적화되어 있다. 우리는 보상을 받는 행동을 지속하고 더 자주 한다. 아이가 하기를 바라는 행동에 보상을 제공하는 것은 아이에게 좋은 행동을 가르치기 위해 과학의 도움을 받고 있는 것뿐이다.

올바른 보상 전략 ② 행동의 결과 수용시키기

여러분은 이제 최고의 육아 기술을 알고 있다. 바로 좋은 행동에 집중하는 것, 열정적이고 구체적이고 즉각적이고 지속적이며 체계적인 보상을 제공하는 것, 사소한 개별 행동에 보상하는 것(혹은 행동의 완성을 위한 각 단계에 대해 보상하는 것), 현재 우선순위가 아닌 다른 나쁜 행동은 무시하는 것, 심각한 행동에 대해서는 보상 표를 활용하는 것이다. 이제 아이는 완벽해졌을까?

그렇다면 얼마나 좋겠는가. 아이들은 여전히 부모가 무시할 수 없는 행동을 할 것이다. 동생을 때리고 부모를 노려보며 그릇을 큰 소리로 내려놓고 이제 목욕 놀이는 그만해야 한다는 말에 욕조 안에 있던 장난감을 던질 것이다. 충분히 무시할 수 없는 행동들이다. 그러니 이제 많은 부모들이 아주 잘 알고 있을 것 같은 방법에 대해 살펴보자. 바로 '행동의 결과를 감수하게 만드는 것'이다.

좋은 행동에 보상을 제공하는 것이 자리 잡히면 행동의 결과를 감수해야 할 일이 줄어들겠지만 여전히 필요할 때가 있을 것이다. 보상과 마찬가지로 행동의 결과를 감수하게 만드는 데도 올바른 세 가지 방법이 있다.

1. 끝까지 지속할 수 있는 것만 지시하라

끝까지 하게 할 것이 아니라면 무엇을 하라고 하지 말아야 한다. 아이가 말을 듣지 않으면 그에 따른 결과가 반드시 있어야 한다는 뜻이다. 그렇게 중요한 문제가 아니라면, 혹은 행동의 결과를 감수하게 만들 수 없다면(다른 일로 바쁘거나 그럴 수 없는 공공장소라면) 무시하기 기술을 활용하라. 하지만 일단 지시를 내리면, 그리고 아이가 그 말을 듣지 않으면 그 행동에 따른 결과를 수용하게 만들어야 한다. 그렇지 않으면 아이는 늘 말을 들어야 하는 것은 아니라는 사실만 배울 것이다.

지시를 내릴 때는 부정적인 지시보다 긍정적인 지시가 언제나 더 좋다는 사실을 기억하라. 쇼핑할 때는 "물건을 함부로 만지지 마"라고 말하지 말고 "카트를 꼭 잡고 있어"라고 말하라. 보고 싶지 않은 행동보다 보고 싶은 행동, 즉 '정반대의 긍정'에 집중하라(기억하라. 익숙해지는 데 시간이 걸리겠지만 일단 몸에 익으면 금방 자연스러워질 것이다). 대부분의 경우 부모가 실행할 수 있는 분명하고 자연스러운 행동이 있을 것이다. 예를 들어 아이가 자꾸 시리얼 상자를 선반에서 내린다면 그 행동의 결과는 엄마가 조용히 다시 선반에 올려놓는 것이다.

2. 즉각적이고 지속적으로 실행하라

보상과 마찬가지로 행동의 결과를 감수하게 만드는 것은, 즉 미래에 그 행동을 덜하게 만들기 위해서는 즉각적이고 지속적인 실행이 필요하다. 타임아웃^{time-out}은 집에서든 마트에서든 어디서나 실행 가능하기 때문에 많은 부모가 애용하는 방법이다. 이는 기본적으로 긍정적 보상, 즉 부모와의 교감이나 아이가 보상이라고 생각하는 다른 것을 제거하는 것이다. 적당한 시간은 세 살이라면 3분, 다섯 살이라면 5분이다. 대부분의 부모가 집에 생각하는 의자를 마련해 두거나 필요하다면 마트 구석에서도 타임 아웃을 실행하기도 한다.

이 책의 마지막 '참고 문헌과 추천 도서' 목록에 있는 몇 권의 육아서에는(『1-2-3 매직^{1-2-3 Magic}』, 『카즈딘 교육법^{The Kazdin Method}』, 『고집쟁이를 변화시키는 5주 프로그램^{Parenting the Strong-Willed Child}』) 타임아웃을 효과적으로 실행할 수 있는 추가 정보가 담겨 있다. 하지만 대부분의 아이들에게 (부모의 관심을 포함한) 긍정적 보상을 없애는 방법은 무엇이든 효과가 있을 것이다. 핵심은 아이가 지시를 따르지 않을 때마다 반드시 그 결과를 감수하게 만드는 것이다.

행동의 결과를 감수하는 것에 대한 놀라운 점 중 하나는 이를 아무리 적용해도 미래에 그 행동을 감소시키는 데는 큰 영향을 끼치지 못한다는 사실이다. 다시 말하면, 가장 좋아하는 장난감을 1주일 동안 갖고 놀지 못하는 것이 그날 잠자리에 들기 전까지 갖고 놀지 못하는 것보다 더 효과가 좋은 것은 아니다. 최고의 효과를 얻으려면 부드럽고, 즉각적이고, 간단해야 한다. 하지만 부모들은 이를 싫어한다. 나 역시 그렇다. 나쁜 행동에 걸맞지 않는 벌처럼 느껴진다.

하지만 아이가 결과를 감수해야 한다는 사실 자체가 중요하다. 그보다 더 심각한 결과를 감수해야 하는 것은 부모에게 오랫동안 억울한 마음을 느끼게 만들거나 즉각성을 제거하기 때문에 역효과를 가져올 수 있다. 자전거를 1주일 동안 타지 못하면, 그리고 그 1주일 동안 몇 번이나 타도 되냐는 물음에 부모가 안 된다고 대답한다면, 자전거를 타지 못하게 된 이유는 이미 며칠 전의 일이기 때문에 이제는 그저 부모가 나쁜 것처럼 느껴질 뿐이다. 나쁜 행동과 행동의 결과에 대한 직접적인 관련성이 사라진 것이다.

3. 아이가 차분할 때만 시행하라

어쩌면 가장 중요한 마지막 한 가지는 화가 났을 때 이를 시행하지 않는 것이다. 맞다. 가장 어려운 점을 가장 마지막으로 남겨놓았다. 사실 아이가 행동의 결과를 감수해야 하는 상황은 부모의 화를 돋우는 상황일 가능성이 크다("엄마한테 그런 식으로밖에 말 못해?"라고 말하게 되는 상황). 아이의 행동에 화가 났을 때 그 결과를 감수하게 만들고 싶은 부모의 욕구는 치솟는다. 하지만 그때가 이를 가장 비효율적으로 사용하게 될 가능성이 큰 때이기도 하다.

이와 관련하여 화가 났을 때 아이가 하길 바라는 행동을 시키지도 말아야 한다. 예를 들어 아이가 정원 일을 돕길 원한다면, 아이가 돕길 원하지 않을 때 낙엽을 쓸라고 하지 말라. 집안일 거드는 습관을 들이고 싶다면 말을 듣지 않을 때 설거지를 하게 만들지 않아야 한다. 이와 같은 행동들은 오히려 부작용을 일으킬 수 있다.

나의 경우를 예로 들자면, 아들이 어렸을 때 함께 볼링장에 간 적이 있었다. 그런데 그가 거터 범퍼가 설치된 레인으로 옮겨 주지 않는다고 게임을 하는 내내 짜증을 냈고 결국 나는 이렇게 소리칠 수밖에 없었다. "내가 다시는 널 데리고 볼링장에 오나 봐라!" 이는 화가 났을 때 행동에 대한 결과를 감수하게 만들지 않아야 한다는 사실을 보여 주는 아주 좋은 예다.

지금까지의 육아 전략이 효과가 없다면

아래의 내용은 아이들의 바른 행동을 장려하기 위해 효과적으로 보상을 제공하고 결과를 감수하게 만드는 방법을 정리한 것이다. 과학적으로 증명된 신뢰할 수 있는 내용으로, 정서성이 낮거나 중간인 아이라면 지속적으로 실행할 때 큰 차이를 목격할 수 있을 것이다.

1. 좋은 행동에 관심을 기울인다.

2. 사소한 것부터 칭찬한다.

3. 한 번에 몇 가지 행동에만 초점을 맞춘다.

4. 올바른 보상에 집중한다.

- 보상은 다음과 같아야 한다.

  - 치어리더처럼 열정적으로 칭찬하라.

  - 좋은 행동을 구체적으로 언급하라.

  - 행동을 하는 즉시 보상하라.

  - 행동을 할 때마다 지속적으로 보상하라.

  - 심각한 행동에는 체계적인 보상 표를 활용하라.

- 행동에 대한 결과 감수는 다음과 같아야 한다.

  - 무시할 수 없을 때만 사용하라.

  - 즉각적이고 지속적으로 실행하라.

  - 아이가 차분한 상태일 때만 시행하라.

하지만 정서성이 높은 아이를 키운다면 보상을 제공하고 결과를 감수하게 만드는 기본적인 육아 전략이 효과가 없다고 느낄 것이다. 오히려 그 행동이 더 심해질 수도 있다. 보상과 결과 감수하기를 시행하면 정서성이 높은 아이들은 더 오랫동안 타임아웃을 하게 될 것이고(혹은 다른 결과를 감수해야 하거나) 보상은 거의 얻지 못할 것이다. 정서성이 높은 아이는 자신이 부모의 기대를 얼마나 맞추지 못하고 있는지 적나라하게 보여 주는 제도 때문에 자신이 '나쁜' 어린이라는 생각을 내면화할지도 모른다. 그리고 부모는 상황이 좋아질 기미가 보이지 않는다는 생각에 점차 낙담한다. 자신이 무엇을 잘못하고 있는지 궁금해하거나(혹은 아이가 잘못하고 있는 것에 대해 심하게 질책하거나) 아이에게 무슨 문제가 있는 것은 아닐까 두려워한다. 간단히 말하면 모든 사람이 화가 나고 행동은 좋아지지 않으며 아이와의 관계도 악화된다. 도대체 무슨 일이 일어나고 있는 것일까?

보상과 결과 감수하기는 부모가 원하는 (그리고 원하지 않는) 행동과 그에 따른 보상의 관계를 아이들이 파악할 수 있도록 도와주는 방식이다. 정서성 높은 아이가 부적절한 행동을 계속할 때 부모는 그 행동을 멈출 수 있는 보상이 더 필요하고, 그래서 그 행동에 대한 결과를 감수하게 할 필요가 있다고 결론 내릴 것이다. 하지만 정서성 높은 아이는 행동을 위한 **동기**가 부족한 것이 아니라 **기술**이 부족한 것이다. 그들은 스트레스나 좌절에 약하고 강한 감정에 휩쓸리기 쉬운 기질을 타고났다. 그래서 그런 감정을 자연스럽게 관리할 수 없다. 아이가 난독증이 있거나 방정식 문제를 못 푼다면 보상을 제공하고 결과를 감수하게 만든다고 철자를 익히고 피타고라스 정리를 배울 수 있게 되는 것은 아니다. 책을 못 읽거나 방정식을 못 푼다고 벌을 주는 것은 사실 잔인한 일이며 아이가 부모를 원망하게 만들 가능성도 크다.

그것이 바로 정서성 높은 아이가 지속적으로 행동에 대한 벌을 받을 때 일어나는 일이다. 부모는 불만과 분노의 대상이 되고 이는 다시 부모의 화를 돋운다. 2장에서 유전자가 타인이 우리에게 반응하는 방식에 영향을 끼친다고 이미 이야기한 바 있다. 정서성이 높은 아이는 부모의 부정적인 반응을 이끌어 낸다. 높은 정서성 유전자는 부모의 분노를 유발하고 이는 부모와 자녀 모두의 나쁜 행동을 증가시키는 피드백 고리로 곧장 이어져 결국 더 큰 분노와 좌절로 이어진다. 아이에게 무엇을 하라고 말하면 아이는 거부하고 부모는 이를 강제하고 어쩌면 결과를 감수하게 한다("의자를 계속 발로 차면 가장 좋아하는 장난감 못 갖고 놀게 할 거야!"). 그러면 아이는 그 위협이 얼마나 마음에 들지 않는지 보여 주기 위해 나쁜 행동을 더 크게 할 것이고 알다시피 그 다음은 모두 끔찍한 상태가 되는 것이다.

한 번은 내 친구의 정서성 높은 딸이 포크로 식탁을 찍지 말라는 말에도 이를 멈추지 않자 결국 남편이 딸의 방으로 가 공주 드레스와 인형들을 전부 들고 나와 버렸다. 듣자 하니 마지막으로 씩씩거리며 포크를 한 번 찍고 방으로 들어가 버리는 딸의 모습에 남편이 이렇게 외쳤다고 한다. "당장 돌아와서 얌전히 저녁을 먹지 않으면 분홍색 공주 드레스는 더 이상 못 입을 줄 알아!" 그 말에 정서성 높은 영리한 딸은 이렇게 대답했다. "상관없어. 그것 말고도 많아." 그래서 결국 인형들까지 전부 빼앗기게 된 것이다!

당신도 집에서 이런 일을 겪고 있는가? 그래도 절망하지 말라. 20년간의 짜증과 말대답이라는 형벌이 벌써 내려진 것은 아니다. 몇 가지 육아 기술만 있으면 된다. 그리고 지금부터 그 기술에 대해 살펴볼 것이다.

정서성 높은 아이를 위한 육아 전략

모든 아이는 힘들어하는 일이 있고, 아이가 둘 이상이라면 각자 힘들어하는 것이 다를 가능성이 크다.

정서성 높은 아이를 도와주는 첫 번째 단계는 아이가 그렇게 태어나길 원하지 않았다는 사실을 기억하는 것이다. 난독증이 있거나 수학을 싫어하는 아이로 태어나고 싶은 아이는 없는 것처럼 정서성 높은 아이로 태어난 것도 아이의 선택은 아니다. 유전자가 그렇게 조합된 것뿐이다. 이를 수용하고 그 렌즈를 통해 상황을 바라보기 시작하는 순간 삶은 더 수월해질 것이다.

두 번째 단계는 가끔 부모를 한계까지 밀어붙이기도 하는 그 정서성 높은 골칫덩어리에게 필요한 것은 단호한 손길이 아니라 따뜻하고 부드러운 훈육임을 기억하는 것이다. 이는 선을 넘는 행동은 엄벌에 처해야 한다는 통념과 반대이기 때문에 받아들이기 어려워하는 부모들도 있을 것이다.

아이가 오후 내내 공들여 그린 그림을 찢어 버릴 때 부모는 화가 날 것이다. 심지어 공공장소에서 그런 행동을 해서 온 세상이 비난하는 것 같을 때 부모는 용인할 수 없는 그 행동에 반드시 어떤 대처를 하게 된다. 하지만 그와 같은 엄한 대처는 부정적인 피드백 고리만 만들 뿐이다. 아이는 더 화가 나고 부모도 더 화를 내면 아이는 오히려 더 흥분하게 될 뿐이다.

부모는 정서성 높은 아이가 자신의 강한 감정을 다루는 법을 배울 수 있도록 도와줘야 한다. 그러기 위해서는 먼저 **행동** 자체가 아니라 그와 같은 성향을 건드리는 방아쇠^{trigger}를 찾아야 한다. 그것만으로도 부정적인 피드백 고리를 끊을 수 있다. 그리고 감정적 에너지를 뿜어낼 수 있는 다른 출구를 찾아 줘야 한다.

아이의 정서성이 높다는 사실을 파악했다면, 갑작스러운 폭발이나 이유 없는 짜증과 같은 그 '나쁜' 행동은 행동 자체가 아니라 높은 정서성의 결과 혹은 신호일 뿐이라는 사실을 기억하라. 정서성이 높은 아이는 단지 환경에 더 민감할 뿐이고, 그 환경과 자기 자신, 그리고 부모로부터 더 많은 것을 기대할 뿐이다! 작은 뇌가 감당하기에는 무리가 있는 일인지도 모른다.

처음에 언급했듯이 나는 행동 발달 전문가이지만 엄마이기도 하며, 아이가 불쑥 짜증을 낼 때 나도 같이 짜증을 내고 싶은 마음을 억누르기까지 오랜 시간이 걸렸다. 상황을 파악하고 내 지식을 일상에 녹여 낼 수 있게 되기까지 정서성이 높은 아들과 보내는 토요일 아침은 다음과 같았다.

나　아들! 제이크^{Jake}, 매들린^{Madeline}, 사라^{Sara}, 폴^{Paul} 그리고
그들의 가족 모두랑 공원에서 만나기로 했어!
정말 재미있을 거야. 자, 어서 신발 신고 가자!

아들　나는 가기 싫어.

나　아니야, 가야 해. 어서 와. 재밌을 거야.

아들　가기 싫다고.

나　어쨌든 갈 거야. 그러니 얼른 신발 신어.

아들　나는 안 가.

나　갈 거야. 약속은 엄마가 해. 이미 간다고 약속했어.
그러니 얼른 준비해. 늦겠다.

아들　나는 안 간다고! (신발을 내게 던진다.)

나　그런 짓 하면 못써. 신발 던지는 거 아니야!
생각하는 의자로 가!

아들　싫어. (바닥에 앉아 꼼짝하지 않는다.)

나　(목소리를 높이며) 엄마가 가라고 했어!

아들　안 가!

이 대화 뒤의 상황이 결국 어떻게 펼쳐질지는 '전문가'가 아니
더라도 충분히 알 수 있을 것이다. 당연히 친구들과 공원에서 즐

겁게 놀지는 못할 것이다.

아들을 관찰하고 유전자에 대한 지식을 검토하면서 나는 토요일 아침의 소동이 무엇 때문인지 깨달았다. 지금쯤 여러분은 문제의 뿌리가 무엇인지 이해했을 것이다. 앞에서도 말했듯이 내 아들은 외향성이 낮았다. 반대로 나는 사람들과 어울리는 것이 최고로 좋은 사람이었다. 그것이 부조화를 만들었다. 나에게 즐거운 일은 친구들의 아이들과 다 같이 놀이터에 모여 함께 노는 것이었다.

하지만 나에게 완벽한 날이 외향성 낮은 내 아들에게는 끔찍한 날이었을 것이다. 많은 친구들을 만나러 간다고 갑자기 말하는 것은 아들이 감당할 수 있는 수준을 훌쩍 넘어서는 것이다. 그리고 아들의 작은 뇌는 이렇게 말할 수 있을 만큼 성숙하지 못했다. "엄마, 나는 사람들이 너무 많은 곳은 너무 불편해요. 친한 친구하고만 조용하게 놀면 안 돼요?" 결국 그 스트레스가 불안과 공포로 이어졌고 높은 정서성이 활성화되어 신발이 날아다니게 된 것이다.

그렇다면 높은 정서성을 건드리는 방아쇠가 무엇인지 어떻게 알 수 있을까? 그것이 무엇인지는 화가 나기 전에 파악해야 한다. 스트레스를 받을 때 아이들은 명확하게 생각할 수 있는 능력을 가로막는 생리적 반응을 경험한다. 아이들만 그렇게 머리가 '텅 비는 것 같은' 느낌을 경험하는 것은 아니다. 배우자가 신경을 거슬리게 했을 때를 떠올려 보자. 어른들도 상태가 그리 좋지는 않을 것이다. 심장 박동이 빨라지고 긴장되고 논리적으로 명확하게 생각할 수 없었을 것이며, 이는 '투쟁-도피 반응_{fight or flight response}'과 관련된 신체적 증상들이다.

묘하게도 우리는 자기 자신보다 아이들에게 더 높은 기준을 들이대기도 한다. "진정해. 큰일도 아니잖아. 그렇게 화낼 일이야?" 당신이 무슨 일로 몹시 화가 났을 때 배우자가 그렇게 말한다고 생각해 보라. "뭐가 대단한 일이라고?" 일이 잘 해결될 리는 없을 것이다. 상대가 문제를 축소하면 더 화가 날 뿐이다. "어떻게 내 감정을 그렇게 무시할 수 있어! 뭐가 대단한 일이고 아닌지는 나도 알아! 그리고 이건 아주 중요한 일이라고!"

아이들이 충분히 자라 강한 감정을 차분하게 말로 표현할 수 있게 되기까지는 오랜 시간이 걸릴 것이다. (솔직히 뇌가 다 자란 성인들에게도 그건 힘든 일이다.) 그러니 아이들은 불안과 걱정, 두려움을 어떻게 표현하겠는가? 아이들은 "나 정말 화가 났어!"라고 말할 수 없기 때문에 신발을 던지거나 그림을 찢는 것뿐이다. 자신의 강력한 감정을 감당하기 힘들어서 말이다.

당신이 화가 났을 때 배우자가 어떻게 반응하길 바라는지 생각해 보자. 잘 들어 주고, 왜 그런 감정을 느꼈는지 이해해 주고, 나중에 더 잘할 수 있는 방법을 같이 찾아 주는 것이다. 함께 의논하고 싶지, 내가 한 행동이 터무니없다거나 유치한 온갖 이유를 말해 주거나 당신이 그런 상태인 게 정말 싫다고 말하길 바라지는 않을 것이다.

정서성 높은 아이에게 필요한 것도 바로 잘 들어 주는 것이다. 위로해 주는 것이다. 있는 그대로 사랑해 주는 것이다. 정서성 높은 아이를 다루는 최고의 방법은 연민이다. 그들의 감정을 이해하고, 나중에 또 일어날지도 모르는 힘든 상황을 다루는 방법을 함께 찾아 나가는 것이다.

많은 부모가 이렇게 말한다. "하지만 아이에게 논리적으로 설명할 수는 없잖아요!" 맞다. 특히 화가 나 있는 순간에는 그렇다. 남편이 1주일 전에 치운다고 했던 빨랫감이 아직도 소파 위에 있어서 내가 화를 낼 때, "여보, 우리의 차이점에 대해 더 생산적으로 이야기 나눌 수 있는 방법을 찾아보자"라는 말을 남편에게 듣고 싶지 않은 것과 마찬가지다.

세 살이든 서른세 살이든 화가 났을 때는 누구나 생산적인 대화를 하기 힘들다. 하지만 일단 아이의 마음이 가라앉으면 무엇 때문에 그렇게 화가 났는지, 그리고 나중에는 어떻게 그런 일을 피할 수 있는지 이야기를 나눌 수 있다. 아이가 그렇게 행동하는 이유를 이해해야만 더 나은 방향으로 이끌어 줄 수 있다. 그리고 그 이유를 찾는 가장 좋은 방법은 바로 대화다.

정서성 높은 아이와 협동하는 세 가지 방법

높은 정서성은 곧잘 부모와 아이가 서로 반목하는 패턴으로 이어진다. 이는 누구에게도 유쾌하거나 생산적인 일이 아니다. 올바른 해결책을 찾기 위한 가장 중요한 요소는 정서성 높은 아이와 반대편에 서는 것이 아니라 같은 편에 서는 것이다.

이제부터 정서성 높은 아이가 타고난 강한 감정을 관리하는 데 도움이 될 몇 가지 방법에 대해 살펴볼 것이다.

1. 자녀의 방아쇠가 무엇인지 파악하라

정서성 높은 아이의 행동에 화가 나는 이유는 '아무것도 아닌' 일에, 혹은 '이유 없이' 갑자기 짜증을 내거나 화를 내는 것처럼 보이기 때문이다. 그리고 아이가 (가끔) 아주 귀엽고 예쁜 행동도 하기 때문에 그 순간 그런 행동을 하기로 선택했다고 생각하게 된다. 그래서 부모들은 그 행동의 결과를 감수하게 만드는 사이클에 휩싸이게 된다. 아이들이 올바르게 행동하도록 동기를 부여해 주려고 말이다. 하지만 정서성 높은 아이는 화를 내고 싶어서 그러는 것이 아니라는 사실을 명심하라. 그들의 불안과 걱정, 두려움에 취약한 기질을 뭔가가 건드린 것이다. 부모의 역할은 이를 유발하는 요인이 무엇인지 찾아내 아이와 한 팀이 되어 움직이는 것이다.

정서성 높은 아이의 가장 흔한 방아쇠 몇 가지가 있다(다음 페이지의 표를 살펴보라). 갑작스러운 활동 전환, 어려운 임무 완수, 계획 변경, 뜻대로 펼쳐지지 않는 상황 등이다. 모든 방아쇠는 정서성 높은 아이의 분노와 걱정, 두려움에 취약한 유전적 기질과 관련되어 있으며, 아이마다 높은 정서성이 드러나는 영역이 다를 것이다.

정서성 높은 아이들이 이 모든 일을 전부 어려워하는 것은 아니다. 무엇이 아이의 분노를 유발하는지 다음 목록에서 찾아보자. 그리고 아이만을 위한 목록을 구체적인 예와 함께 작성해 보자.

정서성 높은 아이를 자극하는 대표적인 방아쇠들	예
계획이 바뀐다.	비가 와서 놀이터에 갈 수가 없다.
어려운 임무를 완성해야 한다.	하기 싫은 숙제를 해야 한다.
바라는 대로 상황이 펼쳐지지 않는다.	그림이 원하는 대로 그려지지 않는다.
이 활동에서 다른 활동으로 넘어가야 한다.	욕조에서 그만 놀고 잠옷을 입어야 한다.
내가 원할 때 할 수 없다.	정기적인 놀이 만남을 친구가 취소한다.
부담을 느끼면서 일을 해결해야 한다.	30분 안에 학교로 출발해야 한다.
모호함을 관리해야 한다.	내일 비가 안 와야만 놀이터에 갈 수 있다.
신체적 느낌이 이상하다.	옷에 붙은 라벨의 느낌이 이상하다.
불안함을 느낀다.	학교 연극에 참여하기가 불안하다.
감정 표현이 어렵다.	친구나 동생을 발로 찬다.
너무 많은 사람 혹은 활동에 압도된다.	생일 파티나 친구들이 너무 많은 놀이터에서 화가 난다.

목록의 어떤 것도 아이에게 정확히 들어맞지 않는 것 같다면 당신의 아이만을 위한 목록을 만들 수 있다.

정서성이 높은 아이에게는 보상과 징벌보다 문제 해결에 집중하는 것이 중요하다. 보상과 결과 감수는 올바른 행동을 위한 장려책이 필요할 때 사용하는 것이다. 기억하라. 정서성 높은 아이에게 필요한 것은 동기부여가 아니다. 그들은 강한 감정을 관리할 수 있는 능력이 부족한 것이다. 아이들도 그만큼 화를 내거나 통제력을 잃고 싶지는 않을 것이다. 사실 강한 감정을 통제할 수 없다는 생각은 부모보다는 아이 본인에게 훨씬 두려운 일일 것이다.

내 아들은 다섯 살 즈음 인후염 때문에 찾아간 병원에서 최고로 성질을 부린 적이 있다. 의사가 목구멍에 면봉을 넣어 균을 채취해야 했다. 대부분의 아이가 긴 면봉이 목구멍으로 들어오는 것을 좋아하지 않는다. 정서성이 낮은 아이도 저항하거나 어쩌면 울기도 할 것이다. 내 아들의 경우, 입을 꾹 다물고 벌리려고조차 하지 않았다.

처음에는 달래며 보상을 제안했다. "금방 끝날 거야. 그러면 아이스크림 먹으러 가자! 하나도 안 아파!" 아들은 꼼짝도 하지 않았다. 그래서 전략을 바꿔 엄한 목소리로 이렇게 말했다. "무서운 거 알아. 하지만 어쩔 수 없어. 검사는 꼭 해야 해." 아무 변화가 없었다. 그래서 다시 전략을 바꿔 결과를 감수하게 만들려고 했다. "아들. 지금 당장 입을 벌리지 않으면 레고 다 뺏어 버릴 거야!" 그 말에는 반응이 있었지만 우리가 원하던 반응은 아니었다. 아들은 화를 내며 "싫어!"라고 외쳤고 의사를 발로 찼다. 그 다음에 무슨 일이 일어났는지는 굳이 말하지 않아도 알겠지만, 테이블 아래를 기어 다니고, 의자를 밀치고, 간호사들이 전부 몰려와 아이를 강제로 의자에 앉히고, 고래고래 소리를 지를 때 억지로 면봉을 넣었다는 것만 말해 두겠다. 정말 끔찍했다. 집에 오자마자 아들과 나는 각자 방으로 들어가 엉엉 울었다.

그리고 내 방 문 밑으로 아들이 작은 쪽지를 하나 밀어 넣었다. 나는 아직도 그 쪽지를 보관하고 있다. 작은 책 모양으로 접힌 그 쪽지에는 삐뚤빼뚤한 글씨로 다음과 같이 적혀 있었다.

엄마에게. 에이든이. 엄마, 병원에서 무서워서 그래써. 다시는 안 그럴게. 무서워서 엄마 전화기 던져써. 이제 또 안 그럴게. 정말 정말 정말 정말 정말 정말 미만!(미안!) 의사가 너무 너무 아프게 잡고 있어서 엉덩이가 아파써. (나중에 알고 보니 아들은 고관절에 문제가 있었다.) 그래서 지금 엉덩이가 너무 너무 아파. 그리고 입에 긴 막대기 들어오는 거 시러써. 내 목에 걸리면 어떠케. 그래서 하기 시러써. 내 입에 너코 난 다음에 목에 솜 가튼 게 있었어. 엄마 정말 미만해. 용서해 주세요. 1) 좋아요. 2) 시러요.

나는 아이가 일부러 그러는 것이 아니라는 사실을 기억하기 위해 그 쪽지를 간직하고 있었다. 정서성 높은 아이는 그냥 반항하고 싶거나 버릇이 없어서 그러는 것이 아니다. 그들은 뇌가 다르고 유전자가 다르다. 어떻게 다뤄야 할지 모르는 압도적인 감정을 처리하고 있다. 그러니 결과를 감수하게 만드는 것은(혹은 보상을 제공하려다가 금방 포기해 버리는 것은) 아이들이 자신에 대해 더 나쁜 감정만 갖게 만드는 것이고 이는 누구에게도 도움이 되지 않는다. (궁금해할까 봐 말하자면 연쇄상구균 검사는 음성이었다.)

2. 문제 해결을 위해 협력하라

정서성 높은 아이를 자극하는 방아쇠의 목록을 구체적인 예들과 함께 완성했다면 이제 문제를 해결해 보자. 먼저 가장 우려스러운 문제 몇 가지를 선택해 집중하라. 다른 문제는 포기한다는 뜻이 아니다. 한꺼번에 해결할 수 없으니 조금씩 해결하는 것뿐이다. 모든 일을 한꺼번에 처리하라고 시키는 직장 상사와 한 번에 해낼 수 있는 일만 시키는 직장 상사를 기억하라.

성공적인 문제 해결의 핵심은 아이를 동등한 파트너로 대하는 것이다. 부모는 이미 많은 방법을 시도해 보았을 것이다. 육아서를 읽고 보상을 제공하거나 결과를 감수하게 만들어 보았을 것이다. 우리는 아이의 문제를 해결해야 한다는 책임감을 느낀다. 우리는 보통 답을 갖고 있는 쪽이었다. 그래서 처음에 아이와 함께 문제를 해결한다는 개념이 낯설 수 있다.

하지만 혼자 계획을 세우는 것은 부모의 생각을 아이에게 강요하는 것이다. 아무리 좋은 뜻으로 계획을 세웠다고 해도 이는 부모가 쉽게 분노하고 몹시 감정적인 아이에게 자기 생각을 강제하는 것이다. 안타깝게도 부모들의 그런 시도는 문제를 해결하려는 마음과 반대로 역효과만 불러온다. 이는 정서성 높은 아이에게 또 다른 방아쇠가 될 뿐이다. 부모는 융통성 없는 사람으로 여겨지고 이는 아이가 융통성 있는 모습을 배우는 데도 도움이 되지 않는다. 정서성 높은 아이는 제 뜻을 굽히지 않을 것이고 이는 부정적인 사이클을 더 강화할 뿐이다. 부모가 이를 바꿀 수 있다. 몹시 다행스러운 일이라고 생각하라. 부모가 전부 책임져야 하는 것은 아니라는 뜻이니까!

문제가 무엇인지 알아내는 과정에서 아이와 힘을 모아야 한다. 높은 정서성으로 인한 문제를 해결하기 위해 부모와 아이는 같은 팀으로 서로 도와야 한다. 함께 계획을 세워라. 그래야 상황에 반응하기보다 앞장서서 상황을 주도할 수 있게 될 것이다. 정서성 높은 아이를 키우는 대부분의 가정은 상황에 반응하는 상태일 것이다. 아이가 폭발하면 사태를 수습하기 위해 노력할 것이다. 하지만 아이의 방아쇠를 파악하고 구체적인 문제를 함께 살펴봄으로써 아이들이 자극받았을 때 그 강한 감정을 다루는 법에 대해 적극적으로 미리 계획을 세울 수 있다.

이는 한 번의 대화로 끝낼 수 없는 긴 과정이 될 것이다. 부모와 아이 모두 푹 쉬고 기분이 좋은 상태로 대화를 시작해야 하고 시간이 빠듯해서도 안 된다. 공감으로 시작하라. 강력한 감정은 부모보다 아이 자신에게 더 무서운 일임을 기억하라. 아이가 무엇을 느끼는지, 무엇이 아이를 자극하는지 이야기 나눌 수 있는 시간과 공간을 마련하라. 내 아들이 쓴 쪽지처럼 한창 스트레스를 받고 있는 상황이 아니라면 정서성 높은 아이도 왜 화가 났는지 보통 잘 설명할 수 있다. 어린아이들도 문제가 무엇인지 알고 있기도 하다. 아이의 걱정을 듣고 그들의 분노를 이해하려고 노력하라. 해결책을 위한 첫 번째 단계는 무엇이 문제를 유발하는지 찾아내는 것이다.

다른 아이보다 이야기를 시작하는 데 더 오래 걸리는 아이도 있을 것이다. 그래도 재촉하거나 짜증을 내지 말라. 입을 열지 않으면 언제나 이렇게 말할 수 있다. "괜찮아. 생각해 보고 나중에 다시 이야기하자."

또 다른 전략은 아이의 강한 감정에 이름을 붙여 주는 것이다. 예를 들면 아이는 그 감정을 '뾰족이'라고 부를 수도 있다. 어려운 주제에 대해 부모와 자녀 모두 쉽게 이야기하는 데 도움이 될 것이다. "그래서 뾰족이가 또 나타나면 어떻게 하면 좋을까?" 합심해 공공의 적에 맞서는 좋은 방법이다. 아이에게 비난의 화살을 돌리지 않고 아이가 감당하기 힘든 그 성가신 기질에 집중한다. 아이들도 뾰족이가 나타나는 것은 싫어한다! 감정의 파도에 이름을 붙여 주는 것은 스트레스가 행동으로 나타나려는 충동을 느낄 때 도움이 된다. 아이가 이렇게 말할 수 있도록 가르쳐 주어라. "지금 뾰족이가 오고 있는 것 같아." 감정을 인식하고 다루는 또 다른 방법으로 상황을 진정시키는 데 도움이 될 것이다.

강력한 감정에 대한 동화책도 아이와 대화를 시작하기 좋은 방법이다. 몹시 화를 내는 다른 아이(혹은 캐릭터)에 대한 이야기를 읽어 주면서 분노를 느끼는 것은 자연스러운 일이며 이를 다루는 법을 배우는 것이 중요하다는 사실을 알려 줄 수 있다. '다른 사람'에 대해 이야기하는 것은 덜 위협적이기도 하고 그에 대해 더 쉽게 이야기할 수 있는 방법이 되기도 한다. 그리고 동화책은 분노를 다루는 다양한 방법에 대해 탐구하는 기회가 되기도 한다. 분노에 대해 이야기하는 동화책은 코넬리아 스펠만^{Cornelia Maude Spelman}의 『화가 날 땐 어떡하지?^{When I Feel Angry}』, 몰리 뱅^{Molly Bang}의 『소피가 화나면, 정말 정말 화나면^{When Sophie Gets Angry–Really, Really Angry...}』 등이 있다.

문제 해결을 위한 대화는 이렇게 시작할 수 있다. "엄마가 살펴보니 ○○인 것 같아. 네 생각에는 왜 그런 것 같아?" 부모 눈에 보이는 문제를 말해 줘라. 예를 들면 "엄마가 살펴보니 네가 아침에 옷 입는 것을 힘들어하는 것 같아. 네 생각에는 왜 그런 것 같아?" "엄마가 살펴보니 저녁 먹어야 할 시간에 하던 일을 잘 멈추지 못하는 것 같은데 왜 그런 것 같아?"라고 말할 수 있다. 인내심을 갖고 아이를 격려하라. 부모와 아이 모두 자신의 걱정을 표현할 수 있는 기회다.

각자의 걱정을 이야기한 다음에는 이렇게 해 보자. "어떻게 문제를 해결할 수 있는지 같이 생각해 보자. 좋은 생각 있니?" 혹은 "더 잘할 수 있는 방법을 같이 찾아볼까? 네 생각은 어때?"

어려운 부분은 다음이다. 아이의 이야기를 진지하게 듣고 실제로 전부 고려해야 한다. 비현실적인 것도 있겠지만 바로 폐기하지는 말라. 부모와 아이 모두에게 도움이 되는 방법이어야 한다고 설명해 주어라. 아이가 아침마다 기분이 안 좋아지니까 아침으로 초콜릿을 먹자고 하면 이렇게 말해 줄 수 있다.

"좋은 생각을 떠올렸네! 하지만 그건 엄마에게는 좋은 방법이 아니야. 네게 건강한 아침을 차려 주는 것이 엄마가 해야 할 일이기도 하거든. 우리 모두에게 좋은 해결책을 찾아야 해. 조금 더 생각해 볼까?"

물론 아이도 부모의 생각이 자신에게 좋은 것은 아니라고 말할 수 있다. 부모들에게 쉬운 일은 아니겠지만 그것이 바로 함께하는 문제 해결이다. 나는 남편, 친구, 직장 동료들이 내 아이디어가 최고라고 바로 인정해 주길 바라지만, 그들 역시 늘 각자의 아이디어가 있다. 무엇이든 성취하기 위해서는 힘을 모아 한마음으로 전진해야 한다. 내 방식을 강제하려고 노력하면 어떤 결과도 얻지 못할 것이다. 정말이다. 내가 다 해 보았다. 식기세척기는 아직도 내가 원하는 만큼 가득 차지 않는다.

아이들도 그렇게 느낄 수 있다. 문제 해결 과정을 부모가 이미 생각해 놓은 계획을 강요하기 위한 수단으로 사용하면 아이들은 금방 이를 알아채고 그 과정에 대한 믿음을 잃을 것이다. 부모가 일방적으로 자신의 의지를 관철시키려 한다고 생각할 것이고 이는 정서성 높은 아이와의 교착 상태로 바로 이어질 것이다.

중요한 것은 아이가 강력한 감정을 관리하거나 힘든 상황에 대처하는 능력을 타고나지 못했다는 사실을 기억하는 것이다. 아이와 함께 그 문제를 해결하는 과정은 부모인 당신의 감정을 건드리는 어려운 상황이 될 수도 있다. 육아는 부모가 자신의 뜻대로 해 나가는 것이 몹시 익숙한 영역의 하나였을 테니 말이다.

아이러니하게도 그것이 바로 아이와 함께 문제를 해결하는 것이 효과적인 이유다. 아이들에게 강력한 감정을 다루고 어려운 상황에 대처하는 방법을 가르친다. 문제를 적극적으로 규정하고 해결할 방법을 떠올리고 그 방법을 시도하고 어떻게 진행되는지 살피고 그에 따라 적절히 대처하는 법을 가르칠 수 있다. 살면서 꼭 필요한 연습이 될 것이다. 아이와 함께 문제를 해결하는 것, 서로의 걱정을 나누는 것, 그리고 힘을 모아 해결책을 찾는 것은 아이에게 공감과 의견 수용이라는 중요한 기술 또한 가르쳐 준다.

그렇다면 어린아이들도 문제 해결을 위해 협력할 수 있는지 궁금할 것이다. 당연히 할 수 있다! 아이들은 아주 어릴 때부터 자신의 세계를 탐험하고 이해하기 위해 노력하는 꼬마 과학자나 마찬가지다("내가 이 주스를 식탁에서 떨어뜨리면 어떻게 돼?"). 일단 세 살 혹은 네 살이 되면 자신의 작은 머릿속에서 화가 날 때 무슨 일이 벌어지는지 부모와 함께 이야기 나눌 수 있는 능력이 있다. 물론 그 능력은 뇌가 발전함에 따라 어느 정도까지는 더 좋아질 것이다. 십 대가 되면 퇴보하는 것 같기도 하지만 말이다. 가끔은 아들이 열세 살인 지금보다 세 살이었을 때 함께 문제를 해결하는 것이 훨씬 쉽기도 했다(물론 농담이다!).

3. 계획을 실행하라

자, 문제에 대해 아이와 이야기를 나누었다. 각자 자신의 걱정을 표현했고 양측 모두 동의하는 해결 방법을 떠올렸다. 부모의 첫 번째 선택은 아닐지 모르지만 그래도 무언가 있다. 예를 들어보자. 아이가 차를 오래 탈 때 짜증을 내면서 할머니 댁에 가는 길을 힘들게 만들고 있다. 대화를 통해 아이가 차에서 오랜 시간을 보낼 때 갇힌 느낌이 들면서 점점 불안해진다는 사실을 알게 되었다. 짜증을 내지 않고 무사히 도착하면 사탕을 준다는 부모의 처음 계획은 효과가 없었다. 정서성이 높은 아이는 아무리 사탕이 먹고 싶어도 짜증을 참을 수 있는 기술이 아직 없다. 절대로 차를 오래 타지 않으면 된다는 아이의 제안은 선택할 수 없다. 가끔은 다 같이 할머니 댁에 가야 하니까. 그래서 부모가 중간에 휴게소 놀이터에서 놀다 가자는 아이디어를 제시했다. 차를 더 오래 타게 될 테니 최선의 선택은 아니지만 효과가 있다면 할머니 댁에 갈 때마다 의자를 발로 차고 소리를 지르는 것보다 훨씬 나을 것이다.

이제 계획을 세웠다. 그렇다면 그다음은?

진가가 발휘되는 지점은 바로 여기다. 어떻게 되는지 우선 해본다. 기적을 기대하지 않는다. 하룻밤 만에 성공할 리는 없다. 유전적으로 정서성이 높게 태어났기 때문에 강력한 감정을 다루는 능력을 키우는 과정에는 많은 연습과 시행착오, 어쩌면 무수한 실패가 필요할 것이다. 쉽게 포기하지 말라. 작은 성공들을 축하하고 보상하라. 이것이 바로 정서성 높은 아이에게 보상이 적절하고 효과적일 수 있는 지점이다.

그리고 아이와 지속적으로 소통하라. 일이 계획대로 풀리지 않을 때 상황에 대해 이야기하되, 바로 그 순간은 아니다. 부모와 아이 모두 차분할 때 이야기하라. "가다가 놀이터에서 잠시 놀다 가는 계획도 짜증을 안 내는 데 도움이 되지 않았던 것 같아. 왜 그랬을까?" "욕조에서 물놀이를 그만두고 나오는 게 계획대로 되지 않았던 것 같지? 무엇 때문이었을까?" 아이를 격려하라. 나중에 더 잘할 수 있을 거라는 부모의 믿음을 보여 주어라. 연습이 필요하다고 알려 주어라. 아이들은 부모의 격려가 필요하다.

아이가 타고나지 못한 기술을 발전시키는 과정이라고 생각하면 편하다. 피아노 치는 법을 배우고 싶다고 의자에 앉아 건반을 눌러 보다가 갑자기 베토벤처럼 치게 될 수는 없다. 엄청난 연습이 필요하다. 그 과정에서 엉터리 연주와 젓가락 행진곡도 지겹도록 들어야 할 것이다.

몇 주가 지나도 전혀 개선되지 않는 것 같다면 함께 계획을 검토하고 수정하라. 다시 말하지만, 육아는 단거리가 아니라 마라톤임을 잊지 말라. 내 아들은 지금 열세 살이다. 한창 때는 이 육아가 영영 끝나지 않을 것 같았지만 지금은 어렸을 때의 강력했던 감정 폭발에 대해 웃으며 이야기한다.

좋은 부모는 자신을 돌볼 줄 안다

정서성이 높은 아이, 불안과 걱정, 두려움에 취약한 기질을 타고난 아이가 부모에게 많은 어려움을 안겨 주는 것은 사실이다. 정서성이 낮은 아이를 키우는 부모들은 그 점에 있어서 운이 좋은 것이다. 아이가 어릴 때 몇 년 동안의 극단적인 떼 부리기를 훨씬 덜 경험할 가능성이 크다. 그렇다고 전혀 어려움이 없을 거라는 뜻은 아니지만(분명히 있다) 부모의 모든 요구에 '싫어!'라고 고집부리는 모습이나 신발이 날아다니는 모습을 보게 될 일은 훨씬 적을 거라는 뜻이다. 모든 기질에는 장단점이 있다고 이미 언급했다. 좋은 기질과 나쁜 기질은 없다. 그렇긴 하지만 아이들의 정서성은 부모가 육아를 얼마나 '쉽게' 느끼느냐와 밀접한 관련이 있다.

나는 정서성 낮은 아이를 키우는 부모가 정서성 높은 아이들과 씨름하고 있는 같은 부모들을 더 잘 이해하고 지지할 수 있게 되길 바란다. 엄청나게 소란을 피우는 아이의 부모에게는 아무 잘못이 없다. 부모가 적절한 보상을 제공하고 행동을 책임지게 만들지 못해서 그런 것이 아니다. 아이들이 예의 바른 행동을 배우지 못해서도 아니다. 그 아이들은 강력한 감정에 휩쓸리기 쉬운 기질을 타고났지만 아직 그 감정을 다루는 법을 배우지 못한 것뿐이다.

정서성 높은 아이를 키우는 부모들이 좌절하고 부담을 느끼고 때때로 아이에게 분노가 치미는 것은 자연스러운 일이다. 나는 2년 동안 돌봄 선생님을 다섯 번이나 바꿔야 했다. 내 가장 친한 친구의 돌봄 선생님도 본인 생일에 일을 그만두었는데, 친구의 아이가 놀이터에서 떼를 쓰는데 다른 부모들이 자신을 바라보는 눈빛을 견딜 수 없다는 이유에서였다. 정서성 높은 아이를 키우는 것은 어려운 일이다. 아이에게 부정적인 감정을 느낀다는 죄책감을 내려놓는 것은 아이를 잘 키우기 위해서는 물론 부모의 행복을 위해서도 몹시 중요하다. 화가 난다고 나쁜 부모는 아니다. 부모도 인간이며 누가 소리를 지르는 것이 싫고 자기 말에 대꾸가 없거나 짜증을 내며 반응하는 것이 싫은 평범한 사람일 뿐이다. 정서성 높은 아이를 키우는 것은 가족 모두에게 예상치 못했던 스트레스가 될 수 있고 결혼 생활을 위협할 수도 있다.

그렇기 때문에 부모가 자신을 더 잘 돌봐야 한다. 정서성 높은 아이를 키우기 위해서는 더 많은 인내가 필요한데 이는 부모가 정신적으로 편하지 못할 때 특히 더 그렇다. 더 행복해지기 위해 참고할 수 있는 자료는 많다. 내가 가장 좋아하는 곳 중 하나는 캘리포니아대학교 버클리 캠퍼스에 있는 '그레이터 굿 사이언스 센터 Greater Good Science Center'로 좋은 글과 과학적으로 증명된 방법들도 많다. 명상과 요가, 산책과 운동, 작은 것들에서 즐거움 찾기 등인데 이런 방법을 진지하게 받아들이는 것이 힘들 수도 있을 것이다. 아무리 욕조에서 거품 목욕을 한다고 해도 아이가 화를 내면서 방을 어지럽히지 않는 것은 아닐 테니까 말이다. 장미 향을 맡으면서 긴 산책을 하고 있을 때 고래고래 소리를 지르는 어린아이는 도대체 어떻게 하란 말인가?

키우기 힘든 아이들은 부모의 시간과 에너지를 너무 많이 잡아먹어서 부모 자신을 위해 남은 것은 아무것도 없다고 느껴질 수도 있다. 그럴수록 자신을 돌보는 것이 더욱 중요하다. 자기만을 위한 시간이 없으면 좋은 부모가 되는 것은 불가능하다. 타인을 돌보기 위해서는 먼저 자신을 돌봐야 한다. 이와 관련된 세 가지 방법을 살펴보자.

1. 힘들수록 나의 필요를 파악하라

정서성 높은 아이를 키우는 데 필요한 인내심을 발휘하려면 자신에게 무엇이 필요한지 먼저 파악하라. 아이와 문제를 해결하던 과정처럼 한두 가지를 골라 실천해 보아라. 예를 들어 요가를 좋아했지만 아이와 씨름하느라 더 이상 요가를 하지 못했다면 요일을 정하고 30분 일찍 일어나 혼자만의 시간을 가져라. 독서를 좋아했지만 책을 읽어 본 게 언제인지 기억도 나지 않을 만큼 매일밤 지쳐 잠들었을 수도 있다. 읽고 싶었던 책을 주문하고 잠자리에 들기 전 10분 동안 문자의 세계로 혼자만의 짧은 여행을 떠나라. 목표를 달성하지 못했다고 절망하지 말라. 아이가 일찍 잠에서 깨 요가를 방해했다면, 혹은 싸움을 말려야 해서 거품 목욕을 오래 하지 못했다면, 숨을 크게 들이마시고 다음 날 다시 시도하라.

2. 나와 대화하라

자기 자신과의 대화도 정서성 높은 아이를 키우는 부모가 마음의 평화를 유지하기 위해 사용할 수 있는 멋진 방법이다. 자신의 만트라mantra가 무엇인지 파악하고 아이가 소란을 피울 때 깊이 호흡하며 머릿속에서 반복하라. "사는 게 더 힘든 아이들도 있는 법이야" "저 아이도 저런 기분을 느끼고 싶지는 않을 거야"와 같은 주문으로 시작해도 좋을 것이다. 아이가 극도로 심각한 난리를 피울 때 내가 개인적으로 가장 좋아하는 주문은 다음과 같다. "유전자가 잘못한 거야. 아이는 사랑스러워. (들이쉬고, 내쉬고) 유전자가 잘못한 거야. 아이는 사랑스러워." 당신의 만트라가 무엇이든 훌륭한 대처 방안이 되어 줄 것이다.

3. 아이를 새로운 눈으로 바라보라

마지막으로 정서성 높은 아이가 곧잘 훼방을 놓겠지만 그들의 불 같은 기질을 즐기는 것 또한 잊지 말라! 소란을 피우는 아이의 모습을 보며 개탄할 수도 있겠지만 그것이 미래의 아이에게 도움이 될 수 있다고 새로운 눈으로 바라볼 수도 있다. 가장 키우기 어려운 아이들이 가장 멋진 성인들로 잘 자라기도 한다. 퓰리처상 수상 작가이자 하버드대학교 교수 로렐 대처 울리히Laurel Thatcher Ulrich는 "행실 바른 여성은 역사를 쓰지 못한다"라고 말했다. 모든 아이들에게도 대략 들어맞는 말이다. 가장 키우기 어려운 아이들이 세상을 바꾸는 경우가 많다. 아이가 발을 구르거나 끝없이 말대꾸를 할 때 그 사실을 기억하라. 그 강력한 감정들이 지치지 않고 열정을 추구하게 만드는 연료가 되어 줄 것이다.

부모의 정서성 온도를 측정하라

육아가 얼마나 힘들지에 영향을 끼치는 마지막 한 조각이 있다. 바로 부모의 정서성 정도다. 부모가 불안과 걱정, 두려움에 선천적으로 얼마나 취약한지가 아이의 행동에 얼마나 화가 날지에 영향을 끼친다. 이는 아이의 정서성 정도와는 상관없다. 육아는 인내심이 필요한 일이고 정서성이 높은 사람들은 그만큼 인내심이 높지 못한 편이기 때문이다! 스트레스에 취약한 부모의 기질이 아이들의 잘못된 행동에 대한 강한 반응으로 이어질 수 있다. 이는 누구에게도 좋지 않다. 다 내가 겪어 본 일이다.

하지만 우리가 아이들에게 가르치려고 하는 바로 그 전략이 부모들에게도 도움이 된다. 깊이 호흡하기, 고요하게 존재하는 데 집중하기, 아이들의 강한 감정에 어떻게 대처할지 계획 세우기, 계획대로 하지 못해도 자신에게 친절하기, 그리고 다음에 더 잘하려고 노력하기 등이다. 정서성이 높은 부모라면 정서성이 높은 아이와 그에 대해 터놓고 이야기하라. 강한 감정을 다루기 위해 부모 역시 노력하는 사람으로 아이들에게 귀감이 되어라. 아이는 자신에게 문제가 있는 것은 아님을 이해할 것이고 이를 성장의 기회로 삼을 수 있을 것이다.

형제자매의 정서성 정도가 다를 때

자녀가 1명 이상이라면 정서성이 서로 다를 수 있다. 그리고 정서성이 낮은 아이는 정서성이 높은 아이 때문에 힘들어하거나 그들의 짜증을 두려워할 수 있다. 정서성이 높은 아이는 부모의 시간과 에너지를 더 많이 요구할 것이다. 그 과정에서 정서성이 낮은 아이가 소외되는 느낌을 받을 수 있다. 아이들에게 각기 다른 육아 전략을 사용하는 것은 불공평하다고 받아들여질 수도 있다.

형제자매의 차이를 좁혀 나가는 핵심은 열린 대화다. 형제자매의 외향성이 서로 다를 때와 마찬가지로 정서성이 다른 것도 아이들에게 공감에 대해 가르치고 모든 사람은 다르며 그 차이를 존중해야 한다는 사실을 가르칠 수 있는 멋진 기회다. 정서성이 높은 아이에게 중요한 육아 전략, 즉 타인의 의견을 존중하고, 터놓고 의논하며 문제를 해결하고, 함께 노력하는 과정은 정서성 낮은 아이에게도 소중한 교훈이 될 수 있다.

사실 형제자매는 차별 대우를 받을 수밖에 없다. 아이들은 서로 다른 육아 전략이 '불공평'하다고 반응할 수 있다. 어쨌든 아이들도 자신이 타고난 유전자의 렌즈를 통해서만 세상을 볼 수 있고, 아직 발달하지 못한 뇌는 다른 사람의 뇌가 다르다는 사실을 온전히 이해할 수 없기 때문이다. 하지만 공정이 곧 평등은 아니다. 한 아이가 축구를 좋아하고 다른 아이가 음악을 좋아한다면 각자의 방식으로 뛰어날 수 있도록 지원해 줄 수 있다. 수학에 도움이 필요한 아이에게는 이를 제공하겠지만 그렇지 않은 아이에게도 똑같은 도움을 줄 필요는 없다. 정서성이 다른 아이들 역시 부모로부터 서로 다른 도움을 필요로 하고 이는 자연스러운 일이다. 최고의 육아 전략은 모든 아이에게 적용할 수 있는 전략이 아니라 각각의 아이에게 맞춰진 전략이다.

- 아이가 올바른 행동을 하게 만드는 가장 효과적인 방법은 나쁜 행동을 벌하는 것이 아니라 좋은 행동을 장려하는 것이다. 하지만 그 전략은 아이의 정서성 정도에 맞춰 세심하게 조정되어야 한다.

- 적절하게 제공되는 보상과 행동의 결과를 감수하게 만드는 것은 정서성이 낮은 아이를 올바른 행동으로 유도하는 데 몹시 효과적일 것이다.

- 보상은 열정적이고, 구체적이고, 즉각적이고, 지속적이고, 체계적이어야 한다. 한 번에 몇 가지 행동에만 집중하고 작은 성취들에 보상을 제공하라. 결과를 감수하게 만드는 것은 너무 자주 사용하지 않아야 하고 잘못된 행동에 걸맞지 않는 것처럼 보일 것이다. '사소한 일에 에너지를 낭비하지 않는' 능력을 키워라.

- 정서성이 높은 아이는 부모의 거칠고 부정적인 반응을 자주 유발하겠지만 그 아이가 바로 부모의 따뜻하고 부드러운 훈육이 가장 많이 필요한 아이이며 그 효과를 가장 크게 볼 아이들이다. 아이가 폭발할 때 그 행동의 결과를 감수하게 만드는 방법은 종종 그 행동을 진정시키기보다 악화시킨다.

- 정서성이 높은 아이의 극단적인 행동 자체보다(짜증, 물건 던지기, 때리기 등) 그와 같은 행동을 유발하는 '방아쇠'에 집중하라.

- 아이와 함께 아이가 감정적으로 폭발하는 '이유'를 찾아 그 감정을 다루고 이를 감소시킬 수 있는 계획을 수립하라.

- 정서성 높은 아이의 육아는 어려울 수 있다. 육아는 단거리가 아니라 마라톤임을 기억하고 건강에 신경 써라! 자신을 돌보면서 정서성 높은 아이를 대할 수 있는 정신적 에너지를 비축하라.

The Child Code

6장

대표 기질 요소
Ⅲ. 의도적 통제

　　의도적 통제는 자기 통제, 행동 통제, 충동 조절 등 다양한 용어로 불린다. 의도적 통제 능력이 낮은 아이는 **충동적**이거나 주의가 산만한 아이라고 여겨지고, 의도적 통제 능력이 높은 아이는 성실한 혹은 믿음직한 아이라고 여겨진다. 나는 여기서 의도적인 노력이 필요함을 강조하고 싶기 때문에 의도적 통제라는 용어를 선호한다.

　　자기 통제는 어렵다! 그렇지 않다면 우리 모두 새해 결심을 지킬 것이고, 늘 꿈꾸던 모습이 진작 되어 있을 것이다. 하지만 자기 통제 역시 유전의 영향을 받기 때문에 그것이 특히 더 어려운 사람이 있다. 어느 정도의 의도적 통제 능력을 갖고 있느냐는 우리가 타고난 유전자 조합의 행운일 뿐이다. 의도적 통제 능력의 차이는 발달 초기부터 드러나고 안정적이다. 하지만 충분히 변할 수 있다는 좋은 소식도 있다. 우리는 타고나지 못한 기술도 개발할 수 있다. 다만 노력이 필요할 뿐이다. 이는 참지 못하는 아이를 키우는 부모에게도 희망이 있다는 뜻이며, 아이들이 자기 통제 능력을 개발할 수 있도록 도울 수 있다는 뜻이다.

의도적 통제에 관한 뇌 과학

자신의 행동과 감정을 의도적으로 통제할 수 있는 능력은 뇌의 두 가지 핵심 영역과 관련이 있다. 첫 번째는 흔히 '뜨거운 뇌'라고 말하는 변연계다. 변연계는 뇌의 깊은 곳에 위치해 있으며 가장 기본적이고 원시적인 부분이다. 감정적이고 반사적이며 무의식적이다. '출발!' 반응에 아주 잘 맞춰져 있다. 감정적 자극, 특히 고통과 기쁨, 두려움에 재빠르고 확실하게 반응한다. 또한 태어나는 순간부터 완전히 기능을 하고 있다. 그래서 아기들이 배가 고프거나 아플 때 바로 우는 것이다. 아기들은 그럴 때 어떻게 부모의 관심을 얻는지 배울 필요가 없다. 본능적으로 알고 있다. 진화적으로 적응한 뜨거운 뇌는 처음부터 그 자리에 있다. 그래서 몹시 발달된 뜨거운 뇌만 갖고 있는 어린아이들이 자신을 통제할 수 없는 것이다. 그들은 브레이크 없는 작은 엔진과 마찬가지다.

브레이크는 뇌의 더 복잡한 영역인 전전두엽 피질에 있다. 이마 뒷부분에 있는 전전두엽 피질은 천천히 발달하고 이십 대 중반까지도 완성되지 않는다. (몇 가지 증거에 따르면 남학생의 전전두엽 피질은 여학생보다 약간 늦게 발달한다고 알려져 있다.) 그 '차가운 뇌'는 더 깊이 생각하고 복잡한 의사 결정을 한다. 그리고 놀랍게도 보험 회사들이 이십 대 중반까지 뇌가 완성되지 않는다는 사실을 과학자들보다 더 먼저 '발견'했는데, 그들의 자료에 따르면 스물다섯 살 이후 자동차 사고가 급격히 줄어들기 때문이었다. 그래서 십 대의 보험료는 그렇게 높고 스물다섯 살까지는 자동차를 빌릴 수도 없는 것이다. 전전두엽 피질이 완성되면 계획 수립이나 의사 결정 같은 더 복잡하고 고차원적인 사고가 가능하고 이는 다시 충동적인 경향을 억제하는 데 도움이 된다. 사고를 덜 내는 더 바람직한 운전자가 되는 것이다.

더 광범위하게 살펴보자면 전전두엽 피질은 만족을 유예하고 장기적 목표를 추구하는 데 도움이 된다. 전전두엽 피질은 뇌에서 가장 복잡하고 가장 발달한 부분이다. 모든 아이들은 전전두엽 피질이 발달하면서 의도적 통제 능력이 증가한다. 하지만 의도적 통제 능력이 얼마나 많이 발달하느냐는 아이가 타고난 뇌의 연결 방식에 의해 좌우된다.

우리가 타고난 의도적 통제 능력은 뜨거운 뇌가 차가운 뇌에 비해 얼마나 활동적인지와 관련이 있다. 뜨거운 뇌는 종종 나쁜 평판을 듣기도 하지만 수많은 이유로 중요하다. 투쟁-도피 반응과 관련된 영역으로 우리를 위해 빠른 판단을 내려 준다. 수천 년 동안의 진화를 거쳐 만들어진 부분이며 우리 선조들이 살아남는 데 몹시 중요했다. 고대 시대에는 이상적인 동굴 주거 환경을 계획하는 것보다 야생 동물을 만났을 때 바로 도망칠 수 있는 능력이 훨씬 중요했다. 이제는 갑작스러운 사자의 공격을 피해야 할 필요는 없지만, 강도를 만났을 때 도망가기, 뱀을 보고 물러서기, 무엇이 날아올 때 몸을 숙이기 등 여전히 피해를 입지 않기 위해 빠른 결정을 내려야 할 필요는 있다. 그럴 때는 뇌가 모든 가능성을 저울질하기보다 반사적이고 즉각적으로 움직이는 것이 우리에게 훨씬 유익하다. 뜨거운 뇌는 우리 목숨을 구할 수 있다.

생존과 생식에 중요한 것들 역시 뜨거운 뇌의 반응을 유발한다. 음식과 섹스는 보상과 같은 감정을 제공하고 뜨거운 뇌는 그런 감정을 좋아해 이를 더 추구하려 한다. 그래서 인간이 세대를 거치며 살아남을 수 있는 것이다. 현재의 욕구에 집중하는 보상에 최적화된 뇌는 그래서 중요하다.

하지만 욕구에 대한 즉각적인 반응은 우리를 문제에 빠뜨리기도 한다. 특히 유혹이 몹시 많은 세상에서는 말이다. 뜨거운 뇌는 지금 여기에 집중하는데, 오늘날 세상에는 지금 여기에 언제나 무수한 유혹이 존재한다. 즉각적 만족의 가능성이 넘친다. 지금 먹는 맛있는 쿠키는 나중에 살이 되어 돌아올 수 있다. 친구들과 노는 것이 더 즐겁지만 그러다 숙제를 못 할 수도 있다. 운동하러 가지 않고 잠을 자는 게 훨씬 좋지만 장기적으로는 건강이 나빠질 것이다. 뜨거운 뇌의 지나친 활동은 충동을 억제하는 능력이 크게 영향을 끼치는 비만이나 중독과 깊은 관련이 있다. 뜨거운 뇌는 중요한 기능도 많지만 많은 문제를 유발하기도 한다.

그때 필요한 것이 차가운 뇌다. 차가운 뇌는 미래를 위한 계획을 세우고 장기적 목표를 달성하는 데 도움이 되는 힘든 결정을 한다. 지연되는 보상은 즉각적인 만족감을 제공하지 않고 그래서 이를 위해서는 생각이 필요하다. 뜨거운 뇌는 이렇게 말한다. "마시멜로를 먹어!" 하지만 차가운 뇌는 이렇게 말한다. "잠깐, 지금 마시멜로를 먹지 않는 게 더 좋을 거야." 차가운 뇌는 부모가 올라가지 말라고 했기 때문에 소파로 뛰어올라 가고 싶은 유혹을 저항하는 데 도움이 되고, 만약 그럴 경우 (훨씬 재미있긴 하지만) 문제가 생긴다고 생각할 수 있게 해 준다. 자라면서 다음 날 시험을 위해 공부를 하고, 높은 성적으로 좋은 대학에 가고, 더 나은 일자리를 얻고, 경제적 안정을 이루기 위해 친구들과 놀기를 거절하는 것도 차가운 뇌다. 이는 복잡한 사고 과정이기 때문에 뜨거운 뇌가 "그래, 놀자! 파티야, 내가 간다!"라고 말하도록 내버려 두는 것이 훨씬 쉽다.

의도적 통제는 다양한 모습의 더 나은 삶과 관련이 있다. 미래를 위해 계획을 세우는 능력이 여러 방면에서 우리에게 도움이 되기 때문이다. 만족을 지연시키는 힘든 결정을 하게 만들지만 이는 나중에 더 큰 보상으로 귀결된다. 건강, 가족, 학교, 일과 관련된 다양한 목표를 추구하게 해 주고 곤란해질 행동을 막아 준다. 우리 아이들은 뇌가 충분히 발달하지 않아 그런 능력이 없는 채로 삶을 시작하는 것이다!

의도적 통제의 다양한 측면 이해하기

아이가 의도적 통제 능력을 얼마나 발휘하느냐는 다른 기질 특성인 외향성과 정서성이 어느 정도인지에 달려 있다. 의도적 통제 능력이 낮고 외향성이 높은 아이는 더 충동적이고 소란스러울 수 있다. 도자기 가게에 들어간 황소처럼 불안하다. 친구에게 자랑하기 위해 나무에서 뛰어내리고 싶어 한다.

미래도 잠시 살펴보자. 외향성이 높고 의도적 통제 능력이 낮은 아이는 사람들 곁에 있는 것을 좋아하고 자기 통제가 자연스럽지 않기 때문에 십 대 때 더 문제를 겪을 수 있다. 청소년기에 또래가 점차 중요해지면서 뜨거운 뇌가 즐거움을 좇으라고 자극할 것이다. 공부보다 놀기를 더 중시하고 음주와 다른 문제에 빠질 가능성이 훨씬 높다. 지금 당장은 팔이 부러져 응급실에 가는 게 더 걱정이겠지만 말이다.

반대로 의도적 통제 능력이 낮고 정서성이 높은 아이는 특히 분노 발작에 취약할 수 있다. 쉽게 화가 나고 그 강한 감정을 통제하기 힘들다. 정서성은 감정을 통제하는 능력과 관계 있기 때문에 높은 정서성은 낮은 의도적 통제 능력과 함께 가는 것이 보통이다. 한줄기 빛이 있다면, 정서성이 높고 의도적 통제 능력이 낮은 아이도 의도적 통제 전략을 배우면 감정을 다루는 능력이 좋아지고 앞에서 논의했던, 문제 해결을 위한 부모와의 협력에 더 힘을 모을 수 있다. 전전두엽 피질의 자연스러운 발달 역시 의도적 통제 능력을 개선하고 이는 다시 감정 조절 능력 증가로 이어질 것이다. 그러니 시간은 당신 편이다.

또한 의도적 통제 능력이 모든 상황에서 늘 낮은 것은 아니라는 사실을 기억하라. 어떤 상황에서는 다른 사람보다 자기 통제 능력이 더 나을 수 있다. 의도적 통제에는 몇 가지 서로 다른 영역이 있다. 어떤 일을 하기 위한 동기부여가 필요한 때도 있고(일어나 운동하러 가기) 멈춰야 할 때도 있다(남은 케익 한 조각 더 먹기). 가끔은 지겨운 일도 해내야 하고(일, 세금 납부하기) 후회할 일도 피해야 한다. 기분이 아주 좋을 때든(승진 소식 후 돈을 펑펑 쓰기) 기분이 아주 나쁠 때든(직장 상사에게 크게 대들기) 말이다. 각기 다른 상황에서 의도적 통제 능력이 어떻게 발휘되는지는 아이들마다 다르다.

우리는 보통 사람들이 늘 그런 모습을 보일 거라고 지레짐작하는 경우가 있다. 하지만 5장에서 정서성 높은 아이의 방아쇠가 특히 당겨지는 상황이 있다고 이미 언급했다. 정서성 높은 아이도 언제나 감정이 폭발적인 것은 아니다. 의도적 통제 역시 사람마다 더 어려운 영역이 다르다. 숙제를 하는 데는 아무 문제가 없지만 침대에서 뛰거나 집 안에서 달려 다니고 싶은 마음은 억누르지 못하는 아이가 있을 수 있고, 부모의 지시는 잘 따르지만 친구에게 재밌는 이야기를 하기 위해 갑자기 찻길로 뛰어드는 아이도 있을 수 있다. 의도적 통제 능력이 부족해 생기는 어려움은 다음 두 가지로 정리할 수 있다.

- 하고 싶지만 하지 말아야 하는 일을 '멈추기' 어렵다.
- 하고 싶지 않지만 해야 하는 일을 '시작하기' 어렵다.

'멈추기' 어려운 것은 생일 파티에서 장식을 무너뜨리며 이리저리 뛰어다니는 것이고, '시작하기' 어려운 것은 놀 시간이 끝나고 장난감을 치우는 것이다.

그 두 가지 어려움은 의도적 통제 능력이 낮을 경우 현재가(지금 당장 원하는 것) 미래보다(장기적으로 더 좋아질 것) 더 두드러지기 때문이다. 크리스토퍼Christopher는 파티에서 친구들과 너무 신나게 뛰어다니느라 선물이 쌓인 테이블이 넘어졌을 때 어떤 감정을 느끼게 될지 생각하지 않았다. 모든 사람이 보고 있는데 선물 상자들이 무너질 때의 당혹감이나 그 일이 일어났을 때 부모의 꾸지람은 뛰어다니는 동안 전혀 생각하지 못한 것들이었다. 이사벨라는 인형 놀이가 너무 재미있어서 저녁을 먹으러 가고 싶지 않았다.

인형을 목욕시키는 데 집중한 나머지 엄마가 기다리다 못해 방까지 와서 아직도 인형 옷이 바닥에 굴러다니는 장면에 얼마나 화를 낼지 생각하지 못했다.

물론 아이가 힘들어하는 의도적 통제 영역이 무엇인지에 상관없이 자기 통제를 도와줄 수 있는 공통적인 전략은 있다. 의도적 통제가 필요한 모든 상황에서 미래에 대해 생각하기와 이를 현재로 가져오기가 도움이 된다. 의도적 통제 능력이 높은 아이는 이를 쉽게 할 수 있지만 그렇지 않은 아이도 몇 가지 기술만 가르쳐 주면 자기 통제 능력을 키울 수 있다. 그럼 보다 자세한 전략을 살펴보도록 하자.

의도적 통제 능력이
낮은 아이를 위한 육아 전략

의도적 통제 능력을 발달시키는 핵심은 이를 더 쉽게 만드는 것이다.

의도적 통제 능력이 낮은 아이는 뜨거운 뇌가 더 활발한 편이라는 사실을 기억하라. 그들의 뇌는 '지금 여기'에 치우쳐 있다. 부모가 부를 때 오지 않거나 달리지 말라고 할 때 멈추지 못하는 것이 부모를 무시하거나 부모에게 반항하기 위해서 그러는 것은 아니라는 뜻이다. 현재에 집중하는 뜨거운 뇌가 발달되어 있고 미래의 자신에게 벌어질 결과에 대해 차분히 생각할 수 있는 차가운 뇌가 그만큼 발달하지 못한 것이다.

이를 이해하고 아이가 이를 자신에게 좋은 쪽으로 사용할 수 있도록 도와야 한다. 더 힘이 센 뜨거운 뇌가 차가운 뇌의 일을 하도록 말이다. 뜨거운 뇌에게 지금 현재의 순간보다 미래에 더 관심을 가지라고 요령껏 설득해야 한다. 마시멜로 실험을 고안한 심리학자 월터 미셸Walter Mischel의 말대로, 미래를 달구고 현재를 식혀야 한다. 의도적 통제 능력이 낮은 아이가 살고 있는 지금 여기로 미래를 가져와야 한다. 그리고 현재의 유혹을 이겨 낼 수 있는 방법을 만들어야 한다. 의도적 통제를 쉽게 만들기, 미래를 달구기, 현재를 식히기 등과 같은 자기 통제 전략에 대해 지금부터 살펴볼 것이다.

시작하기 전에 의도적 통제 능력이 낮은 아이를 키우는 부모들에게 좋은 소식이 있다. 바로 의도적 통제 능력이 낮은 아이들이 부모의 개입으로 가장 큰 도움을 받을 수 있다는 사실이다. 다시 말하면 자기 통제를 잘 못하는 아이들이 자기 통제 전략을 통해 가장 많은 개선을 보일 수 있다는 것이다. 그러니 지금부터 제시하는 방법들을 구체적으로 살펴보며 직접 아이들에게 실천해 보도록 하자.

그렇다면 노력이 필요한 일을 어떻게 더 쉽게 만들 수 있을까?

그것은 바로 자동화를 통해서다.

그리고 자동화의 핵심은 바로 **상황별 계획**이다. 의도적 통제가 어려운 이유는 우리가 무엇을 하기를 (혹은 하지 않기를) 원하는 그 순간, 뜨거운 뇌가 지배적이기 때문이다. 의도적 통제 능력이 낮은 아이들의 덜 발달된 차가운 뇌는 이성적으로 상황을 개선하기 힘들다. 하지만 상황별 계획이 차가운 뇌가 개입해야 할 필요를 없애 준다. 생각 자체를 하지 않아도 되는 상황을 만드는 것이다.

상황별 계획은 간단하다. X일 때는 Y를 한다. 자극을 인식한 뜨거운 뇌가 일을 하게 둔다. 알람이 울리면 침대에서 일어난다. 엄마가 신발을 신으라고 하면 신발을 신는다. 의도적 통제가 쉽게 무너지는 상황에서 미리 준비한 행동으로 반응한다. 그런 상황이 생길 때마다 같은 반응을 한다. 생각은 하지 않는다. 그 순간 어떤 결정도 하려고 하지 않는다. X일 때는 Y를 한다. 시간이 지나면 습관이 되면서 의식적 노력이 필요 없게 된다.

중요한 것은 정말 노력해 개선시키고 싶은 아이의 행동 몇 가지만 목표로 삼는 것이다. 상황은 무엇이든 가능하다. 내면의 방아쇠일 수도 있고(기분이 나빠지기 시작하면 혹은 기분이 너무 좋아지기 시작하면) 외부의 방아쇠일 수도 있다(엄마나 아빠가 부르면 혹은 길에서 정말 쓰다듬고 싶은 강아지를 만나면). 계획은 무엇이든 가능하고 상황에 따라 다를 것이다. 중요한 것은 부모와 자녀가 모두 수용할 수 있는 행동이어야 하고, 낮은 의도적 통제 능력으로 인한 문제를 해결할 수 있어야 한다는 것이다.

아이가 자신을 통제하기 힘들어하는 모든 상황에 필요한 계획을 만들어 줄 수 있다. 물론 한 번에 몇 가지에만 집중한다. (미안하지만) 아이가 자신을 통제하지 못해 힘들어하는 모든 상황을 한꺼번에 해결할 수는 없다. 생각하는 과정을 없애는 것이 핵심이며, 기억해야 할 상황별 계획이 2개 이상이라면 이는 아이들의 뇌에는 부담일 것이다.

아이가 힘들어하는 의도적 통제 영역의 목록부터 작성해 보라. 의도적 통제는 행동과 감정, 주의력과 관련 있기 때문에 각기 다른 방식으로 드러날 수 있다. 대부분의 상황에서 아이들은 강력한 감정을 느낄 것이다. 불안하거나 화가 날 때, 지겨울 때, 기분이 너무 좋거나 흥이 넘칠 때 자기 통제를 힘들어할 수 있다. 강력한 감정은 뜨거운 뇌를 활성화시키고 그래서 이성적으로 생각하는 능력이(즉 차가운 뇌를 사용하는 능력이) 감소하는 것도 놀라운 일은 아니다. 이는 모든 사람에게 마찬가지다. 세탁기 수리 기사가 1시간 늦게 와서 화가 났을 때 아이들에게 소리를 지른 것은 분명 내 잘못이었다. 다음의 내용은 아이들이 의도적 통제를 힘들어하는 대표적인 예시이다.

- 지겨운 일 해내기(장난감 정리하기, 집안일 하기, 양치하기, 옷 입기 등)
- 강력한 감정 관리하기(분노, 불안 등)
- 덜 재미있는 일을 위해 하던 일 멈추기(게임하다가 공부하기 등)
- 위험한 행동 하지 않기(높은 곳에서 뛰어내리기. 바다로 뛰어들기 등)
- 유혹 참기(간식 기다리기, 만지면 안 되는 것 만지지 않기 등)
- 과잉행동 하지 않기(집 안을 뛰어다니기, 신날 때 넘치는 에너지 조절하기 등)

한 번에 몇 가지만 할 수 있음을 기억하라. 그러니 부모를 가장 힘들게 하는 (아니면 가장 우려스러운) 한두 가지를 골라라. 아이가 자기 통제를 힘들어하는 영역을 알아내는 것이 전혀 어렵지 않을 수도 있고 이를 규정하는 것부터 너무 힘든 경우도 있을 것이다. 이렇게 말하는 부모들도 있다. "하지만 너무 많아서 어디서부터 손을 대야 할지 모르겠어요!" 기록하는 것이 언제나 아이의 행동을 파악하는 데 가장 좋은 방법이다. 아이가 자기 통제를 힘들어하는 영역에 대해 꾸준히 기록하면서 가장 빈번하게 일어나는 일, 가장 문제가 큰일, 혹은 위험해질 수 있는 일부터 선택해 시작하라. 기록은 휴대전화에 언제든 할 수 있을 것이다.

일단 아이가 어느 부분에서 어려움을 겪고 있는지 파악하면 그 방아쇠에 대해 아이와 같이 이야기하고 이름을 붙여라. 먼저 상황에 대해 이야기한다. 상황은 내면의 방아쇠(감정)일 수도 있고 외부의 방아쇠(사건)일 수도 있다. 다음은 몇 가지 예다.

- 알람이 울린다.
- 엄마가 부른다.
- 불공평한 일이 일어난다.
- 형제자매가 나를 화나게 한다.
- 에너지가 지나치게 넘치는 것 같다.

그러고 나서 계획을 세워라. 상황이 강력한 감정과 관련된 것이라면(분노와 불안) 계획은 차분해질 수 있는 활동으로 세워야 한다. 깊이 호흡하기, 조용하고 차분한 활동(그림 그리기나 책 읽기 등)을 위해 방으로 가기 등이 될 수 있을 것이다.

넘치는 에너지와 관련된 상황이라면 사고 없이 그 에너지를 소진할 수 있는 적절한 방법이 계획이 되어야 할 것이다. 다음은 그 예다.

- 천천히 깊은 호흡을 할 것이다.
- 방으로 가서 그림을 그릴 것이다.
- 점핑 잭 jumping jack을 할 것이다.

상황별 계획은 '시작' 행동을 포함할 수 있다. 엄마가 부르면,

손에 들고 있는 것을 내려놓고 온다. 동생이 장난감을 가져가면, 동생을 때리는 대신 엄마한테 와서 이야기한다. 양치할 시간이라고 말하면, 바로 화장실로 가서 양치를 한다. 상황별 계획에는 개선하고 싶은 점이 구체적으로 언급되어야 한다.

그리고 그 상황이 일어날 때마다 적용되어야 한다. 질문은 없다. 예외도 없다.

마지막으로 아이가 상황별 계획을 잘 따랐을 때 보상을 제공해야 한다. (의도적 통제를 가장 마지막에 살펴보는 이유가 다 있다. 앞선 내용을 모두 아우르기 때문이다.) 즉시 넘치는 보상을 제공하라. "엄마가 말하자마자 바로 가서 양치하는 모습 정말 멋졌어!"

상황별 계획을 시행하려면 아이와 함께 연습이 필요하다. 그 상황이 일어났다고 가정하고 즉시 계획대로 하는 연습을 해 보라. 그리고 보상을 제공하고 이를 반복하라. 행동을 자동으로 만들기 위해 노력하는 것임을 기억하고 몇 번이고 되풀이해 연습하라. 뇌가 상황과 계획의 관계를 새로 연결하는 데 도움이 될 것이다.

예를 들어 엄마가 부를 때 하던 일을 멈추고 바로 오는 것을 연습한다고 해 보자. 그렇다면 아이를 방으로 보내 장난감을 갖고 놀게 한 다음, 이름을 부르면 바로 달려오는 연습을 시켜라. 아이가 하게 될 행동을 과장해서 연습하는 것도 좋다. 예를 들면 인형놀이를 하다가 즉시 모든 인형을 내던지고 엄마에게 달려온다. 칼싸움을 하다가 무기를 버리고 번개 같은 속도로 엄마에게 온다.

그러면 치어리더가 된 것처럼 칭찬으로 보상하라. "와, 이렇게 빨리 달려왔네! 정말 멋지다!"

정말 화가 났을 때 다섯 번 깊게 호흡하는 것이 계획이라면 그것도 연습해 본다. 예전에 화가 났을 때와 같은 상황을 상상하고 아이에게 어떤 느낌일 것 같은지 물어라. "폭발할 것처럼 화가 계속 나는 상황이라면 어떨까?" 그리고 계획을 상기시켜 줘라. 아이가 연습을 하자마자 즉각 보상을 제공하라. 그리고 이를 재밌는 과정으로 만들어라. 뜨거운 뇌는 즐거움을 좋아하기 때문에 좋은 감정으로 상황별 계획을 연습하는 것이 그 행동을 굳히는 데 도움이 된다.

지금쯤 앞 장에서 언급했던 정서성 높은 아이를 위한 문제 해결 전략과 상황별 계획의 유사성을 파악했을 것이다. 상황별 계획은 자기 통제가 힘든 모든 상황뿐만 아니라 감정을 통제할 때에도 적용할 수 있다. 행동은 물론 주의력을 조절하는 데도 마찬가지로 효과가 좋다.

미래를 더 뜨겁게 만들기

의도적 통제 능력이 낮은 아이를 돕기 위한 또 다른 방법은 미래의 부정적인 결과를 더 즉각적으로 만드는 것이다. 아이들은 현재의 즐거움에 집중하고 있기 때문에 엄마가 말할 때 바로 장난감을 정리하거나 잠옷을 입지 않는다. 엄마가 방으로 와서 아직도 놀고 있는 모습에 화를 낼 거라는 10분 후의 미래를 생각하지 못한다. 뜨거운 뇌는 현재에 집중한다. 그렇기 때문에 아이가 미래의 결과에 대해 지금 생각할 수 있도록 도와줘야 한다. 마치 지금 일어나는 일인 것처럼 미래에 어떤 감정을 느끼게 될지 상상하게 만들어야 한다.

어른들은 미래를 쉽게 상상할 수 있다. 배우자가 와서 도와 달라고 하면, 가만히 있다가 싸우지 말라고 머릿속 목소리가 종용할 것이다. 전전두엽 피질이 하는 일이다. 차가운 뇌는 미래에 일어날 결과를 생각한다. 빨래를 미루고 드라마를 한 편 더 보고 싶어도, 내일 가족들이 신을 깨끗한 양말이 없으면 얼마나 당황스러울지 생각한다.

하지만 의도적 통제 능력이 낮은 아이들은 미래에 대한 그 복잡한 사고가 불가능하다. 그래서 부모가 미래의 결과를 지금 여기서 분명히 볼 수 있도록 도와줘야 한다. 미래의 결과와 관련된 감정을 느낄 수 있도록 해 줘야 한다. 역할 놀이가 좋은 방법이다. 역할 놀이는 어리석은 선택에 따라오는 부정적인 감정을 미리 느끼게 해 아이가 실제로 그 감정을 피하고 싶게 만들어 준다. 뜨거운 뇌를 활성화시키는 감정을 '미리 체험'해 보는 것이다.

이사벨라는 엄마가 부를 때 장난감을 내려놓고 바로 오지 못했다. 엄마는 이사벨라와 함께 그 행동을 어떻게 해결할지 이야기를 나누고 상황별 계획을 짰다. 그리고 다음과 같이 덧붙였다. "장난감을 계속 갖고 놀면 어떻게 될지 생각해 보자." 이사벨라는 아마 이렇게 말할 것이다. "엄마가 정말 화가 나겠지." "그래, 맞아. 그럼 지금 엄마가 화가 났다고 생각해 보자." 이사벨라는 장난감을 갖고 노는 척했고 엄마가 이름을 불러도 계속 놀았다(그렇게 하라고 한 대로). 엄마가 화를 내며 방으로 와 진지한 목소리로 얼마나 화가 났는지 말했고 이사벨라는 자기 행동에 책임을 져야 했다. "이사벨라! 엄마가 부를 때 가만히 있는 건 안 된다고 했지! 얼른 생각하는 의자로 가!"

이사벨라보다 조금 더 큰 아만다^{Amanda}는 엄마에게는 방에서 숙제를 한다고 말하고는 휴대전화로 게임을 하고 있었다. 엄마가 와서 그 모습을 보고 엄한 목소리로 말한다. "숙제한다고 해 놓고 게임을 하고 있었네. 숙제를 끝내기 전까지는 친구 집에 놀러 갈 수 없어." 중요한 것은 엄마의 말을 듣지 않으면 기분이 나빠질 거라는 사실을 일깨워 주는 것이다. 아이들도 그런 기분은 느끼고 싶어 하지 않는다. 아이들도 그런 결과는 싫어한다. 역할 놀이를 통해 부모는 미래의 결과를 더 사실적이고 즉각적으로 만들어 줄수 있다.

상황별 계획을 세우고 역할 놀이를 통해 이를 연습해 보는 것이 중요하다. 그리고 아이가 바람직한 반응을 보이면 엄청난 칭찬을 해 줘라. "잘했어! 엄마가 부르니까 바로 왔네!" "멋지다! 놀기 전에 숙제를 다 끝냈구나!"

하지만 이렇게 생각하는 부모도 있을 것이다. "아이에게 화를 내는 척하는 건 너무한 거 아닌가요?" 아이들도 부모가 진짜 화를 내는 것은 아니라는 사실을 다 안다. 그럼에도 불구하고 역할 놀이는 감정적 반응을 유발하고, 이는 아이가 미래의 행동을 통제하는 법을 배우는 데 도움이 된다. 실제로 누군가 화를 내는 상황보다 부모와 함께 가짜로 결과를 체험해 보는 편이 훨씬 낫다. 상황별 계획과 이를 잘 지켰을 때 부모에게 받는 보상은 긍정적인 결과로 이어진다. 뿐만 아니라 (해야 할 일을 안 해서 기분이 나빠질 때/해야 할 일을 해서 기분이 좋아질 때의) 그 정서적 대조는 선택에 따라 몹시 다른 결과가 따라올 수 있다는 사실을 강화하고, 이는 결국 아이들의 의도적 통제 능력 습득에 도움이 된다. 이는 부모가 가르쳐야 할 몹시 중요한 삶의 기술이다. 아이는 자신의 선택에 따라 삶이 달라질 수 있다는 사실을 배우고 있다. 부모가 선택을 대신해 줄 수는 없지만(하고 싶은 마음은 굴뚝같지만) 아이들이 좋은 선택을 하도록 이끌어 줄 수는 있다.

현재를 더 차갑게 만들기

의도적 통제 능력의 습득을 위한 또 다른 방법은 지금 이 순간을 통제가 필요하지 않은 상황으로 만드는 것이다. 다음은 이를 위한 네 가지 방법이다.

1. 유혹을 제거하라

많은 부모가 아이들은 물론 스스로에게도 적용하는 방법이다. 주변의 방아쇠를 최대한 없애는 것이다. 예를 들면 나는 감자칩을 한번 뜯으면 다 먹을 때까지 멈출 수 없기 때문에 집에 감자칩을 사다 놓지 않는다. 아이가 보면 달라고 조를 게 뻔하기 때문에 훤히 보이는 유리병에 쿠키를 담아 두지 않는다. 아이가 놀이터에서 놀다 가자고 조를 게 분명한데 시간이 없으면 놀이터를 지나지 않는 다른 길로 간다. 눈앞에 멋진 유혹이 있는데 이를 참는 것은 정말 어렵다. 의도적 통제 능력이 낮은 사람에게는 특히 그렇다. 유혹을 없애는 것이 자기 통제 노력을 줄이는 가장 쉬운 방법이겠지만 이는 특정 상황에서만 유용할 수 있다. 가끔은 감자칩이 산더미처럼 쌓여 있는 파티에 가기도 할 테니 말이다. 아이 역시 스스로 통제할 수 없는 그와 같은 환경을 마주할 것이다. 그러니 궁극적으로 아이의 자기 통제 근육을 키워 줘야 한다.

2. 주의를 환기하라

유혹을 없앨 수 없다면 주의를 환기하는 방법도 있다. 나도 아이들에게 많이 쓰는 방법이다. 아이들이 무언가를 달라고 조르기 시작하면 나는 이렇게 말한다. "오, 여기 봐. 분필이 있네! 우리 나가서 바닥에 그림 그리자!" 다른 것으로 관심 돌리기는 아직 상황별 계획을 따르기 힘든 어린아이들에게 특히 유용하다. 상황을 피할 수 없을 때 보통 가장 적용하기 쉬운 해결책이기도 하다.

3. '벽 위의 파리' 연습을 하라

한발 물러나 자기 감정을 관찰하는 것은 스트레스를 완화하고 행복을 증진시키는 많은 테라피의 핵심이기도 하다. 다양한 심리적 문제를 효과적으로 해결하는 인지행동요법이나 긍정적인 점이 셀 수 없는 명상에서도 마찬가지다. 강력한 감정에서 빠져나와 이를 객관적으로 바라보는 것은 처리하기 힘든 그 강렬한 감정의 직접성을 이겨 내는 데 도움이 된다.

아이들 역시 처리하기 힘든 강렬한 감정을 겪는다. 그 감정에서 빠져나와 상황을 바라보게 만드는 것은 감정을 다루고 의도적 통제 능력을 키우는 데 도움이 된다. 아이에게 벽에 앉아 있는 파리가 되어 상황을 관찰하자고 해 보라. 상황이 벌어지는 순간에는 도움이 되지 않겠지만 이미 벌어진 상황을 '정리'하는 데는 좋을 것이다. 예를 들면 시작은 다음과 같다.

부모   어젯밤에 잠잘 준비를 하면서 왜 둘 다 목소리가 높아졌는지 생각해 볼까? 자, 네가 벽에 붙은 파리라고 생각해 봐. 파리 눈에 뭐가 보이는지 말해 줄래?

대화를 잘 이끌어 주어라. 정답은 없지만 중요한 것은 아이가

대표 기질 요소 Ⅲ. 의도적 통제

자신의 행동과 감정을 객관적으로 느껴 보는 것이다.

부모	파리가 보기에 너는 무엇을 하고 있어?
아이	장난감을 갖고 놀고 있어요.
부모	엄마는 뭘 하고 있지?
아이	저한테 잠옷을 입으라고 말해요.
부모	그다음에 파리가 본 건 뭘까?
아이	(소심하게 웃으며) 내가 아직도 장난감을 갖고 놀고 있어요.
부모	그래서 어떻게 되었지?
아이	엄마가 제 방으로 왔어요.
부모	그리고 파리가 본 엄마 행동은 무엇이었어?
아이	큰 소리로 말했어요!
부모	파리 눈에 엄마 기분은 어때 보였을까?
아이	화가 났어요.
부모	왜 엄마가 화가 났을까?
아이	엄마가 하라는 대로 안 해서요.
부모	파리가 그다음에 본 것은 뭘까?
아이	나도 엄마에게 소리를 질렀어요.

대화에 유머를 불어넣을 수도 있다. "와, 파리가 앉을 자리를 정말 잘못 골랐구나. 귀가 얼마나 시끄러웠을까!"

벽 위의 파리 연습의 핵심은 아이가 자기 생각에만 머물지 않고 균형 잡힌 시각으로 바라볼 수 있도록 돕는 것이다. 양측 모두의 행동과 감정을 살피도록 돕는 것이다. 연구에 따르면 한발 물러나 제3자의 입장에서 상황을 관찰할 때 아이들은 (그리고 성인들도) 분노와 상처를 더 잘 극복했다. 더 쉽게 이를 정리하고 넘어갈 수 있었다. 다양한 배경이나 성별에 관계없이 모든 아이들이 마찬가지였다. 균형감은 누구에게나 도움이 된다.

4. 바로 차분해질 수 있는 전략을 준비하라

아이는 그럴 기분이 아닐 수도 있지만 의도적 통제가 필요할 때 바로 차분해질 수 있는 전략을 준비해 놓는 것은 좋다. 부모에게도 그런 전략이 필요하고 아이들도 마찬가지다. 의도적 통제가 필요한 순간이 온다고 느낄 때 아이들이 쉽게 활용할 수 있는 방법을 마련하라. 이는 아이들의 상황별 계획이 될 수도 있다. 깊이 호흡하기, 열까지 세기, 주먹 꽉 쥐기, 쉬는 시간 요청하기, 안정이 되는 조용한 활동 하기(책 읽기, 색칠하기, 음악 듣기) 등도 다시 통제력을 회복하는 데 도움이 된다. 아이에게 어울리는 방법을 찾아줘라. 내 아들은 화가 줄어들기는커녕 더 난다고 주먹 꽉 쥐기를 싫어했고, 방으로 가서 침대에 혼자 앉아 있는 것이 더 차분해지거나 자신을 통제하는 데 훨씬 도움이 된다고 했다.

부모가 할 수 있는 여덟 가지 다른 일들

지금까지 아이가 자기 통제에 어려움을 겪는 특정한 영역에서 부모가 도와줄 수 있는 구체적인 전략들에 대해 살펴보았다. 하지만 더 전반적인 영역에서 아이들이 자기 행동을 통제할 수 있도록 도움을 주는 방법도 있다.

1. 잘 먹고 잘 자며 컨디션을 유지하도록 도와라

누구나 피곤하거나 배가 고프면 자기 통제 능력이 떨어진다. 아이도 어른도 마찬가지다. 우리 모두 알고 있는 단순한 사실이지만 그래서 종종 간과되기도 한다. 건강한 식습관과 수면 습관은 우리를 최상의 상태로 이끈다. 정해진 시간에 자고 일어나는 것, 저녁 루틴을 만들어 지키는 것, 잠자리에 들기 전에 자극적인 활동이나 영상 시청을 피하는 것은 모두 아이들이 충분히 쉬고 일어나 가장 멋진 모습을 보여 주는 데 도움이 된다. 다들 쇼핑에 지쳐 있을 때 마지막 쇼핑 목록 하나를 과감히 포기하는 것, 끼니를 잘 챙기는 것, 비상시를 위해 차 안에 건강한 간식을 챙겨 놓는 것 등 (내 트렁크에는 늘 간식이 가득 구비되어 있는데 대부분 나를 위한 것들이다) 일상을 부드럽게 만들 수 있는 방법은 많다.

2. 스트레스 관리를 도와라

스트레스는 뇌 발달에 엄청난 영향을 끼친다. 스트레스는 뜨거운 뇌를 활성화시켜 우리를 투쟁-도피 반응 상태로 유도한다. 스트레스에 지속적으로 노출되는 아이들은 뜨거운 뇌가 경계 태세로 지나치게 활성화되어 있다. 이런 상태에서는 충동을 조절하고 행동을 통제하는 법을 배우기 힘들다. 세상이 예측 불가능하고 위험하다고 느낄 때 뜨거운 뇌가 전면에 나서는 것은 진화의 법칙이다.

그러므로 부모가 할 수 있는 중요한 일 중 하나는 아이들이 안전하게 보호받고 사랑받고 있다고 느끼게 만들어 주는 것이다. 부모가 통제할 수 있는 범위 내에서 세상은 예측 가능하고 안정적이라고 느낄 수 있도록 도와줘야 한다. 가족 내 불화나 폭력, 믿을 수 없는 어른이나 위험한 이웃 등은 아이가 생각하고 계획을 세우는 능력을 키우기 어렵게 만들고 지금 여기에만 관심을 기울이게 만든다. 아이들은 그런 만성적인 스트레스 원인을 없애 줘야만 잘 자랄 수 있다.

3. 자율성을 장려하라

스트레스를 줄여 준다는 것이 아이의 모든 환경을 통제해야 한다는 뜻은 아니다. 사실 아이를 너무 보호하는 것도 의도적 통제 능력을 키우는 데 방해가 된다. 부모는 아이의 자율성을 지지하고 격려해야 한다. 아이들은 이것저것 해 보고 그 결과를 통해 배우면서 의도적 통제 기술을 습득한다. 중간고사를 보는 것처럼 자기 통제 역시 부모가 대신해 줄 수 없다. 아이들이 스스로 배워야 한다. 게다가 의도적 통제 기술은 중간고사보다 아이의 삶에 훨씬 큰 영향을 끼칠 것이다! 그러니 아이들에게 의도적 통제 기술을 익히고 연습할 기회를 제공하라. 늘 잘 배우기만 하지는 않겠지만 점차 나아질 것이다.

아이가 숙제를 하기 전에 게임을 해도 되는지 묻는다고 해 보자. 부모는 아이가 게임을 하다가 공부할 수 있는 상태로 금방 돌아올 것 같지 않다. 하지만 시도해 보라고 해야 의도적 통제 기술을 연습할 수 있다. 아이에게 최소한의 기회를 줌으로써 경계를 설정할 때 생길 수 있는 반발과 말싸움, 억울함을 피할 수 있다. 그리고 아이는 스스로 잘 대처하지 못했을 때 그 부분에서 더 노력이 필요함을 깨달을 것이다. 이는 자기 통제에 관한 대화의 기회가 되어 줄 수도 있다.

4. 당연한 결과를 수용하게 하라

아이들은 선택의 결과를 직접 경험하며 자기 통제를 배울 수 있다. 아이를 보호해야 하는 부모에게는 쉽지 않을 수 있다. 하지만 부정적인 결과로부터 아이들을 보호하는 것은 장기적으로 아이들에게 해가 된다. 자기 행동과 그로 인한 결과 사이의 인과관계를 아이가 배우지 못하기 때문이다. 아이가 아침에 게으름을 피우다가 준비물을 잊고 학교에 가면 갖다 주지 말라. 준비물 없이 하루를 보낸다고 세상이 끝나는 것도 아니고, 그 불편함을 경험해 봐야 나중에 더 준비물을 잘 챙길 수 있다. 아이들도 자신의 선택에 따라 결과가 달라질 수 있다는 사실을 배워야 한다. 좋은 선택은 좋은 결과로 이어지고 나쁜 선택은 나쁜 결과로 이어진다는 사실을 배워야 한다. 아이가 (좋은 행동에서든 나쁜 행동에서든) 그 관계를 파악할 수 있는 기회를 가로막지 말라. 자신의 선택이 결과에 영향을 끼칠 수 있다는 사실을 깨달을 수 있도록 말이다.

5. 나서서 수습할 때를 파악하라

아이의 의도적 통제 능력이 너무 낮아 문제가 발생하는 일도 분명 있으며 그럴 때는 그냥 내버려 두면 안 된다. 아이의 의도적 통제가 특정 영역에서 문제로 이어질 수 있다면 이를 파악하고 그로 인한 부수적 피해를 최소화하는 방법을 준비해야 한다. 수영장 주변에 울타리를 설치하고 바닷가에서 노는 세 살 아이한테 눈을 떼지 않는 이유도 바로 그 때문이다. 어린아이들은(혹은 의도적 통제 능력이 낮은 아이들은) 좋은 선택을 내리는 데 필요한 자기 통제가 없다(바다로 뛰어들기 전에 수영할 수 없다는 생각을 하지 못한다). 부모의 역할은 아이들을 보호하는 것이지 아이가 어려움에 잘 대처하리라고 섣불리 기대하는 것이 아니다. 목숨을 위협하지 않는 사소한 영역에 있어서도 마찬가지다.

나의 발달심리학 동료 교수는 딸이 12개월 정도에 음식만 주면 던졌다고 했다. 아직 충동을 억제할 만큼 자라지 못했다는 사실을 아는 가족들은 식탁을 구석으로 옮겨 천으로 된 가구들을 사정거리 밖으로 내보낸 후 천천히 음식을 던지지 않는 연습을 시켰다고 했다.

6. 의도적 통제의 예를 제공하라

아이들은 관찰을 통해 배우고 여전히 의도적 통제 능력이 발달하고 있는 뇌를 갖고 있기 때문에, (다른 아이들보다 의도적 통제 능력이 빨리 발달하는 아이도 분명 있다. 운 좋은 엄마들이여!) 의도적 통제 습득을 도와줄 수 있는 방법은 아주 많다. '아이들을 위한 자기 통제'를 검색하면 관련 동화책이 수십 권도 넘게 있을 것이다. 자기 통제 능력이 높거나 낮은 아이들이 등장하는 이야기를 직접 만들어 들려주는 것도 좋다. 마시멜로 실험을 고안한 심리학자 월터 미셸의 자문을 받아 제작된 2013년과 2014년 시즌의 「새서미 스트리트Sesame Street」는 쿠키를 먹고 싶지만 참는 쿠키 몬스터를 통해 자기 통제를 배울 수 있는 내용이었다. 아이들은 생생한 이야기를 통해 자신이 선택한 행동과 그 결과의 관련성을 천천히 배워나갈 수 있을 것이다.

7. 놀이로 의도적 통제를 연습하라

아이들을 위한 유명한 게임도 자기 통제 능력을 키우는 데 도움이 된다. '무궁화 꽃이 피었습니다' 역시 그렇다. 아이들은 술래가 '무궁화 꽃이 피었습니다'라고 말하는 동안에만 움직일 수 있고 말이 끝나면 멈춰야 한다. 말이 끝나도 여전히 움직이는 아이들은 탈락이다. '사이먼이 말해요Simon Says'는 사이먼을 맡은 아이가 말한 대로 행동하는 게임이다('사이먼이 코를 만지라고 말해요' '사이먼이 한 발로 뛰라고 말해요' 등이다). 하지만 '사이먼이 말해요'를 빼고 그냥 '코를 만져요' 라고 말하면 그대로 있어야 한다. 이런 놀이를 통해 아이들은 충동을 억제하는 연습을 할 수 있다. 그리고 더 좋은 점은? 자기 통제를 연습하고 있다는 사실도 모를 만큼 재미있다는 것이다!

8. 의도적 통제의 모범을 보여라

아이들은 관찰을 통해서도 의도적 통제에 대해 많이 배우며, 아이들이 가장 많이 관찰하는 사람은 바로 부모다. 아이가 열 받게 할 때 우리의 반응은 어떤가? 감정이 폭발해 뜨거운 뇌가 활성화되면 충분히 생각하지 않고 반응적으로 행동하게 된다. 아이들처럼 부모들 역시 타고난 의도적 통제 수준이 다르다. 부모가 어느 영역에서 의도적 통제가 더 힘들었는지 살펴보는 것도 중요하다. 특히 아이와 관련되어 있는 부모의 방아쇠를 생각해 보라. 아이가 자신의 의도적 통제 능력을 시험하는 상황에서 어떻게 반응할지 미리 계획을 세워 놓는 것도 좋다. 앞에서 살펴본 모든 기술은 아이들뿐만 아니라 성인들에게도 효과가 있다. 상황별 계획, 바로 차분해질 수 있는 전략, 감정에서 한발 물러나기 등은 모두 더 차분하고 현명한 부모가 될 수 있도록 도와주는 방법들이다.

솔직히 말하면 나도 아들 앞에서 뜨거운 뇌가 앞서도록 내버려 둔 적이 많다. 누구나 의도적 통제 능력을 발휘하기 힘든 순간이 있다. 최근에 친한 친구는 밤이 되어서야 딸이 그날 해야 할 숙제를 하나도 안 했다는 사실을 발견했다고 한다. 분명 다 했는데 숙제가 없어졌다는 말도 안 되는 변명을 듣고 친구는 결국 폭발해 이렇게 외쳤다고 한다. "망할 놈의 숙제를 당장 해서 가져오라고!"

아무리 멋진 모습을 보이고 싶어도 누구나 가끔은 실패한다. 삶이 원래 그런 것이며 이는 아이도 배워야 할 중요한 교훈이다. 통제력을 잃고 폭발했다면 아이에게 솔직해 말하라. (차분해진 다음에) 아이가 통제력을 잃었을 때 같이 이야기를 나누듯 왜 그랬는지 이야기하라. 우리 모두 실수를 하며 그럴 때는 사과를 하고 나중에 더 잘하기 위해 노력하면 된다는 사실을 알려 줄 좋은 기회다. 아이가 배우길 바라는 의도적 통제를 부모가 직접 배워 가는 모습을 보여 줄 수 있을 것이다.

의도적 통제에 관한 몇 가지 통찰

아이가 과하게 자신을 통제한다면

일반적으로 의도적 통제는 좋은 것이다. 앞에서도 말했듯이 삶의 다양한 긍정적 결과와 관련이 있다. 하지만 의도적 통제 능력이 매우 높은 아이는 가끔 자신을 '과하게 통제'할 수 있다. 너무 조심성이 많고 어떤 위험도 감수하려 하지 않을 수 있다. 융통성이 없고 경직될 수 있다. 계획에 변화가 생길 때 문제를 겪을 수 있고 자기만큼 규칙을 중시하지 않는 다른 아이들과 마찰을 일으켜 또래 관계에 문제가 생길 수도 있다.

의도적 통제 능력이 너무 높아 이런 모습을 보이는 아이들을 도울 수 있는 방법도 있다. 조심성 많은 아이에게는 새로운 것을 시도해 보라고 부드럽게 격려하라. 익숙한 영역에서 조금씩 빠져나오는 것을 칭찬하라. 융통성이 없어서 문제가 된다면 5장에서 언급했던 정서성 관련 문제 해결 전략을 사용할 수 있다. 자기만큼 통제력이 높지 않은 아이들 때문에 불만이 많다면 이를 위험을 추구하는 정도 등의 개인차에 대해, 모든 성격에는 장단점이 있다는 점에 대해 이야기 나눌 수 있는 기회로 활용하라. 각 성격의 장단점을 부모와 함께 이야기하면서 아이들은 각자의 고유한 존재 방식을 더 잘 이해할 수 있을 것이다.

의도적 통제는 꼭 필요할까?

여기까지 읽었다면 이렇게 생각할지도 모르겠다. "하지만 그냥 하고 싶은 대로 하는 게 그렇게 나쁜 일이야? 카르페 디엠carpe diem! 현재를 즐기라는 말도 있잖아!"

눈앞에 있는 기회를 활용하는 것이 더 나은 상황도 존재하긴 한다. 환경이 예측 불가능할 때, 미래의 보상에 대한 약속이 지켜질지 불확실할 때는 내 손에 이미 들어온 그 새를 잡는 것이 좋다.

기회를 잡는 것이 득이 되는 경우도 분명 있다. 최고 경영자나 리더의 지위에 있는 사람은 위험을 감수하는 면에서 더 충동성이 높은 편이었다. 하지만 너무 큰 위험 감수는 막대한 피해로 이어질 수 있다. 그 순간 옳다는 느낌을 바로 따르는 것은 우리를 많은 문제로 이끈다. 약물과 도박 중독, 피임 없는 섹스로 이어지거나 감자칩 한 봉지를 다 먹게 된다. 그 순간 원하는 일은 장기적으로 좋은 일이 아닌 경우가 많다. 그러니 어느 정도 위험을 감수하며 기회를 잡는 것은 좋으나, 적절한 균형을 찾고 예측된 위험을 감수해야 한다. 그래서 의도적 통제가 필요하다. 의도적 통제로 위험을 조절하면서 위험 감수를 통해 얻을 수 있는 장점은 누릴 수 있다.

성별 차이

지금까지 성별 차이에 대해서는 많이 언급하지 않았다. 대부분의 기질에 성별 차이가 별로 없기 때문이다. 하지만 의도적 통제 능력은 예외다. 여자아이들은 남자아이들보다 의도적 통제 능력이 훨씬 높다(아들이 있는 엄마들은 당연히 들어 봤던 말일 것이다!). 학교에서도 여학생들이 더 집중력이 좋고 규칙을 잘 따르며 통제력이 높다는 사실이 지속적으로 드러난다. 더 오래 앉아서 공부할 수 있고 과제 완성도 역시 높다.

충동 억제와 관련된 장애(아동의 ADHD나 공격성, 성인의 약물 남용 문제 등) 또한 여학생들보다 남학생들이 더 높다. 이와 같은 차이가 생물학적 차이인지 사회적 차이인지는 확실하지 않다. 대부분의 경우처럼 두 가지 모두의 조합일 것이다. 여학생이 남학생보다 평균적으로 의도적 통제 능력이 높다고 해도 성별에 상관없이 모든 사람의 행동은 종형 분포를 보이기 때문에 대다수가 중간에 속하지만 어느 성별이든 양극단에 존재하는 사람은 있다.

259

아이의 뇌는 아직 자라고 있다

모든 아이는 자신을 통제하기 힘들어한다. 동생을 때리지 않겠다고 약속하자마자 동생을 때린다. 장난감을 정리하라는 부모의 말을 무시한 채 계속 갖고 논다. 집 안에서 공을 차 새로 산 램프를 깨트린다. 통제력 부족으로 인한 그런 일들이 아마 모든 부모를 가장 미치게 만들 것이다.

대표 기질 요소 Ⅲ. 의도적 통제

그것이 그렇게 화가 나는 이유는 아이들이 그러지 않을 수 있으면서 일부러 그런다고 느껴지기 때문이다. "동생은 때리면 안 돼요" "무엇이든 나눠 먹을게요"라고 말한 다음 돌아서자마자 그런 행동을 했을 테니 말이다. 이는 뇌 발달에 대한 연구 결과와 달리, 부모들이 아이의 의도적 통제 능력이 더 높다고 믿는 기대 차이에서 기인한다. 다시 말하면 아이가 부모 앞에서 규칙을 고분고분 읊을 수 있다고 그 규칙을 그대로 지킬 수 있다는 뜻은 아니라는 말이다. 아이들의 뜨거운 뇌는 최대로 작동하고 있지만 차가운 뇌는 아직 갈 길이 멀다. 그 차이 때문에 충동을 억제하기 힘든 것이다. 게다가 아이들 개개인의 뇌는 독특한 유전자 코드에 따라 각기 다르게 연결되어 있다. 의도적 통제 능력이 낮은 아이는 평생 뜨거운 뇌가 더 힘을 발휘할 것이다.

지금까지 아이들의 의도적 통제 능력을 높여 줄 수 있는 전략들에 대해 살펴보았지만 그것이 모든 문제를 해결해 주지는 않을 것이다. 중요한 영역에 대해서는 상황별 계획이 도움이 되겠지만 우리는 수천 년 동안 이어져 내려온 진화 프로그램과 싸우고 있다. 아이들의 뇌는 지금 여기에 반응할 수밖에 없고 의도적 통제 능력이 낮은 아이들은 특히 더 그럴 것이다. 행동을 완전히 몸에 익히는 것은 시간이 걸리는 일이며 의도적 통제 능력이 높아졌다고 해도 언제든 실수는 할 수 있다.

그때가 바로 부모 역시 의도적 통제를 연습해야 할 때다. 깊이 호흡하며 아이들의 뇌는 아직 발달 중이라는 사실을 떠올려라. 일부러 그러는 것이 아니라 뇌가 아직 덜 자랐기 때문에 그렇다는 사실이 부모를 바로 진정시켜 주는 전략이 될 것이다. 자리에 앉아 있으라고 계속 말해도 벌써 열 번째 의자에서 내려가는 아들 앞에서 내가 맨 정신을 유지하는 데는 분명 도움이 되었다. 또한 잔소리를 하거나 소리를 지르는 것이 의도적 통제를 가르치는 데 전혀 효과가 없는 이유이기도 할 것이다. 그런다고 아이들의 뇌가 더 빨리 자라는 것도 아니고, 그래서 못하는 행동에 벌을 주면 자신에 대해 나쁜 생각만 갖게 될 것이다. 그런 아이들이 의도적 통제 능력을 발휘할 수 있도록 지속적으로 도와주어야 한다. 부모의 의도적 통제를 한계까지 밀어붙이더라도 말이다!

- 의도적 통제는 자신의 행동과 감정, 주의력을 통제할 수 있는 능력이다. 유전의 영향을 받으며 발달 초기부터 그 차이가 드러나지만 부모가 영향을 끼치기 쉬운 영역이기도 하다.

- 행동을 의도적으로 통제할 수 있는 능력은 뇌의 두 가지 핵심 영역인 뜨거운 뇌(변연계)와 차가운 뇌(전전두엽 피질)의 발달과 관련이 있다. 뜨거운 뇌는 지금 여기에 집중하고 차가운 뇌는 의사 결정과 계획 수립에 관여한다.

- 차가운 뇌는 발달에 시간이 걸린다. 아이들의 자기 통제가 힘든 것도 바로 그 때문이다. 의도적 통제 능력이 낮은 아이는 성인이 되어서도 뜨거운 뇌가 지속적으로 더 큰 영향을 끼치는 편이다.

- 상황별 계획, 역할 놀이, 바로 차분해질 수 있는 전략 등이 아이의 의도적 통제 능력 습득에 도움이 될 것이다.

- 아이가 반항하는 것이 아니라 지금 여기에 집중하고 있는 것뿐이라는 사실을 기억하면 부모로서 더 인내심을 발휘할 수 있을 것이다. (의도적 통제 또한 연습할 수 있을 것이다!)

The Child Code
7장

더 나은 육아를 위해
모두가 함께할 일

지금쯤이면 아이가 타고난 기질과 아이의 뇌가 작용하는 방식에 대해 충분히 이해했을 것이다. 자신이 타고난 기질과 뇌의 작용 방식에 대해서도 마찬가지다. 그리고 이 지식을 토대로 아이가 최고의 모습으로 자라는 데 필요한 것을 제공하고 가정 내 불필요한 스트레스와 불화를 줄이는 조화의 적합성을 만드는 법을 알게 되었을 것이다.

하지만 아이의 삶에는 엄마나 아빠 말고도 중요한 사람들이 있다. 아이 인생의 다른 중요한 어른들, 즉 공동 양육자나 돌봄 선생님, 조부모나 다양한 기관의 교사들 역시 조화의 적합성을 만드는 역할을 한다. 그들 역시 육아에 대해, 아이의 훈육과 교육에 대해 각자의 생각이 있을 것이다. 7장에서는 아이를 위한 조화의 적합성을 만들기 위해 아이 인생의 다른 중요한 성인들과 서로 다른 양육 방식에 대해 어떻게 이야기를 나누어야 할지 살펴볼 것이다.

먼저 아이를 직접 함께 양육하는 공동 양육자와 나눌 수 있는 대화에 대해 살펴보고, 그다음으로 특히 학교에서 교사들과 어떻게 힘을 모을 수 있는지 살펴볼 것이다. 후자의 내용은 돌봄 선생님이나 잠시 아이를 돌보는 사람에게도 적용 가능할 것이다.

공동 양육의 방향 찾기

결혼을 했다면 당신의 배우자는 매일 아이와 씨름하거나 아이를 훈육하는 데 중요한 역할을 할 것이다. 그리고 평범한 부부라면 육아 철학이 정확히 똑같지는 않을 것이다. 이혼을 했거나 결혼을 하지 않았다면 육아 철학에 대한 조율이 더 어려울 수도 있다. 부모 이외의 다른 성인이 함께 거주하거나 대가족인 경우 조부모를 비롯한 다른 가족 구성원 또한 육아에 어느 정도 영향을 끼친다. 7장에서 나는 아이를 양육하는 데 참여하는 모든 성인을 **공동 양육자**라고 칭할 것이다.

그렇다면 아이의 삶에 중요한 다른 성인과 육아에 대한 의견이 몹시 다를 때 어떻게 해야 할까? 어쩌면 상대는 엄격한 훈육을 통해 자랐거나 아이에게 필요한 육아를 제공하는 새로운 흐름이 너무 감상적이라고 생각할지도 모른다. 육아의 '정답'을 확신하고 있거나 아이의 기질에 맞춰야 한다는 생각에 동의하지 않을 수도 있다. (그들에게는 우선 이 책부터 권해 보길 바란다.) 정서성 높은 아이가 소란을 피울 때 더 엄하게 가르쳐야 한다고 생각하거나 규칙이 없으니 아이가 받아들일 수 없는 행동을 한다고 생각할지도 모른다. 나는 상대가 너무 허용적이라고 생각하고 상대는 내가 너무 엄하거나 융통성 없다고 생각하는 것도 흔한 일이다. 그렇다면 가정 내 또 다른 스트레스의 원인이 될 수 있는 그와 같은 차이를 어떻게 극복해야 할까?

우선 한발 물러나 양육 방식에 대한 연구에 대해 잠시 살펴보자.

자신의 양육 방식 이해하기

심리학자들은 양육 방식이 두 가지 주요 영역에 따라 나뉜다고 말한다. (반응을 포함하는) 애정과 (강제성과 엄격함을 아우르는) 통제다. 두 영역 모두 연속선상에 존재하며 부모들은 연속선 위의 어디에도 위치할 수 있다. 그에 따라 네 가지 서로 다른 양육 방식이 만들어진다. 바로 '권위적/허용적/방임적/독재적' 양육 방식이다.

권위적인 부모는 애정이 넘치고 요구하는 것도 많다. 명확한 기준이 있고 기대가 높으며 그 기대에 대해 따뜻하게 소통한다. 규칙을 정하고 그 규칙을 만든 이유를 설명한다. 목표를 향한 노력을 장려한다. 허용적인 부모는 애정은 있지만 최소한의 가이드나 지시만 제공한다. 규칙은 더 적고 규칙을 깼을 때도 더 관대하다.

아이와 친구가 되고 싶어 하는 경향이 있으며 엄격하지 않고 아이
가 무엇이든 스스로 해결하게 하는 편이다. 애정은 있지만 아이에
게 큰 기대는 하지 않는다. 독재적인 부모는 권위적인 부모처럼 요
구하는 것은 많지만 애정은 없다. 엄격한 규칙을 정하고 이를 강
제하며 아이가 의견을 개진할 여지는 거의 없다. 규칙에는 융통성
이 없고 규칙을 어기면 벌을 받는다. 아이는 협상의 대상이 아니
라고 생각한다. 의사소통은 일방적이며 아이가 질문 없이 규칙을

따르길 원한다. 애정이 부족하다. 방임적인 부모는 애정이 부족하고 요구하는 것도 없다. 아이가 하고 싶은 것을 하게 내버려 둔다. 의사소통도 없고 규칙과 기대도 없다. 아이는 부모의 우선순위가 아닐 수 있으며, 극단적일 경우 방치로 이어진다.

그렇다면 이와 같은 양육 방식이 각기 어떻게 드러나는지 예를 통해 살펴보자. 다섯 살 에단^{Ethan}은 엄마와 쇼핑을 하고 있다. 그런데 쇼핑이 너무 길어져 짜증이 났고 그래서 바닥에 우유를 던졌다. 서로 다른 양육 방식의 부모는 각기 이렇게 반응할 것이다.

권위적인 부모　(단호하지만 부드러운 목소리로) 에단, 쇼핑하기 싫은 거 알아. 하지만 장을 봐야 집에 가서 저녁밥을 해 먹을 수 있어. 물건을 던지는 것에 대해 우리 어떻게 이야기했지? 화가 났다고 물건을 던지면 안돼. 자, 이제 바닥에 흘린 우유를 어떻게 해야 할까?

허용적인 부모　(장난스러운 표정으로) 에단, 물건은 던지는 거 아니야. 하지만 쇼핑이 지겹긴 하지? 빨리 끝내고 집에 가서 밥 먹자.

독재적인 부모　(목소리를 높여 엄격하게) 에단, 그런 행동하면 못써! 집에 가자마자 방에 들어가 있어. 간식은 없어!

방임적인 부모　(에단이 우유를 던지는 것을 보지 못한다.)

10년 후로 날아가 보자. 또 다른 시나리오다. 열다섯 살 에단이 밤 12시가 넘어 집에 왔다.

권위적인 부모	에단, 집에 적어도 12시까지는 들어와야 한다고 이야기했지? 어떤 이유로든 30분이나 늦으면 안 돼. 이미 이야기한 대로 늦게 오면 다음 날에는 친구들과 놀 수 없어. 다음에는 어떻게 시간을 더 잘 지킬 수 있을지 이야기해 보자.
허용적인 부모	에단, 다음번에는 늦지 않도록 노력하자.
독재적인 부모	(목소리를 높여) 에단, 늦지 말라고 했지! 생각이 있어, 없어? 말을 하면 들어! 당분간 외출 금지야.
방임적인 부모	(통금이 없다.)

위의 시나리오를 읽으며 아마 자신의 양육 방식을 발견했을 것이다. 모든 영역에 조금씩 해당되겠지만 그중 가장 비슷한 한 가지는 있을 것이다. 상황에 따라, 아이에 따라, 아이의 성장 시기에 따라 서로 다른 양육 방식을 적용할 수도 있다. 1장에서 말했듯이 아이의 행동이 부모의 반응을 유도하기도 하니까 말이다. 예를 들면 정서성 높은 아이의 부모는 아이의 나쁜 행동을 억제하기 위해 독재적인 방식을 시도할 수 있다. 그러다 전혀 효과가 없는 것 같아 포기하면서 점차 허용적인 방식으로 변할 것이다.

아이의 성장에 가장 도움이 된다고 여겨지는 것은 권위적인 양육 방식이다. 권위적인 부모는 적절한 경계와 한계를 지어 주면서도 아이가 스스로 생각하고 실수에서 배울 수 있는 능력을 키워 준다. 애정이 있으면서도 적당히 통제하는 권위적인 양육 방식은 학업 능력과 사회성을 높이고 공격성과 불안, 우울은 낮추는 등 아이의 긍정적인 모습과 관련이 있다고 많은 연구에서 드러났다.

권위적인 부모의 반응이 아동 발달에 특히 도움이 되는 이유를 더 자세히 살펴보자.

| 권위적인 부모의 반응 설명 |

반응	설명
에단, 쇼핑하기 싫은 거 알아.	아이의 감정을 인지하고 공감한다.
하지만 장을 봐야 집에 가서 저녁밥을 해 먹을 수 있어.	해야 할 일을 다시 말해 주고 그 일이 필요한 이유를 설명한다.
물건을 던지는 것에 대해 우리 어떻게 이야기했지? 화가 났다고 물건을 던지면 안 돼.	이 문제에 대해 이야기한 적이 있음을 상기시키고 규칙이 무엇인지 다시 확인한다.
자, 이제 바닥에 흘린 우유를 어떻게 해야 할까?	비난의 어조 없이 아이가 행동에 책임을 지고 이를 바로잡을 수 있게 한다. 나쁜 아이로 대하지 않고 그저 실수한 것으로 대한다. 그리고 그 실수에 대한 해결책을 아이와 함께 찾아본다.

물론 아이가 마트에서 우유를 던졌을 때 어떻게 대처했는지가 육아의 성패를 좌우하지는 않는다. 그리고 부모도 언제나 상태가 좋은 것만은 아닐 것이다. 끊임없이 짜증을 내면서 나를 괴롭히는 아이에게 나는 결국 이렇게 말한 적도 있다. "내가 엄마고, 엄마가 그렇게 말했으니까!"(권위적인 부모의 멋진 모습과는 정반대였다.) 하지만 권위적인 양육 방식을 지속적으로 적용하는 것이 아이의 삶에 긍정적인 영향을 끼친다는 사실은 많은 연구가 입증한다.

전부 부모의 손에 달린 것은 아니다

하지만 한 가지 기억해야 할 점이 있다. 부모의 양육 방식은 유전의 영향을 받은 각자의 기질에 따라 달라진다. 육아에 참여하는 모든 이들도 마찬가지다. 기질은 부모의 양육 방식을 바라보는 아이의 관점에도 영향을 끼치고, 공동 양육자들이 서로의 양육 방식을 바라보는 관점에도 영향을 끼친다. 부모가 타고난 기질은 아이의 행동을 바라보는 방식, 특정한 행동을 문제로 여기는지의 여부에도 영향을 끼친다.

그 차이들에 대해 더 자세히 살펴보자. 첫째, 공동 양육자들이 아이의 행동에 문제가 있다는 점에 대해 동의하지 않을 수 있다. 아동 발달 연구에서 아동의 행동에 대해 부모와 교사, 돌봄을 제공하는 다른 성인의 의견이 서로 다른 것은 몹시 흔한 일이다. 아이가 평소에 어떤 모습인지에 대해서도 마찬가지다. 이는 아이가 다양한 환경이나 다른 어른들 앞에서 각기 다르게 행동하기 때문이기도 할 것이다. 나는 아들이 친구 엄마들에게 예의 바르다는 소리를 들을 때마다 깜짝 놀란다. '가만, 우리 아들이 그랬다고?' 나도 그런 모습 더 자주 보고 싶었다! 많은 부모가 비슷한 경험을 할 것이다. 선생님이 아이가 공부도 열심히 하고 인성도 좋다고 칭찬하면 혹시 나를 다른 아이 엄마로 착각한 건 아닌지 궁금할 것이다. 타고난 기질과 어울리지 않는 상황에서 **바람직한 행동**을 하는 것은 아이들에게 몹시 힘든 일일 수 있다. 그래서 아이들은 학교에서 괜찮은 모습을 보이다가도 최고가 아니어도 사랑받는다고 느끼는 '안전한' 집에 오면 긴장을 풀고 늘어지는 것이다.

하지만 2장에서 논의했던 것처럼 사람들은 같은 행동을 각기 다르게 인식한다. 아동심리학자인 내 친구는 남편과 돌봄 선생님과 함께 딸의 기질 검사를 했는데, 세 사람 모두 각기 다른 아이를 키우고 있는 것 같은 결과가 나왔다고 했다. 아동심리학자 토마스 아헨바흐Thomas Achenbach는 성인들이 아동의 행동을 각기 어떻게 받아들이는지에 대해 오래 연구했다. 한 연구에서 엄마, 아빠, 교사, 친구, 상담사는 물론 아동 자신이 직접 답한 250개 이상의 표본을 검토했는데 비슷한 상황에서 아이를 본 사람의(예를 들면 부부) 아동에 대한 평가는 더 높은 상관관계를 보였고(평균 약 0.6) 각기 다른 환경에서 아이를 관찰한 사람들의 아동에 대한 평가 상관관계는 그보다 낮았다(평균 0.28).[35] 자기 행동에 대한 아동 자신의 평가와 그에 대한 다른 사람의 평가 상관관계는 0.22뿐이었다! 이는 여러 사람이 아동의 행동을 각기 다르게 인식할 수 있다는 사실을 분명히 보여 준다.

그렇다면 그와 같은 다른 인식은 아동의 행동이 문제인지에 대한 공동 양육자 간의 의견 차이로 가장 먼저 드러날 것이다. 그리고 그다음으로는 공동 양육자가 바라보는 서로의 양육 방식 차이로 드러날 것이다. 자신의 양육 방식을 상대방 혹은 아이는 전혀 다르게 경험할 수 있다는 뜻이다. 나는 분명한 경계를 설정해 주는 따뜻한 엄마라고 스스로 생각하지만 배우자나 아이는 이에 동의하지 않을 수 있다.

공동 양육자와 함께 다음 검사를 해 보자. 위의 '네 가지 양육 방식' 표를 각자 두 장씩 그린다. 그리고 자신은 어디에 속하는 것 같은지, 상대방은 어디에 속하는 것 같은지 표시한다. 그리고 각자 어디에 표시했는지 비교해 본다. 표시한 곳이 일치하는가? 서로의 양육 방식에 대한 두 사람의 인식은 얼마나 가까운가?

아들의 아빠인 전남편과 함께 한 검사 결과는 놀라웠다. 우리는 아들이 어렸을 때부터 양육 방식을 놓고 많이 싸웠다. 하지만 둘 다 자신이 권위적인 부모라고 생각했다. 권위적인 부모 사분면 안에서 내가 애정이 조금 더 높고 통제는 낮았으며 그는 반대였지만 그래도 우리 모두 자신이 '이상적인' 부모라고 생각하고 있었다.

하지만 서로에 대한 관점은 일치하지 않았다. 나는 그가 독재적이라고 생각했고 그는 내가 허용적이라고 생각했다. 다시 말해 내가 더 따뜻하고 그가 더 엄격하다는 점은 일치했지만 따뜻함과 엄격함의 균형을 인식하는 정도는 서로 달랐다. 그는 내가 충분한 규칙과 경계 없이 지나치게 따뜻하기만 하다고 생각했고(허용적), 나는 그가 너무 엄격하고 규칙에 얽매이면서 충분한 애정을 제공하지 않는다고 생각했다(독재적).

그렇다면 누가 옳은 것일까? 당연히 내가 옳을 것이다. 나는 박사 학위가 있으니까.

농담이다. 하지만 정말 솔직히 말하자면 나는 내가 좋은 양육 방식에 대해 '객관적'으로 더 잘 알고 있다고 오래 생각해 왔다. 그리고 독자들 역시 솔직하다면 아마 자기 방식이 더 '옳다'라고 생각할 것이다. 누구나 자기 방식이 최고라고 생각한다. 자기 뇌가 작동하는 방식이 반영된 것이기 때문이다. 자신에게는 그것이 옳은 것이고 그것이 우리의 현실이다.

이것이 바로 육아가 그토록 어려울 수밖에 없는 가장 중요한 이유다. 우리는 자신이 세상을 보는 렌즈에서 파생된 뿌리 깊은 편견을 갖고 있다. 진공 상태에서의 육아라면 훨씬 쉬울 것이다. 하지만 현실 세계에서는 육아에 참여하는 모든 사람이 사랑과 경계, 보상과 결과를 구성하는 요소에 대해 각기 다른 의견을 갖고 있다.

의견 일치시키기

그렇다면 공동 양육자의 양육 방식이 서로 다를 때 어떻게 해야 할까? 해결책은 이를 대화의 시작으로 삼는 것이다. 먼저 상대의 양육 방식을 어떻게 인식하고 있는지 각자 설명하는 시간부터 가져 보아라.

- 상대방은 왜 당신이 애정이 부족하거나 더 강압적이라고 생각할까?
- 상대방은 왜 더 엄격한(혹은 적은) 규칙이 중요하다고 생각할까?
- 상대방은 왜 융통성을 더(혹은 덜) 강조하는 것일까?

어느 정도 서로의 양육 방식에 대한 설명이 이루어졌다면, 본격적으로 대화를 시작해 보자. 생산적인 대화를 위해 다음 다섯 단계를 기억하라.

1. 상대의 관점을 주의 깊게 들어라

대화의 목표는 상대가 자기 방식의 오류를 인정하고 당신의 관점을 받아들이는 것이 아니다. 각자의 방식이 어디서 비롯된 것인지 이해하는 것이다. 상대가 예를 들어 준다면 그 일을 왜 그렇게 해석하냐고 끼어들지 말라. 당신의 임무는 상대의 말을 잘 듣고 그의 관점을 이해하는 것이다. 사람들은 보통 생각이 다른 사람과 대화할 때 상대가 말하는 동안 그들이 틀린 이유와 그에 대한 반박을 준비한다. 토론에서는 그런 기술이 효과가 좋겠지만 공동 양육자 간의 탄탄한 관계를 쌓는 데에는 도움이 되지 않는다. 상대가 하는 말에 전부 동의하지는 않아도 그가 세상을 어떻게 인식하는지는 더 깊이 이해할 수 있을 것이다. 상대의 관점을 이해하는 것이 가장 먼저 해야 할 일이다. 그 관점의 옳고 그름에 대해 토론하지 않는다. 그저 듣고 이해한다.

2. 공통점을 찾아라

지금부터 힘을 모아야 한다. 무엇에 동의했는가? 어쩌면 두 사람 모두 아이와 따뜻한 관계를 맺는 것이 중요하다는 데 동의했을지도 모른다. 그것이 각자에게 어떤 의미인지가 다를 뿐이다. 어떤 규칙이 필요한지, 어떻게 강제할지에 대해서는 다를 수 있지만 어느 정도의 규칙과 경계가 필요하다는 점에 대해서는 동의할 수 있다. 아이가 갑자기 짜증을 내는 상황이나 아이의 특정 행동이 싫다는 점에 대해서만 동의할 수도 있다. 그게 무엇이든 함께 찾은 공통점으로 시작한다.

3. 차이점의 목록을 작성하라

기록에는 힘이 있다. 방에 있는 그 코끼리를 꺼내려면 에너지가 필요하다. 차이점 목록을 작성할 때는 '나'를 주어로 문장을 만들어라. 예를 들면 "샐리Sally가 버릇없이 행동할 때 당신은 제대로 가르치지 않아"라고 말하지 말고, "아이들은 스스로 결과를 감당해 봐야 어떻게 행동할지 배울 수 있다고 생각해. 그런데 나는 당신이 행동에 책임을 지게 만들지 않는 것 같아"라는 식으로 차이에 대한 목록을 만들어라. 상대의 관점을 더 잘 이해할 수 있는 '왜'라는 질문을 두려워하지 말라. 가장 중요한 것은 상대의 관점에 대해 이러쿵저러쿵 문제점을 들먹이며 절대 따지지 않는 것이다. 서로 다른 점에 대해 기록만 하는 것이 중요하다.

4. 차이를 해결하기 위한 계획을 수립하라

진가는 여기서 발휘된다. 이제 아이에 대한 공동의 희망이나 걱정을 공유했다. 그리고 각자 양육 방식의 차이점 목록을 갖고 있다. 앞에서 기질이 서로 다른 아이들에게 조화의 적합성을 만들어 주는 방법에 대해 설명했다. 그중에 공동 양육자들이 동의할 수 있는 몇 가지가 있을 것이다. 정서성에 대한 훈육 전략에 있어서는 의견의 일치를 보지 못하지만 의도적 통제 능력 개선을 위한 상황별 계획에는 모두 찬성할 수 있다. 아이의 기질에 맞는 육아 전략의 목록을 만들고 어떤 전략부터 실행할지 합의하라. 한쪽이 강하게 반대한다면 우선 보류하고 동의할 수 있는 전략부터 시작한다.

5. 평가하고 조정하라

과학자이자 연구자로서 이 말은 하기 싫지만 육아는 과학인 것
만큼 예술이기도 하다. 연구는 길잡이가 되어 줄 수 있지만 어떤
연구로도 특정 시점에 한 아이에게 영향을 끼치는 무수하고 다양
한 요소를 전부 파악할 수는 없다. 아이의 행동은 수많은 요소가
복합적으로 작용한 결과다. 타고난 기질, 가정 환경, 이웃, 공동체,
학교, 또래, 형제자매, 다른 성인들, 그리고 주변에서 경험하는 사
건들이 모두 영향을 끼친다. 아이들은 복잡한 존재이기 때문에 육
아 역시 복잡할 수밖에 없다.

그래서 육아는 연속선상에 있고 여러 사람의 생각에 일부 달려
있기도 하므로 '훌륭한 부모'가 되는 방법은 무수히 많다. 권위적
인 부모들도 특정한 규칙과 전략에 있어서는 전부 다를 수 있다.
사실 부모는 아이들 개개인의 특성에 따라 그 사분면 안에서 자유
롭게 움직이며 각기 다른 전략을 사용해야 한다. '육아에 정도는
없다'라는 말을 확장하면, 내가 이 책에서 소개한 전략을 실행하
는 다양한 방법이 있을 수 있다는 뜻이다. 육아는 시행착오의 연
속이다.

'아이들은 복잡하고 육아도 복잡하다'라는 주문을 기억하면 공
동 양육자와 함께 육아 전략을 세우는 데 도움이 될 것이다. 객관
적으로 '옳은' 사람은 아무도 없다는 사실을 기억하고 두 사람 모
두 수용할 수 있는 전략을 찾아라. 어떤 전략도 영원할 필요는 없

다. 서로 동의한 전략을 실행하고 진행 상황을 살펴라. 과학이 우리 편이다. 상대가 원하는 전략이 몹시 마음에 들지 않아도 아이에게 신체적 해가 되지만 않는다면 일정 기간 실행해 볼 수 있다. 그 기간이 끝나면 진행 상황에 대해 다시 평가하고 새로운 전략을 수립하라. 새로운 규칙에는 항상 아이가 적응할 시간이 충분히 제공되어야 한다. 아이들은 새로운 규칙이 생기거나 규칙이 바뀔 때 눈에 띄는 행동을 한다는 사실을 기억하고 적어도 몇 주는 새로운 루틴이 어떻게 자리 잡는지 지켜봐야 한다. 그리고 그 결과에 따라 필요하면 조정하고 수정한다.

동의하지 않기 위해 동의하기

공동 양육자의 관점을 이해한다고 그의 의견에 동의해야 한다는 뜻은 아니다. 상대의 관점이 어디서 기인한 것인지 이해는 하지만 여전히 자기 방법이 더 낫다고 생각할 수 있다. 상대의 의지를 꺾으려고 하면 가정 내 스트레스가 증가해 의도치 않은 효과가 발생할 수 있으니 가끔은 동의하지 않기 위해 동의하는 것도 좋다. 공동 양육자들의 육아 전략이 일치하면 이상적이겠지만, 아무리 사이 좋은 부부라도 원칙에는 동의하지만 실행 방법에 있어서는 의견이 다를 수 있다. 그리고 많은 사람이 상대의 양육 방식이 자기 방식과 정확히 일치하지 않는 것을 견디기 힘들어 한다.

현실적으로는 한 부모가 효과를 보는 전략으로 다른 부모는 효과를 보지 못할 수도 있다. 같은 전략을 사용하지만 각기 다른 기질로 접근하기 때문에 아이가 완전히 다르게 받아들일 수 있다. 아이들은 영리하다. 어른들의 양육 방식이 다르다는 사실을 금방 간파한다. 아이들은 의식적 혹은 무의식적으로 어른들 앞에서 어떻게 행동해야 하는지 배운다. 사실 이는 중요한 삶의 기술이다. 그러니 공동 양육자와 육아 전략이 다르다고 너무 걱정하지 말라.

전남편과 나는 양쪽 집에서 아들이 반드시 지켜야 할 몇 가지 규칙과 전략에 합의했다(참고로 내 아들은 두 집을 오가며 지낸다). 그리고 양육 방식에 따라 각자의 집에서 실행할 것들을 정했다. 나는 두 집 모두에서 스티커 표를 통한 칭찬 시스템을 더 많이 적용하고 싶었지만 그는 음식에 까다로운 아들에게 더 단호한 규칙을 적용하고 싶어 했다. 결과적으로 아무도 상대의 방식을 수용하려 하지 않았다. 상대는 받아들일 수 없는 방법이었다. 하지만 숙제와 미디어 사용에 있어서는 두 사람 모두 동의하는 가이드라인을 만들 수 있었다. 처음에는 (내 마음에) 이상적인 육아 전략이 '연속적'으로 적용되지 못한다는 생각에 걱정이 많았지만 큰 문제는 없었다. 아들은 적응했고 어쩌다 보니 결과적으로 두 집 모두에서 우리가 처음 생각했던 것보다 더 비슷한 육아 전략이 실행되고 있었다.

아이가 어느 정도 자랐다면 부모의 양육 방식이 사분면의 어디에 속하는지 아이에게도 물어볼 수 있다. 결과는 놀라울 것이다.

그러니 마음의 준비를 하라. 아이의 관점은 부모와 다를 가능성이 크다. 그리고 아이와 함께 할 때는 첫 번째 규칙을 반드시 기억하라. 목표는 상대의 관점을 파악하는 것이지 그들이 틀렸다고 말하는 것이 아니다.

이는 쉽지 않은 일이다. 나도 최근에 열세 살이 된 아들과 해 보았다. 아들은 내가 스스로 평가한 것보다 내가 덜 따뜻하다고 했는데 놀랍게도 그 이유는 내 입장에서는 말도 되지 않는 것이었다. "내가 팔이 부러졌을 때 병원에 안 데려간 거 기억나?"라는 아들의 말에 나는 모든 통제력을 발휘해 다음과 같은 말을 참아야 했다. "설마 농담이지? 엄마가 너를 병원에 데려간 게 수백 번인데 출장 때문에 한 번 못 갔다고 그러는 거야 지금? 나는 따뜻한 사람이거든!"

솔직히 고백하지만 그렇게 말했는지도 모르겠다. 하지만 내가 했어야 하는 말은 다음과 같았다.

"그렇게 생각하다니 흥미롭네. 너도 알다시피 네가 다치지 않게 하려고 엄마가 언제나 네 곁에 있을 수는 없잖니. 그러면서 크는 거지. 하지만 엄마는 무슨 일이 생기든 언제나 널 사랑하고 돌봐줄 준비가 되어 있어. 그 정도면 따뜻한 사람이라고 생각해."

중요한 것은 서로의 관점을 공유하는 것이다. 물론 언제나 서로 동의하지는 않을 것이다. 그러니 미리 경고한다. 부모로서 생각할 거리가 아주 많아질 것이다. 권위적인 부모가 되고 싶지만 아이는 독재적인 부모라고 생각한다면 어떻게 아이의 의견을 더 수용할 수 있을까? 아이가 의사 결정 과정에 참여하는 융통성 있는 규칙을 만들 수 있을까? 부모가 독재적으로 보이는 것은 부모를 존경해야 한다는 가족의 가치가 반영되었기 때문인지도 모른다. 이는 아이에게 전해 주고 싶은 당연한 가치일 것이다. 하지만 아이가 언제나 어른들의 말을 듣는 것은 바라지 않을 수도 있다. 스스로 생각하는 방법을 가르치고 싶을 것이다. 자기 의견을 거침없이 개진하는 아이는 부모의 규칙에 의문을 제기하는 것처럼 보이겠지만, 육아에 대해 당사자인 아이와 이야기를 나누는 것은 서로의 관점을 이해하는 데 분명 도움이 된다.

  '생각할 거리'가 많아진다는 것은 아이가 부모의 양육 방식을 통제한다는 뜻이 아님을 기억하라. 나는 사춘기 시절 부모님이 조금 더 허용적이었다면 정말 그들을 사랑했을 것이다. 나는 부모님의 규칙이(통금이 있었다) 독재적이라고 생각했지만 그들은 사춘기 딸이 누구와 어디서 무엇을 하는지 알고 싶어 하는 좋은 부모일 뿐이었다. 그때는 이해하지 못했지만 발달심리학자가(그리고 십 대를 키우는 엄마가) 된 지금은 부모의 관리가 얼마나 중요한지 알게 되었다. 기억하라. 아이의 뇌는 여전히 성장하고 있으니 그들의 생각은 시간이 지나면서 변할 것이다.

시간이 지나면서 변하는 또 한 가지가 있다. 아이의 기질은 발달 단계에 따라 다른 모습으로 드러난다. 성장 과정에서 서로 다른 부모와(혹은 다른 성인들과) 각기 다른 조화의 적합성이 만들어질 수 있다. 예를 들면 의도적 통제 능력이 낮은 아이는 어렸을 때 집 안 물건을 부수고 소란을 일으킬 수 있다. 이는 집 안을 정성스럽게 가꾸는 부모에게는 몹시 힘든 일이 될 수 있지만 다른 공동 양육자에게는 큰 문제가 아닐 수 있다. 반대로 의도적 통제 능력이 낮은 아이가 십 대가 되어 술을 마시거나 담배를 피우면 이는 앞선 문제에 대해서는 큰 문제가 아니라고 생각했던 바로 그 부모에게는 더없이 힘든 일이 될 수도 있다. 그러므로 아이와 기질이 맞지 않는다거나, 아이가 공동 양육자와 기질이 더 잘 맞는 것 같아 부럽다면, 이 역시 시간이 지나면서 변한다는 사실을 기억하라.

성공적인 학교생활을 위한 준비

아이의 기질은 세상을 헤쳐 나가는 데 영향을 끼치고 이는 학교 환경에도 적용된다. 학교에서의 상호작용, 학교에서 요구하는 것을 해결하는 방식, 친구나 교사들과의 관계를 좌우한다. 외향성이 높은 아이는 친구를 쉽게 사귀겠지만 외향성이 낮은 아이는 새로운 친구를 만드는 데 시간이 걸릴 것이다. 정서성이 높은 아이는 활동이 바뀔 때마다 힘들어할 수 있고 의도적 통제 능력이 낮은 아이는 자리에 가만히 앉아 배우는 것이 불가능한 일처럼 느껴질 것이다. 다양한 기질이 가정에서 각기 다른 어려움을 만들듯이, 기질이 다른 아이들은 학교에서도 각기 다른 어려움을 마주할 것이다.

학교는 요구가 많은 곳이다. 다른 아이들과 함께해야 하고, 해야 할 일과 하지 말아야 할 일을 배워야 한다. 이야기해도 될 때와 조용히 해야 할 때, 자리에 앉아 있어야 할 때와 돌아다녀도 될 때를 알아야 한다. 아이들의 기질이 얼마나 다른지는 교실에서 조금만 시간을 보내 보면 누구나 알 수 있을 것이다. 속사포처럼 대답을 외치는 아이가 있고 조용히 앉아 있는 아이도 있다. 선생님 말씀을 잘 듣는 아이도 있고 쉽게 지루해하는 아이도 있다. 자리에 잘 앉아 있는 아이도 있고 끊임없이 의자를 움직이는 아이도 있다. 금방 많은 친구를 사귀는 아이도 있고 혼자 시간을 보내는 아이도 있다. 그리고 학교에서는 그 개인차가 아이들의 학업적·사회적 성공에, 또래와 교사들로부터 받는 피드백에 영향을 끼친다. 그 피드백은 다시 좋든 나쁘든 아이가 자신을 바라보는 방식과 주변 사람들을 경험하는 방식에 영향을 끼친다. 자신이 똑똑하고 호감 가는 사람이라고 생각하는지, 사람들은 친절하고 믿을 수 있다고 생각하는지 등에 말이다.

아이의 기질은 학습에 직접적인 영향을 끼친다. 의도적 통제 능력이 낮은 아이는 선생님의 말에 집중하기 힘들어 배움에 어려움을 겪을 것이다. 그리고 간접적으로도 영향을 끼친다. 수업에 지장을 준다면 교사의 부정적인 피드백을 받을 것이고 이는 다시 특별 프로그램이나 우등 프로그램 등의 선발에 영향을 끼칠 수 있다.

학교에는 학급당 학생 수, 사용 가능한 공간, 학교 일정 등 교사가 통제할 수 없는 수많은 요소가 존재한다. 하지만 교실 배치(누가 어디에 앉을지), 수업 구성(소그룹 활동이나 대그룹 활동), 쉬는 시간 활용, 학생 관리 등은 교사가 통제할 수 있는 요소들이다. 이와 같은 교실 내 환경이 학생들 개개인의 학교 내 조화의 적합성에 기여한다. 예를 들어 교사가 대그룹 활동을 선호한다면 발표도 잘하고 관심 받기 좋아하는 외향성 높은 아이가 유리할 것이다. 외향성이 낮은 아이는 많은 아이들 틈에서 눈에 띄지 않겠지만 개인 과제나 소그룹 활동에서는 빛을 볼 수 있다. 의도적 통제 능력이 낮은 아이는 가만히 앉아서 배우는 상황을 힘들어하겠지만 활동이 많고 더 자유로운 교실에서는 훨씬 잘 배울 것이다. 간단히 말하자면 같은 교실이 모든 아이에게 '같은' 교실은 아니다. 잘 맞는 아이가 있고 그렇지 않은 아이도 있다. 이 교실에서 문제를 일으키는 아이가 다른 교실에서는 뛰어난 아이가 될 수도 있다.

물론 다른 것은 교실의 특성뿐만 아니라 교사 자체이기도 하다. 교사들 역시 타고난 기질이 있고 그 기질이 학생들과의 상호작용과 경험에 영향을 끼친다. 외향성이 높고 에너지 넘치는 교사도 있고 외향성이 낮은 내향형 교사도 있다. 정서성이 높은 교사는 교실 내 부적절한 행동에 더 화를 내거나 이를 더 다루기 어려워할 수 있으며 상황에 따라 적절하게 문제를 해결하는 교사도 있을 것이다. 끊임없이 말을 하는 아이가 어떤 교사에게는 귀찮을 수 있지만 다른 교사에게는 심각한 문제가 될 수 있다. 물론 지치지 않고 말하는 그 열정을 높이 사는 교사도 있을 것이다.

교사와 학생 사이에 조화의 적합성이 자연스럽게 만들어질 수도 있고 그렇지 않을 수도 있다. 외향성이 낮은 교사는 비슷하게 외향성이 낮은 학생에게 특별히 더 관심을 기울일 수 있다. 하지만 외향성이 높은 교사는 외향성 낮은 아이들이 수업 시간에 조용한 이유를 이해하지 못하고 공부할 의지가 없거나 재능이 없다고 생각할지도 모른다. 교사가 살아온 삶의 경험 또한 중요하다. 사나운 형제들 틈에서 자란 교사는 의도적 통제 능력이 낮은 남자아이를 이해하고 다루는 데 아무 문제가 없겠지만 같은 행동에 몹시 화를 내는 교사도 있을 것이다.

교사가 학생을 바라보는 관점은 중요하고, 이에 대한 확실한 증거도 있다. 연구에 따르면 학생들의 기질과 교사가 매긴 점수는 관련이 있었고, 점수가 주관적일 때(사지선다형 문제가 아닐 때) 그 관련성은 더 컸다. 교사는 누가 가르치기 쉬운 학생인지, 혹은 가능성이 있는 학생인지 판단했고 그와 같은 인식이 학업 성적에 대한 교사의 평가에 영향을 끼쳤다.

더 나아가 교사와의 상호작용은 학생의 자기 평가에도 영향을 끼친다. 교사의 부정적인 피드백을 많이 받은 학생은 거부당했다는 느낌을 받을 수 있고 학습 의욕이 떨어지며 자존감에 상처를 입을 수 있다. 반대로 모든 학생을 포용하고 장점을 살려 주고 단점을 극복하도록 도와주는 교사는 학습 의욕은 물론 그에 따른 학업 성취도에 긍정적인 영향을 끼칠 수 있다.

훌륭한 교사는 학생들의 다양한 기질을 파악하면 더 많은 도움을 제공할 수 있다는 사실을 안다. 가정에서 아이들의 기질에 따른 양육이 부모에게 도움이 되는 것처럼, 학교에서도 교사가 학생들의 스트레스와 어려움을 줄여 줄 수 있다. 타고난 기질과 환경이 어울리지 않을 때 아이들은 부적절한 행동을 하는 경향이 있다. 어떤 아이들에게는 정신없는 교실이 스트레스일 수도 있고 너무 획일적인 교실에 스트레스를 받는 아이도 있을 것이다. 발표를 해 보라는 말에 아무 반응이 없는 아이도 있고 자신의 노력과 끈기를 알아봐 주는 사람이 필요한 아이도 있을 것이다. 부모와 마찬가지로 교사가 아이의 행동(의자에 앉아 있지 않고 돌아다니기, 발표를 거부하기 등)을 기질적인 것이 아니라 의도적인 것으로 바라보면 벌을 줄 가능성이 높다. 아이들의 기질을 이해하지 못하는 교사는 아이에게 기술이 부족한 것이 아니라 바르게 행동하려는 마음이 부족하다고 생각할 것이다.

그렇다면 부모가 할 수 있는 일은 무엇일까? 2020년 펜데믹 상황에서 갑자기 아이의 온라인 수업을 관리하며 부모들이 알게 되었듯이 교사는 막중한 임무에 비해 급여는 적다. 부모가 기질이 다른 아이와 소통해야 한다면 교사는 반 전체 아이들을 각자의 기질에 맞게 관리해야 한다. 게다가 씨름해야 할 그 아이들이 매년 바뀐다! 심지어 학업적인 면뿐만 아니라 감정과 행동 발달에도 관심을 기울어야 한다. 교사는 정말 쉬운 일이 아니다!

부모는 자기 아이가 누구보다 낫다고 생각하고 가끔 교사들이 이에 동의하기도 할 것이다. 아이가 학교에서 어려움을 겪고 있다고 생각하면 주저하지 말고 교사들과 이야기를 나누어라. 문제가 수면으로 떠오르기 전에 부모가 적극적으로 대화를 요청하는 것이 최고다. 아이가 타고난 기질의 맥락에서 문제를 바라보고 그 기질이 교실에서 어떻게 드러나는지 교사가 인식할 수 있도록 도와줘라. 나는 새 학년이 시작될 때마다 학교에서 주로 사용하는 방법을 통해 선생님들과 소통하려고 노력했다. 미리 교사를 만날 수 있는 시간을 제공하거나 학부모-교사 회의를 진행하는 학교도 있고, 아이에 대한 설문지를 가정으로 보내는 학교도 있다. 그런 기회를 활용해 학교에서의 행동이나 학업 성적에 영향을 끼칠 수 있는 아이의 기질에 대해 알려 줘라. 교사와 일대일로 만날 수 없다면 교사가 선호하는 방식에 따라 이메일을 보내거나 전화 통화를 할 수도 있다.

어떻게 접근하면 좋을지에 대한 몇 가지 예는 다음과 같다.

세 가지 사례

▶ "○○ 선생님, 제 딸 테일러^{Taylor}가 올해 선생님 반의 학생
이 되었습니다. 테일러는 내향적인 기질을 타고났기 때문
에 교실에서 발표를 하려면 많은 격려가 필요할지도 모른
다고 미리 말씀드리고 싶습니다. 테일러는 소그룹 활동에
는 잘 참여하지만 반 전체 앞에서 손을 드는 것은 약간 무서
워할지도 모른답니다."

▶ "제임스^{James}는 에너지가 넘치는 아이랍니다. 집에서 자기
통제 능력을 키워 주려고 여전히 노력하고 있지만 가끔 어
쩔 수 없이 불쑥 끼어들거나 방해하고 싶은 마음을 참기 힘
들어합니다. 에너지를 통제하지 못하는 것 같을 때는 관심
을 집중할 다른 활동이 도움이 되기도 합니다. 예를 들어 작
년 담임 선생님은 교무실에 다녀오라는 심부름을 시키거나
교실 뒤에서 서류를 정리해 달라고 부탁하시곤 했답니다."

▶ "브리아나^{Brianna}는 태어날 때부터 감정이 풍부했습니다.
그래서 마음이 힘들 때 문제를 일으키곤 합니다. 집에서 브
리아나를 차분하게 만드는 데 도움이 되는 것들은……."

교사가 아이의 기질을 파악할 수 있도록 돕고 가능하다면 과거

에 효과가 있었거나 가정에서 사용하는 문제 해결 방법을 공유하는 대화들이다. 교사에게 지시를 내리는 것은 아니어야 한다는 사실을 기억하라. 교사가 집에서 쓰는 방법이나 지난해 다른 교사가 썼던 방법을 그대로 사용해 줄 거라고 기대하지 말라. 대부분의 사람들처럼 교사는 할 일이 많고, 부모가 교실 운영 방식에 간섭하기보다 아이에게 도움이 되는 정보를 제공하려는 노력을 보여줄 때 훨씬 좋은 반응을 보일 것이다(아이에게도 마찬가지다).

이와 같은 솔직한 대화가 아이에 대한 교사의 인상에 영향을 끼칠지도 모른다고 우려하는 부모도 있을 것이다. 하지만 부모가 말해 주든 말해 주지 않든 교사는 아이의 기질을 파악할 것이다. 나중에 반응하기보다 먼저 적극적으로 나서는 것이 언제나 더 좋다. 특정 기질은 학교에서 문제가 될 수 있지만 교사가 상황을 적절히 통제하면 충분히 어려움을 줄일 수 있다. 모두에게 문제가 되는 상황이 펼쳐지지 않도록 미리 교사와 이야기를 나누면 아이가 성장할 수 있는 환경을 만드는 데 도움이 될 수 있다.

아이의 어떤 기질이 학교에서 문제가 될지 생각해 보자. 다른 활동으로 넘어가기 힘들어하는가? 조용히 앉아 있지 못하는가? 지나치게 자극받는 편인가? 대그룹 활동을 불편해하는 편인가? 아이의 기질이 어떤 면에서 어려움을 초래할지 교사와 미리 이야기를 나누고 이를 해결하거나 최소화할 수 있는 방법을 함께 생각해 보는 것은 아이가 무리 없이 학교생활을 할 수 있는 환경을 만드는 데 도움이 된다. 교사와 부모 모두 아이가 성공하길 바란다는 공통의 목표가 있지 않은가.

다음은 기질적 특성이 서로 다른 아이들이 학교에서 겪을 수 있는 몇 가지 공통적인 어려움이다. 내 아이에게도 있는지 찾아보자.

기질 특성별 어려움

▶ **외향성이 높은 아이**　다른 아이들과 함께하는 활동이나 새로운 활동을 즐기는 편이며, 학교에서도 집에 있는 것처럼 편안함을 느낀다. 하지만 높은 외향성에 의도적 통제 능력이 낮은 경우라면 대답을 독차지하거나 수업 시간에 친구들과 이야기하고 싶은 마음을 참기 힘들 수도 있다. 외향성이 높고 의도적 통제 능력이 낮은 아이는 자기 통제 기술을 익힐 수 있도록 도와주고, 집에서는 물론 학교에서도 그와 같은 전략이 필요할 수 있다는 사실을 교사와 공유할 수 있다.

▶ **외향성이 낮은 아이**　나서서 말을 하지 않는 경향이 있으며 특히 외향적인 아이들이 많거나 학급 정원이 많은 경우 눈에 띄지 않을 수 있다. 조용한 기질을 타고났다는 사실을 교사가 이해하지 못하면 수업 참여율이 낮기 때문에 의욕이 없다거나 똑똑하지 못하다는 평가를 받을 수 있다. 외향성이 낮은 아이는 가까운 친구 몇 명의 소그룹을 선호하는데,

이는 매년 학급이 바뀌어 친구들이 헤어지는 상황에서는 문제가 될 수 있다.

▶ **정서성이 높은 아이** 학교에서 많은 어려움을 겪을 수 있다. 불안과 걱정, 두려움에 취약한데 학교라는 공간이 바로 그 모든 감정을 초래할 가능성이 아주 많은 곳이기 때문이다. 무엇이 정서성 높은 아이를 자극하는지 파악하면 그와 관련된 다양한 상황을 예측하는 데 도움이 될 것이다. 정서성 높은 아이는 활동 전환을 힘들어하거나 수학여행이나 학교 연극 등 생소한 활동에 참여하라고 하면 스트레스를 받을 것이다. 정서성 높은 아이에 대해 덧붙일 중요한 한마디는 가끔 집에서의 부적절한 행동이 확실히 드러나지는 않는 학교에서의 스트레스 때문일 수도 있다는 것이다.

▶ **의도적 통제 능력이 낮은 아이** 자리에 조용히 앉아 있기, 수업에 집중하기, 친구와 떠들지 않기, 교사를 방해하지 않기 등 자기 통제 능력을 발휘해야 할 필요가 많은 학교 환경에서 어려움을 겪을 수 있다. 집에서 자기 통제 전략을 연습하면 학교에서 겪는 어려움에도 도움이 될 것이다.

아들이 초등학교 저학년 때, 아무 문제 없이 등교 준비를 마치고 차를 타려다가 갑자기 학교에 가지 않겠다며 책가방을 던지고 집으로 들어가 버린 적이 있다. 나는 할 말을 잃고 이렇게 생각했다. '도대체 무슨 일이지?' 그런 일은 꼭 아이를 학교에 내려 주고 바로 아주 중요한 회의에 참석해야 하는 날 일어난다. 나도 당황스럽고 짜증이 나서(그리고 시간도 없어서) 현명하게 대처하지는 못했다. 이것이 바로 소극적 대응의 문제다. 그와 같은 감정의 폭발이 차를 타러 가는 동안 학교와 관련된 불안한 생각이 떠올랐기 때문이라는 사실은 나중에 알게 되었다. 아들이 스트레스를 받을 만한 일은 많았다. 숙제를 안 했거나 힘든 프로젝트를 해야 하는 날이었는지도 모른다. 아니면 외향성이 낮고 정서성이 높아 두려움 많은 아이에게 그중에서도 최악은 연극 연습일 수도 있었다. 하지만 나는 아이의 행동에 깔린 감정의 이면을 제대로 들여다볼 생각도 못 했던 것이다.

대부분의 교사는 아이가 성공할 수 있도록 자신을 도와주려는 부모들과 기꺼이 소통하려 한다. 대부분 그렇지만 모두는 아니다. 공동 양육자나 조부모, 다른 성인들과 마찬가지로 교사도 자기만의 방식이나 학생들의 행동 관리에 대한 확실한 입장이 있고 그 방식을 아이들의 기질에 따라 유연하게 적용하려 하지 않을 수 있다. 그런 교사를 만나면, 그리고 (교사가 부모나 아이와) 조화의 적합성이 없는 것이 분명하면, 학교에서 겪는 어려움을 해결하기 위해 가정에서 더 노력해야 한다. 그리고 기억하라. 이 또한 지나갈 것이며 내년에는 새로운 교사를 만날 것이다.

온 마을이 필요하다

조부모, 이웃, 학원 선생님, 돌봄 선생님 등 아이의 성장에 영향을 끼치는 성인은 많다. 아이와 그들 각각의 조화의 적합성은 예측 불가능한 방식으로 아이의 성장에 영향을 끼친다. 부모는 모든 사람이 아이에게 가장 적합한 양육 방식을 적용해 주거나 아이에게 맞춰 주길 기대할 수 없다. 그렇다면 아이의 기질과 관련한 대화를 나눌 가치가 있는 상황인지 어떻게 결정해야 할까? 정답은 없다. 내 경우에는 아이와 많은 시간을 함께 보내는 사람이거나, 아이가 기질적으로 어려워하는 상황에서 그들과 상호작용해야 할 때 미리 대화를 하려 한다. 상호작용이 제한되어 있고 큰 문제가 벌어질 상황이 아니라면 보통 지켜보다가 문제가 생길 때만 개입하는 편이다. 남편과 단둘이 여행을 떠나느라 부모님이 1주일 동안 아이를 돌봐 주러 오신다면 적극적으로 대화하라. 하교 후 아이를 돌봐 주는 돌봄 선생님과는 미리 오랜 대화를 나누고, 가끔 오는 임시 돌봄 선생님에게는 잠자리 루틴과 관련한 몇 가지 간단한 지침만 제공한다.

우리는 누구에게 언제 얼마나 많은 정보를 제공해야 할지 늘 결정해야 한다. 아이의 기질에 관한 대화도 마찬가지다. 결국 아이를 둘러싼 마을의 일원이 모여 아이의 성장을 이끈다는 사실을 기억하고, 가장 적합한 방식으로 협력해 나가는 것이 중요하다.

- 부모는 애정과 통제라는 두 가지 핵심 영역에서 서로 다른 모습을 보인다.

- 육아에 대한 부모의 관점은 부모가 타고난 기질을 반영한다. 기질은 부모의 양육 방식을 바라보는 아이의 관점에도 영향을 끼치고, 공동 양육자들이 서로의 양육 방식을 바라보는 관점에도 영향을 끼친다.

- 공동 양육자들은 육아에 대한 서로의 관점을 이해하려고 노력해야 한다.

- 공동 양육자들의 기질은 아이의 기질과 각기 다른 방식으로 상호작용한다. 그래서 엄마가 적용하는 전략이 아빠에게도 늘 효과가 있는 것은 아니다.

- 아이의 기질적 특성은 학교에서의 조화의 적합성에 영향을 끼친다.

- 아이의 기질에 대해 교사와 이야기 나누는 것은 발생 가능한 어려움을 미리 파악해 아이의 성공적인 학교생활에 도움이 되는 협력 관계를 만든다.

The Child Code

8장

우리 아이가 남다르다면
어떻게 해야 할까

부모들은 종종 내게 "아이에게 장애가 있는지 어떻게 알 수 있나요?"라고 묻는다. "높은 정서성이 불안으로 넘어가는 것은 언제인가요?" "충동성은 얼마나 높으면 위험한가요?" "극단적인 분노 발작이 정상인가요?" "자기 통제 능력이 낮은 것인가요, ADHD인가요?"라는 질문 또한 많은 부모들이 자주 건네는 질문 중 하나다.

임상심리학 박사 학위가 있는 나조차도 예외는 아니다. 나 역시 아들 때문에 그런 문제로 고민했다. 무엇이 '정상 범위'에 드는 것인지 말하기는 쉽지 않으며 특히 어쩔 수 없이 많은 아이들을 만나는 직업이 아니라면(예를 들면 교사나 어린이집 선생님) 참고할 만한 표본이 적을 수밖에 없다. 아이들은 어떤 상태가 '정상'일까? 내 아들은 편하고 포근한 침대를 두고 침대 옆 바닥의 쿠션에서 1년 동안 잤다. 나는 어렸을 때 1개월 동안 바나나 말고 다른 것은 전부 거부한 적도 있다. 아이들의 '정상' 범위가 무엇인지 알아내는 것은 쉬운 일이 아니다.

어떤 행동이 정상인지 임상적으로 우려스러운 상황인지 파악하기 어려운 이유는 확실한 답이 없기 때문이다. 인간의 행동은 종형 모형으로 분포하기 때문에 어떤 특성이 아주 낮은 사람도 있다면 대부분의 사람이 중간 정도이고 또 일부는 아주 높다. 그와 같은 변동성의 패턴을 우리는 통계적으로 정규 분포normal distribution라고 한다. 그러니 그 정의상 어떤 사람의 어떤 특성이 몹시 높은 것 역시 정상적인 일이다. 타고난 기질은 우리가 그 연속선 위의 어디쯤에 속하는지에 영향을 끼친다. 불안, 우울증, ADHD와 같은 임상 장애를 정의할 때 우리는 그 곡선 위에 임의의 선을 그리고 불안이나 슬픔, 충동성이 그 선을 넘어설 때 문제라고 생각한다. 하지만 정상적인 행동과 행동장애를 분명하게 구분하는 선은 없다. 아이의 장애 유무를 판단하는 리트머스지나 생체 지표는 없다.

심지어 전문가들도 특정한 행동이 언제 그 선을 넘어 장애가 되는지 확실히 밝히는 방법은 없다. 행동장애는 정신과 의사와 심리학자들이 전문 지식과 임상 판단을 토대로 만든 검사지로 진단된다. 미국에서의 진단은 미국정신의학회가 출간해 현재 개정 5판이 나온 『정신질환의 진단 및 통계 편람DSM-5』을 토대로 진행된다. 장애가 진단되는 방식은 개정판마다 변하는데, 조금씩 수정되기도 하지만 급격하게 변하기도 한다(동성애는 한때 장애로 분류되었다). 『정신질환의 진단 및 통계 편람』은 수백 명의 연구자들과 임상의들, 수년간의 열띤 논의와 토론을 통해 10년에서 15년마다 개정된다. 세계보건기구^{WHO}는 국제질병사인분류^{ICD}라는 자체 진단 방식을 갖고 있으며 이는 비슷한 과정으로 현재 11차 개정을 앞두고 있다.

말하자면 행동장애를 진단하는 방식은 부정확하고 늘 변한다는 뜻이다. 우리가 아는 것은 아이들이 겪는 행동과 감정적 측면의 어려움이 지극히 일반적이라는 사실이다. 일반적으로 대략 5명 중 1명이 정신건강 장애를 진단받을 수 있는 조건을 충족한다. 미국 국립과학공학의학원^{NASEM}의 최근 보고서에 따르면 아이들에게 가장 흔하게 나타나는 것은 불안장애이며, 여섯 살과 열일곱 살 사이의 아이들 30퍼센트가 이에 속한다고 했다. ADHD나 적대적 반항장애^{Oppositional Defiant Disorder, ODD} 같은 행동장애는 20퍼센트의 아이들에게 영향을 끼치며, 우울증은 15퍼센트의 아이들에게 영향을 끼친다. 이러한 장애 조건을 충족하는 아이들은 두려움과 분노, 충동성이 충분히 높아 살면서 심각한 문제를 일으킬 수 있다.

심리학자들은 아동의 행동과 감정 문제가 내현화^{internalizing}와 외현화^{externalizing}의 두 가지 방식으로 드러난다고 말한다. 내현화는 불안이나 우울처럼 내면에서 문제를 겪는다는 뜻이고 외현화는 문제가 바깥으로, 즉 행동으로 드러난다는 뜻이다. ADHD와 적대적 반항장애는 외현화된 장애의 예다. 내현화와 외현화라는 용어는 이러한 행동이 연속성을 띠고 있으며 장애는 타고나는 '개별적'인 것이 아니라 인간 행동의 다양한 범주에서 약간의 극단에 속한다는 뜻일 뿐이다. 정신건강 장애를 타고나는 사람은 없다. 단지 뇌가 기능하는 방식이 서로 다르고 그중 일부가 극단적인 문제를 겪을 수 있다는 뜻일 뿐이다.

정서성이 높은 아이는 두려움과 불안에 취약하기 때문에 내현화되거나 외현화된 장애의 위험이 더 크다. 정서성이 높은 아이 중 일부는 두려움과 분노를 내현화해 심각한 불안이나 우울을 느낄 수 있고 반대로 쉽게 분노하는 기질이 밖으로 향해 물건을 던지거나 사람을 때리는 폭발적인 행동으로 이어질 수도 있다. 그 행동이 심각할 경우 적대적 반항장애라는 외현화된 장애의 기준을 충족시키기도 한다. 의도적 통제 능력이 낮은 아이는 충동성을 조절하는 데 어려움이 있기 때문에 외현화된 장애, 특히 ADHD를 겪을 가능성이 높다. 그런 아이들은 자라면서 물질사용장애의 위험에도 쉽게 빠진다.

지금부터 아이들에게 가장 흔히 드러나는 내현화된 장애와 외현화된 장애, 그리고 그 증상들에 대해 자세히 살펴볼 것이다. 하지만 정신건강 장애의 조건을 충족한다고 아이가 무언가 '잘못'되었다는 뜻은 아니다. 단지 더 극단적일 수 있는 뇌를 타고났다는 뜻일 뿐이다. 어떤 특성을 인구 집단 중 가장 강력하게 갖고 있는 것뿐이다. 타고난 유전자가 그들이 속한 환경에서 더 기능하기 어려운 것뿐이며 그래서 더 많은 도움이 필요하다는 뜻이다. 그 어려움을 줄여 주기 위해 적극적으로 개입하거나 뇌의 극단적인 기능을 덜어 주는 약물의 도움으로 일상생활이 어렵지 않도록 도울 수도 있다.

다양한 증상을 살펴보며 기억해야 할 것은 또 있다. 한 가지 장애를 진단받은 아이는 추가 진단을 받을 위험이 더 크다. 이를 동반 질병 comorbidity이라고 하며, 행동적·감정적 어려움이 서로 엉켜 있어 분리하기 힘들다는 뜻이기도 하다. 보통 내현화된 문제를(예를 들면 불안을) 갖고 있는 아이는 내현화된 다른 문제를(예를 들면 우울증을) 겪을 위험이 더 크다. 마찬가지로 외현화된 장애 한 가지를(예를 들면 적대적 반항장애를) 진단받은 아이는 또 다른 외현화된 장애를(예를 들면 ADHD를) 갖게 될 가능성이 크다. 이는 내현화된 장애가 유전의 영향을 받기 때문이다. 몇 가지 형태의 내현화된 장애를 유발하는 공통적인 유전자가 있다는 뜻이다. 외현화된 장애 역시 마찬가지다. 외현화된 다양한 장애에 쉽게 노출되는 유전자가 있다.

행동장애는 또 폭포 효과를 발휘해 한 영역의 어려움이 다른 영역의 어려움으로 이어지기도 한다. 예를 들어 불안 때문에 친구를 사귀기 힘들면 이는 외로움의 원인이 되어 우울증을 초래할 수 있다. 반대로 불안이 심각한 분노와 좌절의 경험으로 이어져 반항적이고 적대적인 행동을 유발할 수도 있다. 이것이 바로 행동 문제를 조기에 알아내 도움을 구하는 것이 중요한 이유다.

내현화된 장애: 마음속에서 겪는 문제

불안

불안장애anxiety disorder는 아동과 성인 모두에게 가장 흔한 정신 건강 문제다. 좋은 소식은 쉽게 치료할 수 있다는 것이지만 불안 장애가 있는 많은 사람이 좀처럼 치료를 받지 않는다. 불안이 다양한 방식으로 삶을 방해하지만 그렇게 살지 않을 수도 있다는 사실을 깨닫지 못하기 때문이다. 늘 알아 왔던 방식이 그것이고 그래서 안타깝게도 그렇게 불안한 채로 살아가야 할 운명이라고 생각하는 것이다. 지금부터 불안장애에 대해 자세히 살펴보고 아이에게서 어떤 신호를 찾아내야 하는지 알려 줄 것이다.

불안을 느끼는 사람은 걱정과 두려움이 너무 커 일상에 방해가 된다. 불안해하는 아이들이 결국은 '불안에서 빠져나올 것'이라거나 '조금만 더 강해지면 된다'라는 잘못된 믿음을 많은 사람이 갖고 있다. 하지만 불안은 스스로 해결되는 문제가 아니다. 그리고 시간이 지나면서 악화되는 경향이 있다. 그러니 아이가 불안을 관리하는 기술을 더 빨리 배울 수 있도록 돕는 것이 중요하다.

치료가 필요한 수준의 불안을 경험해 본 사람이 아니라면 불안해하는 아이가 왜 이를 '극복'할 수 없는지 이해하기 어려울 것이다. 모든 사람이 어느 정도는 불안을 경험하기 때문이다. 새로운 일이나 결과가 불확실한 일을 시도할 때 누구나 불안하고 두렵다. 공연을 위해 무대에 올라가거나 많은 사람 앞에서 연설을 하기 전에 약간의 불안을 느끼는 것은 자연스러운 일이다. 다양한 상황에서 얼마나 많은 불안을 경험하느냐는 유전자 구성과(두려움과 걱정에 선천적으로 얼마나 취약한가와) 인생 경험의 산물이다. 당연히 수십 번의 강연을 했다면 처음보다는 덜 불안할 것이다. 하지만 마지막 강연을 성공적으로 마무리하지 못했다면 다음에는 훨씬 더 불안할 것이다. 그것이 평범한 사람들이 겪는 불안이다.

믿기 힘들겠지만 어느 정도의 불안은 사실 필요하다. 성적이 떨어질까 두려워 시험 공부를 하게 만들고 무대에서 실수할까 봐 연습을 하게 만든다. 두려움은 진화 과정에서도 필요했다. 인간은 조심했기 때문에 살아남을 수 있었다. 초기 인간들에게 두려움이 없었다면 진작 맹수에게 잡아먹혔을 것이다(얼마나 다행인가!). 나쁜 일이 일어날 가능성을 인식하는 능력이 우리의 안전을 보장해 주었다. 우리 목숨을 구해 준 그 특성이 다음 세대로 전해졌고 그것이 바로 우리가 지속적으로 어느 정도의 두려움과 불안을 느끼는 이유다.

하지만 불안한 아이들은 걱정이 너무 지나친 뇌를 갖고 태어났다. 두려움과 위협을 처리하는 뇌의 편도체가 지나치게 활성화되어 있다. 불안한 아이들은 어디서든 잠재적 위험을 감지한다는 뜻이다. 일어날지도 모르는 부정적인 일들에 잔뜩 긴장하고 있으며 그 가능성을 과대평가한다. 바다를 보며 이렇게 생각하면서 말이다. "위험해! 상어가 나타날지도 몰라!" 6장에서 살펴본 전전두엽 피질은 이성적이고 냉철한 반응으로 그 두려움에 맞서는 데 도움을 준다. 상어의 공격은 흔한 일이 아니며 인명 구조원도 있다는 사실을 일깨워 준다. 하지만 불안해하는 아이의 전전두엽 피질은 지나치게 활발한 편도체를 이길 수 없다. 그들의 편도체는 계속 소리를 지른다. "위험해! 상어가 나타날지도 몰라!" 다른 생각은 아무것도 나지 않는다. 이렇게 그들의 불안은 걷잡을 수 없이 커지고 안전 보장을 넘어 일상을 방해하기 시작한다.

불안은 다음과 같은 장애들로 다양하게 드러난다.

- **범불안장애** Generalized anxiety disorder   학교생활, 친구, 스포츠 등 다양한 것들에 대해 지나치게 걱정한다.
- **특정공포증** Specific phobias   특정한 대상이나 상황에 대해 극심한 비이성적 두려움을 느낀다(개나 비행에 대한 두려움).
- **사회불안장애** Social anxiety disorder   사회적 상황이나 활동에 대한 극심한 두려움을 느낀다.
- **강박장애** Obsessive-compulsive disorder   원치 않는 거슬리는 생각과

반복적인 행동으로(손가락으로 책상 두드리기 등) 불안을 없애고자 하는 강력한 욕구가 특징이다.

- **공황장애** Panic disorder 저항하기 힘든 두려움에 갑작스럽게 휩싸이며 심장 박동이 증가하고 호흡이 빨라지는 생리적 증상이 동반되기도 한다.

- **외상 후 스트레스 장애** Post-traumatic stress disorder 충격적인 사건을 목격하거나 경험한 후 극도의 불안과 두려움을 느낀다.

구체적인 증상은 각 불안장애의 형태에 따라 다양하기 때문에 정확한 진단과 적절한 치료를 도와줄 수 있는 전문가와 이야기하는 것이 중요하다. 하지만 아이가 불안장애로 힘들어하고 있다는 것을 알 수 있는 몇 가지 일반적인 신호는 다음과 같다. 한번 체크해 보라.

□ 많은 일에 대해 지나칠 정도로 걱정하는가?

□ 걱정하지 않는 날보다 걱정하는 날이 더 많은가? 걱정이 일상생활이나 활동에 영향을 끼치는가?

□ 걱정을 통제하기 힘들어하는가? 걱정할 필요 없는 이유나 상황을 설명해 줘도 도움이 되지 않는가?

□ 걱정이 학교생활이나 친구들과의 관계 등 일상생활에 부정적인 영향을 끼치거나 가족의 활동이나 루틴을 방해하는가?

- 학교에 가거나 외출해야 할 때 몸이 좋지 않다고 말하거나 자주 두통이나 복통을 호소하는가?
- 잠을 잘 자지 못하고 자주 악몽을 꾸는가?
- 다른 사람이 자신 때문에 화가 날지도 모른다거나 다른 사람이 자신에 대해 어떻게 생각할지 지나치게 걱정하는가?
- 학교 행사나 스포츠 활동에 참여하기를 거부하는가?
- 스트레스를 받는 상황에서 쉽게 좌절하거나 분노하는가?
- 일상적인 상황에서의 스트레스 때문에 아이를 달래는 데 지나친 시간을 쓰고 있는가?
- '만약에'라는 걱정을 계속하며 함께 이야기를 나눠 봐도 개선되지 않는가?

한두 가지 질문에 체크했다면 전문가의 도움을 받는 것이 좋다.

기억해야 할 한 가지는 특히 남자아이들이 거칠거나 버릇없는 행동으로 자신의 불안에 반응하기도 한다는 것이다. 이는 내현화된 감정과 외현화된 행동 사이의 구분을 흐리기 때문에 혼란스러울 수 있다. 아이들은 "불안해서 학교에 못 가겠어"라고 말하지 않고 스쿨버스를 타러 가는 길에 책을 던지며 이렇게 외칠 것이다. "학교 안 가! 억지로 보내지 마!" 내면의 불안에 짜증이나 분노로 반응하는 아이는 결국 부모의 공감보다는 엄한 대응과 화를 유발할지도 모른다. 그리고 불안해서 그런 행동을 한다는 사실을 깨닫는 데 오래 걸릴 수도 있다. 아이가 사회적 상황에서(학교 가기, 캠 프나 운동 경기 참가하기, 학교 연극하기 등) 곧잘 폭발한다면 그 행동 의 원인은 사실 불안일 수 있다. (참고로 미국불안우울증협회^{ADAA}에 서 불안에 대한 더 다양한 자료를 찾아볼 수 있다.)

우울

모든 사람이 가끔 슬프거나 기운이 없다고 느끼지만 우울장애 가 있는 사람은 일상을 방해하는 지속적인 슬픔을 느낀다. 불안과 비슷하게 다양한 우울장애가 있지만 흔히 말하는 우울증은 보통 주요우울장애^{Major Depression Disorder, MDD}를 뜻하는 것이다.

주요우울장애는 우울의 기간이 2주 이상 지속되기도 한다. 우 울증은 불안장애보다 어린아이들에게 흔하지 않기 때문에 여기서 는 더 간단히 알아볼 것이다. 하지만 불안장애를 갖고 있는 아이 들은 십 대 시기에 우울증을 겪을 가능성도 크다. 우울증은 남자 아이들보다 여자아이들에게서 더 흔하다.

우울증으로 힘들어하고 있을지도 모르는 아이는 다음과 같은 특징을 보일 것이다. 이 질문에도 체크해 보자.

☐ 자주 슬퍼하거나 눈물을 흘리는가?

☐ 과거에 좋아하던 활동에 흥미를 잃었는가?

☐ 사회적 활동이나 친구들과의 관계에 소극적인가?

□ 집중하기 힘들어하는가?

□ 절망감을 자주 표현하는가?

□ 자존감이 낮거나 자신에 대해 가혹한 판단을 내리는가?

□ 식습관이나 수면 습관에 급격한 변화가 생겼는가?

□ 죽고 싶다는 말을 자주 하는가?

□ 짜증이나 분노가 늘었는가?

□ 예전에 비해 에너지가 많이 줄었는가?

□ 특별한 이유 없이 아픔이나 고통을 호소하는가?

보다시피 우울의 증상 일부는 불안의 증상과 겹친다. 예를 들면 짜증이 늘고 수면에 문제가 있고 두통이나 복통을 호소하는 것 등이다. 이는 우울과 불안이 원칙적으로는 개별 장애로 진단되지만 실제로는 공통적인 유전자의 영향을 받고 있음을 반영한다. 불안과 두려움, 좌절 같은 강한 감정을 안으로 보내는 기질을 타고나는 사람이 있는데, 그것이 불안이나 우울로 드러나는 것이다. 성장과정 중 어느 시기에는 불안으로 나타나다가 다른 시기에는 우울로 드러나기도 한다. 역시 일찍 도움을 받는 것이 중요한 이유다.

인지행동치료^{CBT}는 과학적 근거가 있는 널리 검증된 불안과 우울 치료로 그 효과가 입증되었다. (다른 심리 상태에도 효과가 있다.) 인지행동치료는 자신의 사고 패턴을 인식하고 부정적인 생각과 걱정을 통제하고 그에 따른 행동을 조절하는 데 도움이 된다. 자기 뇌가 어떻게 프로그램되어 있는지 이해하고 더 나은 대처 방식을 배울 수 있다(뇌가 새롭게 연결된다). 예를 들면 뇌가 '위험해! 상어가 나타날지도 몰라!'라고 두려움을 자극하면 지나치게 걱정하는 자기 뇌를 인식하고(우울의 경우 부정적으로 사고하는 뇌를 인식하고) 그 타고난 기질에 맞설 수 있는 전전두엽 피질의 반응을 강화해 더 이성적이고 유연한 새로운 반응을 익히는 것이다.

외현화된 장애: 바깥으로 향하는 문제

적대적 반항장애

적대적 반항장애는 아이들의 가장 흔한 행동장애다. 적대적 반항장애를 겪고 있는 아이들은 정서성이 높고 의도적 통제 능력이 낮은 경향이 있다. 좌절과 분노를 잘 다루지 못하고 강한 감정을 통제하기 힘들어한다. 적대적 반항장애는 최소 6개월 정도 지속되는 부정적이고 적대적인 행동으로 진단된다. 6개월이라는 것은 아이들이 흔히 하는 반항이 아니라 지속적인 행동 문제를 보일 때만 진단이 내려진다는 뜻이다(모든 아이는 어느 정도 반항적인 모습을 보이기 때문이다). 아이가 적어도 다음의 질문 중 네 가지에 해당되면 적대적 반항장애가 있다고 판단할 수 있다.

- □ 가끔 흥분을 하는가?

- □ 자주 분노하거나 억울해하는가?

- □ 어른들과 종종 말싸움을 하는가?

- □ 어른들의 요구나 규칙을 따르기 거부하거나 이에 반항하는가?

- □ 의도적으로 다른 사람을 짜증 나게 하는가?

- □ 실수에 대한 책임을 타인에게 전가하는가?

- □ 앙심을 품거나 오기를 부리는가?

모든 아이는 가끔 버릇없는 행동을 한다. 적대적 반항장애는 그 반항적인 행동의 기간과 정도가 아이의 나이와 발달 단계에서 흔히 볼 수 있는 수준을 넘어설 때 진단된다. 이것 역시 아이에게 무슨 '문제'가 있다는 뜻은 아니다(아이의 폭발을 두려워하는 부모는 문제라고 걱정하겠지만). 이는 단지 아이의 정서성이 높고 이를 관리할 능력이 아직 없다는 뜻일 뿐이다.

적대적 반항장애의 치료에는 5장에서 언급했던 정서성 높은 아이를 위한 전략도 도움이 된다. 아이가 제멋대로 행동하거나 반항하기 위해 그러는 것이 아니라 기술이 부족한 것뿐이라는 사실을 이해하고 무엇이 아이를 자극하는지 파악해 부모와 함께 문제를 해결해야 한다. 적대적 반항장애 진단을 받은 아이는 높은 충동성이 외현화된 다양한 장애로 이어질 수 있어 ADHD의 위험도 증가한다. 또한 극단적인 행동에 뒤따라오는 부정적인 반응 때문에 불안이나 우울을 겪을 가능성도 높다. 가정이나 학교, 또래 집단 사이에서 어려움을 겪을 수 있고 결국 고립과 절망의 감정이 안으로 향해 불안과 우울로 이어지는 것이다. 그러므로 일찍 도움을 받는 것이 중요하다.

ADHD

ADHD는 행동을 통제하거나 억제하지 못하는 상태를 뜻한다. 충동이 조절되지 않는다는 뜻이다. 여자아이들보다 남자아이들이 진단받을 확률이 높다. 충동을 통제하지 못한다는 것은 의도적 통제 능력이 낮다는 뜻이다. 6장에서 언급했던 것처럼 뇌의 구조가 달라서 그렇다. ADHD가 있는 아이들은 같은 나이대의 다른 아이들보다 지겹다고 생각하는 일에 집중하지 못하고 결과를 생각하기 전에 행동하는 경향이 있으며 가만히 있지 못하고 끊임없이 움직인다. 보통 주의력 문제와 충동성 문제가 동시에 드러나지만 그중 한 가지가 주도적으로 나타나는 것도 가능하다.

주의력이 부족하다는 몇 가지 신호는 다음과 같다(진단을 위해서는 여섯 가지 이상의 경우에 해당되어야 한다).

☐ 세세한 부분에 집중하지 못하거나 부주의한 실수를 하는가?
☐ 하고 있는 일이나 놀이에 집중하기 힘들어하는가?
☐ 말을 걸어도 잘 듣지 못하는가?

□ 숙제나 심부름을 끝내지 못하는 경우가 많은가?

□ 해야 할 일이나 활동을 차근차근 해내기 힘들어하는가?

□ 오래 집중해야 하는 활동을 피하거나 싫어하는가?

□ 꼭 필요한 물건을 자주 잊어버리는 편인가?

□ 쉽게 정신이 산만해지는가?

□ 일상생활에서 깜빡 잊는 것이 많은가?

다음은 과잉행동의 징후들이다. 아동의 발달 단계에 부적절하거나 방해가 되는 특성이 여섯 가지 이상 적어도 6개월 동안 지속되어야 진단이 내려진다.

□ 손발을 계속 움직이거나 의자에 앉아 몸을 꼼지락대면서 가만히 있지 못하는가?

□ 자리에 앉아 있어야 하는 상황에서 종종 자리를 뜨는가?

□ 그러지 말아야 할 상황에서 뛰어다니거나 어딘가에 올라가는가?

□ 여가 활동에 조용히 참여하지 못하는가?

□ 가끔 '엔진이 달린 것'처럼 '끊임없이' 움직이는가?

□ 지나치게 말이 많은가?

□ 질문이 끝나기도 전에 답을 말하는 경우가 있는가?

□ 자기 차례를 기다리는 것을 힘들어하는가?

□ 다른 사람을 방해하거나 훼방하는가?(대화나 게임에 불쑥 끼어드는 등)

ADHD 진단을 받기 위해서는 위의 행동 조건을 충족하는 것과 더불어 행동이 두 가지 이상의 환경에서 드러나야 한다(집이나 학교에서 모두, 혹은 부모와 있을 때나 돌봄 선생님과 함께 있을 때 모두). 추가로 그와 같은 증상이 일상생활을 방해해야 한다. 예를 들면 집이나 학교에서 혹은 친구들과 문제를 일으켜 일상생활에 지장이 있어야 한다.

장애와 기질, 그 사이에서

여기까지 읽었다면 아이들의 흔한 장애에 대한 증상이 유전의 영향을 받는 서로 다른 기질적 특성의 행동과 유사하다는 사실을 발견했을 것이다. 예를 들면 몹시 활동적이고 말이 많은 것은 외향성 높은 아이의 특성이기도 하지만 ADHD의 조건이기도 하다. 쉽게 좌절하고 분노하는 것은 높은 정서성의 특징이지만 적대적 반항장애의 증상이기도 하다. 두려움 많고 짜증을 잘 내는 것 역시 정서성 높은 아이의 특성이면서 동시에 내현화된 장애의 증상이다. 의도적 통제 능력이 낮은 아이는 자기 통제를 어려워하고 이는 ADHD의 핵심 특징이기도 하다.

그렇다면 궁금할 것이다. 어디까지가 기질이고 어디서부터 장애인가? 이 질문에 대한 답을 찾다 보면 임상 장애가 그렇게 대단한 것은 아니라는 결론에 도달할 것이다. 극단에 치우친 기질을 타고 난 아이가 '평균'에 속하는 사람들에게 맞춰진 환경에서 어려움을 겪는 것뿐이다. 임상 장애는 문제를 초래할 수 있는 행동 양식을 규정해 놓은 것뿐이다. 그러니 아이가 문제를 일으킨다면 그것이 장애의 조건에 부합하는지 찾는 데 시간을 쓰지 말라고 조언한다. 장애는 모호하고 임의적인 기준으로 진단될 뿐이다. 의사나 치료사와 걱정되는 아이의 행동에 대해 이야기하는 것은 언제나 좋다.

나는 문제를 일으키는 아이의 행동에 대해 도움을 구해야 할지 고민하는 부모들을 많이 만나 왔다. 하지만 그렇게 어려워할 필요는 없다. 부모로서 우리는 아이를 언제 전문가에게 데려가야 할지 판단한다. 감기에 걸렸을 때나 상처가 났을 때도 그렇다. 목이 붓거나 열이 나면 병원에 가서 더 자세히 검사를 해야 할지, 집에서 죽을 끓여 주며 사랑을 듬뿍 주면 될지 판단한다. 병원에 가기 전에는 임의로 진단을 내릴 필요가 없다. (물론 추측은 할 수 있을 것이다.) 우리가 아는 것은 무언가 잘못되었다는 사실뿐이고 그래서 전문가의 도움을 구하는 것이다.

아이의 정신건강 문제에 있어서도 마찬가지다. 부모는 지나친 두려움이 사라지길 기다릴지 정신과 의사를 찾아가는 게 나을지 결정한다. 모든 분노 발작에 병원을 찾지는 않지만 감정의 폭발이 지속되면 자세한 검사가 필요하다는 뜻일 수도 있다. 자주 드러나는 행동적·감정적 징후로 더 주시해야 할 영역을 알 수 있겠지만 이 역시 정확한 답은 아닐 것이다. 그런 행동이 '종종' 혹은 '자주', '심하게' 드러날 때 의사를 찾아가면 된다.

그러므로 전문가의 도움을 받아야 할지 결정하는 최고의 경험 법칙은 행동이 심각한 해를 끼치는지의 여부다. 아이의 행동이 부모와의 관계, 또래나 교사들과의 관계를 방해하는가? 아이가 반복해서 학교에서 문제를 일으키는가? 몇 군데 어린이집에서 계속 퇴학을 당하는가? 이 책에서 논의한 전략들을 (그리고 가능한 다른 것들도) 최선을 다해 적용해 보지만 효과가 보이지 않는가? 그렇다면 전문가의 도움을 구하라.

고려해야 할 또 한 가지는 아이의 행동에 변화가 있었느냐는 점이다. 늘 행복하고 외향적이던 아이가 갑자기 혼자 방에 틀어박혀 친구를 만나지도 않고 좋아하던 활동도 하지 않는다면 무슨 일이 벌어지고 있는지 더 깊이 살펴봐야 한다. 이상 행동이 지속되면(일반적인 가이드라인은 1개월 혹은 그 이상이다) 도움을 받아 보는 것이 좋다.

마지막으로 한 가지만 덧붙이자면, 아이가 자신이나 타인을 위험하게 만들지도 모른다는 신호를 보내면 즉시 도움을 구해야 한다. 아이가 그저 과장하고 있다고 생각하지 말라("팀에 끼지 못하면 죽어 버릴 거야!"). 빨리 정신과 의사를 찾아라. 부모의 직감을 믿어라. 자신이나 타인에 대한 위협이 정말인 것 같다면 조금도 지체하지 말라.

어떻게 도움을 구할 것인가

도움을 받으면 좋겠다고 생각하지만 어디서부터 시작하면 좋을지 막막할 것이다. 쉬운 방법이 있으면 좋겠지만 안타깝게도 치료사의 자질은 천차만별이다. 인터넷에서 아무나 검색해 전화를 걸 수는 없다. 자격증을 갖고 있다고 누구나 가장 효과적인 치료를 제공할 수 있는 것은 아니다. 정신과 의사나 심리학자의 자질 부족은, 정신건강 문제가 다른 의학적 질병처럼 '진짜' 장애가 아니라는 오명의 결과일지도 모른다. 하지만 정신건강 문제에 대한 이해는 그동안 많이 높아졌다. 우리는 이제 정신건강 장애가 다른 생물학적 장애처럼 유전의 영향을 받은 것임을 알고 있으며 그에 대한 과학적 치료법도 갖고 있다. 아이가 전문적인 도움을 받게만 하면 된다.

다음은 필요한 정보를 찾아볼 수 있는 곳의 목록이다. 완벽하진 않겠지만 과학적 근거가 충분한 정보를 위해 내가 자주 찾는 곳들이다.

- **미국 국립정신건강연구소** nimh.nih.gov 정신건강 장애에 관한 연구를 지원하는 정부 기관으로 치료 기관을 찾는 방법부터 풍부한 정보가 많다.
- **아동심리연구소** childmind.org 아동의 정신건강을 연구하는 비영리

단체로 아이들이 겪을 수 있는 다양한 정신건강 문제에 대한 정보가 많으며 도움을 받을 수 있는 방법도 찾아볼 수 있다.

- **미국 소아청소년 정신의학회**aacap.org 　정신건강 장애와 도움을 받을 수 있는 방법에 관한 풍부한 자료를 제공한다.
- **인지행동치료학회**abct.org 　인지행동치료에 대한 광범위한 자료는 물론 정신건강 장애에 대한 다양한 서적과 치료에 대한 정보, 치료사를 찾는 방법 등을 제공한다.

　정신건강 전문의를 찾을 때는 현명한 소비자가 되어 충분한 정보를 찾아봐야 한다. 안타깝게도 대기실이 얼마나 좋은지, 치료실이 얼마나 쾌적한지 등으로는 누가 (과학적 근거가 있는 치료를 제공하는) 좋은 치료사인지 알 수 없다. 치료를 맡기기 전에 다음과 같은 질문을 해 볼 필요가 있다.

- 어떤 치료법을 추천하나요?
- 이 치료법을 뒷받침하는 과학적 근거가 있나요?
- 다른 치료법도 선택할 수 있나요?
- 그 방법을 선호하는 이유는 무엇인가요?

　부모의 우선순위는 과학적 근거가 있는 방법으로 치료하는 사람을 찾는 것이다. 동시에 치료사는 부모와 밀접한 관계를 쌓아야 하는 사람이기도 하다. 그러므로 치료사에 대한 부모의 반응도 필요하다면 고려해야 한다. 치료사와 부모는 친밀한 관계를 형성해야 하고, 그 관계가 치료법이 효과를 발휘하는 데 중요한 역할을 한다는 증거도 있다! 하지만 부모와 맞는 사람이 반드시 아이와도 맞는 것은 아니라는 사실을 기억해야 한다. 내가 특히 좋아하는 치료사가 있었지만 아들은 그가 엄마와 너무 비슷하다고 싫어했다. 아들에게는 2명의 엄마가 잔소리를 하는 느낌이었을지도 모른다.

도움은 빨리 구할수록 좋다

결론은 다음과 같다. 도움이 필요한지 잘 모르겠다면 일단 가서 도움을 받아 보라! 어쩌면 아이의 행동이 저절로 나아지길 기다리거나 이를 관리하는 방법을 찾고 있을지도 모른다. 우선은 그래야겠지만 책을 읽거나 스스로 전략을 실행해 봐도 효과가 없는 것 같다면 주저하지 말고 전문가를 찾아가라. 기억하라. 더 빨리 도움을 구할수록 아이는 필요한 기술을 더 빨리 배울 것이다.

자신이 비난받을까 봐 걱정하는 부모도 있을 것이다. 그것이 불안해서 정신과 의사나 심리학자를 찾아가지 못하다면 이렇게 생각하라. 치료사들은 사람들과 함께 일하는 것을 좋아한다! 힘든 아이를 둔 부모를 많이 만나고 도움을 구하는 부모에게 문제가 있다고도 생각하지 않는다. 또한 사람들을 돕는 것을 좋아한다! 치료사들은 편하게 이야기 나눌 수 있는 분위기를 만들도록 훈련받는다. 그리고 전문가의 도움을 가장 많이 받는 사람들은 아마 다른 정신건강 전문가들일 것이다. 아이를 기르는 것은 어려운 일이며 누구나 도움을 받을 수 있고, 특히 아이들의 행동에 대해 잘 이해하는 전문가의 도움을 받는 것이 좋다.

부모들이 주저하는 또 다른 이유는 아이에게 낙인이 찍힐지도 모른다고 생각하기 때문이다. 부모는 아이가 (예를 들면) ADHD나 불안장애로 진단받길 원하지 않는다. 진단을 둘러싼 낙인을 걱정한다. 내 경험으로 보자면 치료사들은 대부분 진단을 내리는 것보다 아이를 비롯한 가족들이 힘들지 않도록 돕는 데 중점을 둔다. 아이의 장애 유무는 치료사보다 부모가 더 걱정하는 경우가 많다. 대부분의 임상 치료사들은 진단이 초래할 문제들에 대해 잘 인식하고 있고, 아동의 행동이 특정 장애에 정확히 들어맞지 않는 경우가 많다는 사실을 인지하고 있다. 진단은 보통 보험이나 치료비 정산을 위해 내려진다. 대부분의 임상 치료사는 다섯 살 이하 아동에 대한 진단은 하지 않는 편이다.

행동적·감정적 문제를 치료하지 않고 내버려 둘 때의 피해와 진단을 받는 것에 대한 걱정을 비교 검토하고 싶을 것이다. 불안과 우울, 적대적 반항장애, ADHD, 그리고 다른 행동적·감정적 문제들은 제때 치료하지 않으면 부모와 자녀의 관계, 친구를 사귀는 능력, 학교에서의 학업에 영향을 끼치면서 심각한 부정적 결과를 초래할 수 있다. 그리고 이는 아이들의 낙담과 실의로 이어져 문제를 더 악화시킬 수 있다. 아이에게 도움을 제공하는 것은 그 부정적 고리를 끊어 내고, 아이가 깊은 우정을 쌓고 학교에서 실력을 발휘하고 부모와 더 나은 관계를 쌓는 데 필요한 기술을 습득하게 만든다.

일부 아이들에게는 (그리고 성인들에게도) 진단을 받는 것 자체가 그들이 경험하는 것이 '실제'임을 인정하는 데 도움이 되기도 한다. 많은 사람이 같은 문제로 힘들어한다는 사실을 이해하고, 당사자와 가족이 혼자가 아니며, 상황을 개선할 방법이 있다는 사실을 깨닫게 해 준다. 3장에서 언급했던 성장 마인드셋으로 접근할 경우 많은 사람에게 진단은 희망의 다른 이름이기도 하다.

부모들의 또 다른 걱정은 전문가에게 도움을 구할 때 드는 잠재적 비용일 것이다. 이에 대해서는 고려하고 있는 치료사와 미리 이야기를 나누어야 한다. 대부분 보험 적용을 받지만 그렇지 않은 경우도 있다. 병원에 따라 차등 요금제도 있고, 일부 개인 병원에서 공익을 위한 무료 상담을 제공하기도 한다. 비용이 걱정이라면 문의 과정에서 미리 이야기하라. 더 경제적이거나 유연한 지불 방식이 가능한 다른 전문가나 기관을 소개받을 수도 있다.

필요하다면 누구에게든 육아에 도움을 받을 수 있다. 책을 읽고 친구와 이야기를 나누는 것으로 충분한 부모도 있을 것이다. 하지만 아이가 더 까다로운 기질을 갖고 있다면 망설이지 말고 추가적인 도움을 구하라. 특히 그 기질이 아이의 삶이나 가족의 기능을 방해하고 있다면 말이다. 아이에게 부족한 기술을 과학적 근거가 있는 전략으로 가르쳐 줄 수 있는 전문가를 찾아 힘을 모으는 것은 아이에게 꼭 필요한 생명선이 되어 줄 것이다.

- 많은 아이들이 행동적·감정적 문제를 겪는다. 불안과 행동장애가(적대적 반항장애, ADHD) 가장 흔하고 그 다음이 우울이다.

- 정신건강 장애는 모호하고 임의적인 기준으로 진단된다. 정상적인 행동과 행동장애를 확실히 구분하는 방법은 없다.

- 아이를 위해 도움을 구할지 고려할 때 가장 중요한 지표는 아이의 행동이 일상생활의 기능을 방해하는지다. 아이의 행동이 가정에서, 또래 관계나 학교에서 문제를 일으키는지 생각해 보자.

- 문제가 있다면 더 빨리 도움을 구할수록 아이는 필요한 기술을 더 빨리 배울 것이다. 그러니 주저하지 말라! 많은 아이들의 행동과 감정 문제가 제때 치료하지 않고 시간을 보내면서 악화된다.

The Child Code
9장

아이의 코드에 맞춰
함께 걸어가는 육아

나는 내가 학생이었던 20여 년 전보다 아이를 낳은 후 교장실에 더 많이 찾아간 것 같다고 가족들과 종종 농담을 한다. 학창 시절 내내 전 과목 A를 받았고, 심리학 분야 학위를 3~4개 갖고 있는 내가 상상하던 삶은 분명 아니었다. 그러니 아이가 당신이 원했던 대로 자라지 않더라도 외로워하지 말라. 아동 행동 '전문가'인 내 아이도 완벽하지 않으니 말이다. (남편은 아직도 그게 몹시 웃기다고 생각한다.)

부모의 유일한 책임은 최선을 다하는 것뿐이다. 아이의 행동은 **부모의 책임이 아니다.** 잠깐, 뭐라고? 아이의 행동에 책임질 필요가 없다고? 물론 내 책임이라고 느껴질 것이다. 하지만 아장아장 걷는 아이를 카시트에 앉히려고 씨름해 보았던 부모라면 아이가 얼마나 자랐든 아이가 무엇을 하게 만드는 것은 몹시 어렵다는 사실을 잘 알 것이다.

부모의 역할은 아이를 돕고 가르치는 것이다. 하지만 이를 실천하는 것은 아이의 일이다. 그러니 자신에게 친절하고 동료 부모들에게 친절하자. 받아들이기 어렵겠지만 아이의 행동은 부모가 통제할 수 없는 부분이다. 지도와 조언을 제공할 수 있지만 통제할 수는 없다. 어떻게 행동하고 어떤 사람이 되느냐는 결국 아이의 선택이다. 아이의 운명은 아이가 만들어 간다. 하지만 우리는 자꾸 이를 잊고 우리 뜻대로 아이를 만들어 가려 한다.

부모가 아이의 행동을 통제할 수 없다는 그 기본적인 사실을 받아들인 세상에서 살아간다고 잠시 생각해 보자. 부모는 여전히 아이에게 최선을 다하지만 아이가 가게에서 떼를 쓰기 시작해도 엄청난 죄책감은 느끼지 않는다. 아이가 생일 파티 구석에서 입을 내밀고 서 있어도 다른 사람의 판단에 큰 의미를 두지 않는다. 그리고 부모로서 서로 지지한다. 의견은 교환하지만 모든 아이는 다르다는 사실을 알고 있다. 다른 부모의 '마법' 같은 육아 팁을 사용했지만 전혀 효과를 보지 못했다는 말에 놀이터에서 다 같이 웃는다. 그리고 그 부모가 무엇을 잘못했다고 추측하지 않는다. 육아 조언이 모든 아이에게, 심지어 형제자매에게도 통하는 것은 아니라는 사실을 알고 있기 때문에 육아에 대한 자기 생각을 그저 가볍게 전한다. 별문제 없는 아이를 '쉽게' 키우고 있다면 운이 좋은 것이고, 아이의 행동은 부모가 잘 키웠기 때문이기도 하지만 대부분 아이가 타고난 기질 덕분이라는 사실을 알고 있다. 또한 키우기 힘든 아이의 부모에게 공감하고 어쩌다 그렇게 태어난 작은 유전자 덩어리들이 부모에게 엄청난 노력을 요하고 있다는 사실 또한 알고 있다. 그래서 눈에 띄게 부모를 힘들게 하는 아이의 부모를 쉽게 비난하지 않고 지지한다.

그런 세상이 비현실적인 것 같다면 이는 심리학자 지그문트 프로이트 Sigmund Freud 와 다른 모든 육아 '전문가'들의 주장을 우리 부모들이 아무 생각 없이 받아들였기 때문일 것이다. 과학의 발전으로 자폐증의 원인을 파악한 것처럼(차가운 엄마 때문이 아니다) 아이의 행동을 바라보는 관점 역시 바뀌어야 하며, 아이가 완벽하지 않을 때 부모를 탓하는 것도 멈춰야 한다. 부모가 잘 키우지 못해 아이가 버릇없는 행동을 하는 것이 아니다. 아이들은 그저 아이들이다. 어떤 아이는 더 충동적이고 감정적이고 반항적이고 쉽게 분노하는 아이로 태어날 뿐이다. 그 차이의 과학을 이해하면 우리는 서로 비난하지 않고 힘을 주는 육아 문화를 창조할 수 있다.

아동 발달 관련 문헌에는 '충분히 좋은 good enough' 육아라는 개념이 있다.[36] 부모가 구체적인 계획으로 확실한 육아를 해야 아이가 잘 자라는 것은 아니라는 뜻이다. 최고의 육아는 아이를 최고의 존재로 키우는 것이 아니다. 키 작은 유전자를 타고난 아이에게 많은 음식을 먹여 180센티미터까지 자라게 할 수는 없다. 반대로 영양을 제공하지 않아 클 수 있는 만큼 크지 못하게 만들 수는 있다. 하지만 환경이 크게 두드러지지 않는다면 아이는 대부분 자신이 타고난 독특한 유전자 조합을 토대로 가장 자기다운 사람으로 자랄 것이다. 부모의 역할은 충분히 좋은 육아를 하며 아이가 꽃필 수 있는 기회를 마련해 주는 것이다.

분명히 말하지만 충분히 좋은 육아는 부모로서 우리가 하는 일이 중요하지 않다는 뜻은 아니다. 부모의 역할은 아주 중요하지만 대부분 우리가 걱정하는 만큼은 아니다. 아이가 어떤 사람으로 자랄지 결정하는 것은 공갈 젖꼭지를 주느냐 마느냐, 배변 훈련을 어떻게 하느냐, 스크린 타임을 얼마나 허용하느냐의 문제가 아니다. (물론 하루 종일 텔레비전을 보여 주는 것은 분명 좋은 생각은 아닐 것이다.) 아이는 이미 어떤 인간으로 자랄지 프로그램이 되어 있는 멋지면서도 아슬아슬한 유전자를 갖고 태어났다. 언론에서, 우리의 부모가, 그리고 동료 부모들이 하는 말에도 불구하고 부모로서 하는 고민의 대부분은 아이가 어떤 사람으로 자랄지에 대한 큰 그림에서 보자면 그렇게 중요한 부분은 아니다. 가장 막중한 임무는 유전자가 갖고 있다.

그래도 우리가 충분히 좋은 부모보다 더 나은 부모가 될 수 있는 방법은 여전히 많다. 그 첫걸음은 아이의 유전자 구성을 아는 것이다. 아이가 내가 상상하던 모습으로 자라지 않을 수도 있음을 인정하고, 그럼에도 불구하고 있는 그대로 받아들이고 사랑해야 아이는 최고의 모습으로 자랄 수 있다.

아이의 독특한 유전자 코드를 이해하면 그에 적합한 육아로 아이가 최고의 자신으로 자라도록 도울 수 있다. 아이가 자신의 강점을 인식하고 활용하며 어려운 점은 해결하도록 도울 수 있다. 부모는 어떤 요소를 통제할 수 있고 통제할 수 없는지 이해해 아이의 잠재력 발휘를 도울 수 있다. 문제는 부모가 아이를 '변화'시키려 할 때 발생한다. 유전적으로 작을 수밖에 없는 아이에게 키가 얼마나 크길 바란다는 말을 계속하며 억지로 먹인다면 아이는 자신에 대한 부정적인 감정만 갖게 될 뿐이다. 키에 대해서는 물론 행동에 대해서도 마찬가지다.

이쯤에서 부모가 가진 힘을 느낄 수 있길 바란다! 과학이 우리 편이다. 우리는 아이에 대해 더 잘 이해했고 아이의 독특한 유전자 코드가 아이의 발달을 돕는다는 사실도 이해했다. 부모의 유전자가 부모의 기질과 경향, 아이와 상호작용하는 방식에 영향을 끼친다는 사실도 마찬가지다. 육아에 정답은 없다고 생각하면 부담은 줄어든다. 우리는 좌절과 스트레스를 줄이고 부모와 자녀 모두에게 도움이 되는 유연한 양육 방식을 적용할 수 있다. 아이를 위해 최선을 다하되 아이의 행동과 그 결과를 궁극적으로 통제하거나 책임질 수 없다는 사실을 알고 있다. 아이가 어떤 신호를 보내면 전문가의 도움을 구해야 하는지도 알고 있다.

그럼에도 불구하고 미래가 보이지 않을 수 있다. 아이의 행동이나 삶을 통제할 수 없다는 생각이 두려울 수도 있고, 힘들어하는 아이 모습에 같이 낙담하게 될 수도 있다. 원하는 대로 아이를 키우지도 못 하는데 왜 그렇게 많은 시간과 에너지를 썼는지 모르겠다는 생각도 들 수 있다.

만약 그렇다면 아이가 아니라 배우자나 친한 친구에 대해 잠시 생각해 보자. 그들에게도 많은 시간과 에너지를 쓰지만 이는 그들을 사랑하고 그들과 좋은 관계를 쌓고 싶기 때문이다. 내가 원하는 모습대로 상대를 바꾸고 싶어서 그들과 시간을 보내는 것은 아니지 않는가. 혹시 결혼 생활을 잘 유지하고 있다면 상대를 바꾸고 싶다는 생각은 이미 포기했을 것이고 서로 좌절할 수 있는 지점을 이해하고 모두의 욕구와 바람, 개성을 고려해 관계를 쌓아가는 법을 배웠을 것이다. 이는 친밀하게 오래가는 우정에 있어서도 마찬가지다.

배우자처럼, 혹은 가장 친한 친구처럼 아이도 한 사람의 인간이다. 물론 작은 인간이며 잘 자라기 위해 도움이 필요한 인간이다. 그럼에도 불구하고 특별한 한 사람이다. 우리가 알아 가야 할 사람이자, 사랑스럽기도 하지만 마음에 들지 않기도 하는 사람이다. 사랑하는 다른 사람들처럼 아이도 관계를 쌓아 갈 기회가 주어진 한 사람의 인간이며, 본질적으로 그 관계는 아이를 있는 모습 그대로 받아들이고 사랑하느냐에 아주 많이 좌우될 것이다.

좋은 육아는 무엇을 더할지 고민하는 것이 아니다. 아이의 독특한 유전자 코드에 맞춰 발달 단계마다 무엇이 필요한지 알아내는 것이다. 아동의 발달은 안정과 변화가 동시에 특징이다. 유전자는 발달 과정에서 안정적인 요소에 큰 영향을 끼치지만 아이가 성장함에 따라 기질이 발현되는 방식은 변화한다. 부모가 어떤 방향으로 이끄느냐에 따라, 그리고 아이가 처한 환경의 수많은 요소에 따라 변한다. 삶의 다양한 사건과 경험, 교사나 또래 집단에 따라 변할 것이고 그중에는 부모의 영향이 닿지 않는 영역도 있을 것이다.

내가 부모로서 가장 힘들었던 점은 내 아이에 대해 내가 통제할 수 없는 수많은 점을 수용하고 인정하며 그렇게 살아가는 법을 배우는 것이었다. 나는 이십 대 때 아직 결혼하지 않은 친구들과 나중에 아이들을 데리고 함께 캠핑을 하고 하이킹을 가고 세계를 여행하자는 원대한 꿈을 꾸었다. (그때 나는 알래스카에 살고 있었다.)

꿈을 이룬 친구도 있다. 그리고 자주 우는 아이, 툭하면 떼를 쓰는 아이와 함께 집에 처박혔거나 발달장애Developmental Disability가 있는 아이 때문에 세계 여행은 꿈도 꿀 수 없게 된 친구도 있다.

아이가 어떤 사람으로 자랄지 통제하려는 노력은 인간 행동의 본성에 대한 기본적인 지식을 무시하는 것이다. 이는 부모와 아이 모두에게 좌절로 이어질 뿐이다. 아이를 뜻대로 만들어 가려고 노력하다 보면 최악의 경우 아이의 발달 자체를 방해할 수 있고 아이와의 관계에도 해가 될 수 있다. 결국 아이들은 타고난 기질과 성향을 다루는 방법을 스스로 배워야 한다. 부모의 가장 중요한 역할은 그 과정에 도움을 제공하는 것이다. 아이들은 다양한 결정

아이의 코드에 맞춰 함께 걸어가는 육아

을 스스로 내려 보면서 좋고 나쁜 결과를 두루 경험해야 한다. 시도하고 실패해 볼 기회가 없다면 나중에 더 잘할 수 있는 방법을 배우지 못할 것이다.

부모로서 우리는 아이가 성장하는 과정을 지켜보며 지지하고 격려해 줄 수 있다. 아이가 자랄수록 아이가 내려야 할 결정은 더 무거워지고 결과도 더 심각해질 것이니 어려서부터 연습을 시작해야 한다. 부모가 아이를 사랑하는 만큼 언제나 곁에 있을 수는 없으며, 그래서도 안 된다. 부모가 줄 수 있는 최고의 선물은 아이가 최고의 모습으로 자라도록 지켜보는 것, 아이가 타고난 유전자 코드가 최상의 기량으로 노래할 수 있게 하는 것, 그 노래가 부모의 노래와 다를 수도 있음을 깨닫는 것, 그리고 원했던 콘서트는 아니지만 그럼에도 불구하고 그 콘서트를 즐기는 것이다.

- 아이의 행동은 부모의 책임이 아니다. 즉 부모의 역할은 아이를 돕고 가르치는 것에 있으며 배움을 실천할지 말지는 아이의 일이다.

- 최고의 육아는 아이를 최고의 존재로 키우는 것이 아닌, 아이만의 유전자 코드를 토대로 가장 자기다운 사람으로 자라게 하는 것이다.

- 좋은 육아는 무엇을 더할지 고민하는 것이 아닌, 지금의 아이에게 필요한 것이 무엇인지 알아내는 것이다.

이 책을 쓸 수 있도록 도와준 많은 이들에게 큰 감사를 전한다.

일반서 집필에 대한 기본 정보를 알려 주고 자료를 공유하며 아낌없이 시간을 나눠 준 멋진 동료 에버렛 워딩턴Everett Worthington에게 감사한다.

내 머릿속 생각 덩어리를 책으로 만들어 준 내 에이전트 캐롤린 사바레세Carolyn Savarese에게 감사한다. 나의 비전을 알아봐 주고 다른 사람에게도 이를 전해 내가 꿈을 실현할 수 있도록 도와준 나의 챔피언이다. 내가 꿈을 이루었다면 그건 전적으로 그녀 덕분이었다.

책을 만드는 과정을 즐겁고 원활하게 해 준 나의 편집자 루시아 왓슨Lucia Watson과 에이버리Avery 그리고 펭귄랜덤하우스Penguin Random House의 모든 팀원들에게 감사한다. 앞으로 그들과 함께할 모험이 기대된다. 나를 믿어 주고 이 책이 최고의 모습으로 태어날 수 있도록 도와준 루시아^{Lucia}에게 감사한다.

부모님 댄 딕^{Dan Dick}과 린 딕^{Lynn Dick}의 끊임없는 사랑, 나에 대한 믿음과 꿈을 이루라는 격려에 감사한다. 두 분은 지치지 않고 언제나 나를 위해 앞장서 주셨고 나의 성취를 늘 가장 먼저 축하해 주셨으며 일이 잘 풀리지 않을 때도 늘 내 곁에 있어 주셨다. 그분들의 딸로 태어난 것은 크나큰 행운이었다.

그리고 다방면에서 나의 삶을 풍요롭게 해 주고 아름다운 딸 노라^{Nora}의 엄마가 되게 해 준 남편 케이시^{Casey}에게 감사한다. 그는 나보다 훨씬 먼저 이 책의 가능성을 알아봐 주었다. 그의 따뜻한 마음, 인내와 지지에 감사하고 멋진 아빠이자 남편이 되어 준 것에 감사하고 내 생각을 넓혀 준 것에 감사한다(물론 대부분 넓히고 싶어서 넓힌 것은 아니었지만). 언제나 나를 가장 먼저 응원해 주고 내 삶에 커다란 기쁨을 주는 그에게 감사한다.

각자 너무 다르고 특별한 내 멋진 아이들 에이든^{Aidan}과 노라. 너희들의 특별한 삶이 어떻게 펼쳐질지 너무 기대된다. 에이든, 네가 태어나기 전까지 엄마는 육아에 대해 모르는 게 없다고 생각했단다! 나를 엄마로 만들어 줘서 고맙고, 엄마가 부족해도 이해해 주어 고맙고, 이 여정을 나와 함께해 줘서 고맙다. 지금까지 잘 자랐고 앞으로도 더 잘 자랄 네가 무척 자랑스럽다.

나의 모든 모험을 함께 했던 오빠 브라이언^{Bryan}과 동생 제닌^{Jeanine}, 그리고 두 사람과 결혼해 새로운 가족이 된 에이프릴^{April}

과 존^{John}. 우리 가족의 특별한 유전자 덩어리 아이들을 함께 키우며 역경을 나눌 수 있어 얼마나 감사한지 모른다.

새롭게 가족이 된 남편의 어머니와 누나, 수잔^{Susan}과 바바라^{Barbara}. 제 모든 프로젝트를 열렬히 응원해 주셔서 감사합니다. 케이시와 결혼한 덕분에 당신들 같은 새로운 가족을 얻게 된 것은 복권에 당첨된 것이나 마찬가지랍니다.

육아를 외롭지 않게 만들어 주는 많은 친구들. 누구 하나 빠뜨릴까 무서워 모든 이름을 적을 수는 없을 것 같다. 누구인지는 본인들이 잘 알 것이다. 이야기를 나눠 주고 들어 줘서 고맙고 기쁨과 힘이 되어 주어서 고맙다. 육아의 기쁨과 고생을 너희들과 나눌 수 있어 얼마나 즐거운지 모른다. 대학 신입생 때 처음 만나 지금껏 변하지 않는 친구가 되어 주고 이 책을 읽고 건설적인 피드백을 제공해 준 그레첸 윈터스타인^{Gretchen Winterstein}에게 특별한 감사를 전한다. 자신의 육아 이야기를 책에 써도 좋다고 허락해 준 또 다른 친구 스테파니 데이비스 미셸만^{Stephanie Davis Michelman}에게도 감사를 전한다.

나를 행동유전학으로 이끌어 주고 나의 첫 멘토가 되어 준, 지금은 세상을 떠난 고^故 어빙 가츠맨 교수님과 대학원 지도 교수님 리처드 로즈^{Richard Rose}에게도 감사한다. 두 분이 내 삶에 끼친 막대한 영향은 아무리 감사해도 부족할 것이다. 이 책의 초고를 읽고 자신의 육아 경험에 대해 써도 좋다고 해 준 동료이자 친구, 나

차일드 코드

The Child Code

와 같은 부모인 제시카 살바토레Jessica Salvatore에게 감사한다. 아이들에 대한 내 끝없는 수다를 들어 주고 새로운 것을 시도하는 내 지치지 않는 열정을 응원해 주는 연구실 팀원들에게도 감사한다. 지식을 생산하는 데 자신의 삶을 바친 선배 연구자들에게도 큰 빚을 졌다. 우리는 역사의 결과물이고 나 역시 나보다 먼저 살면서 내 사고방식과 육아에, 결국 이 책에 큰 영향을 끼친 선배 학자들의 결과물이다. 학술서는 아니지만 이 책 역시 그 모든 학자들의 노력에 바치는 헌사임을 알아주길 바란다.

마지막으로 나의 친구 마샬 린치Marshall Lynch, 네게는 무슨 말부터 해야 할까? 이 책을 쓰는 데 너무 많은 도움을 주어 필자에 이름을 올려야 하지 않을까 싶기도 하다! 토요일 아침의 커피 데이트부터 펜데믹 영상 수다까지 우리가 수많은 시간 동안 우리 아이들과 우리 삶에 대해 나눈 대화가 내게 얼마나 큰 영향을 끼쳤는지 모른다. 책을 쓰는 내내 나의 파트너가 되어 주고 초고부터 샅샅이 읽어 준 그대에게 감사한다. 주변의 모든 사람을 밝게 빛내 주는 너의 세상 안에 존재했기에 이 책이 태어날 수 있었다. 그런 너와의 우정에 특별한 감사를 전한다.

그리고 각자의 참호 안에서 자기만의 작고 특별한 아이를 키우고 있을 독자 여러분께. 당신의 작은 기쁨 덩어리가 끝없이 한계를 시험하는 그 느낌을 아주 잘 압니다. 끝까지 읽어 주셔서 감사합니다. 이 책은 바로 당신을 위한 책입니다. (잠깐, 여기서 끝이 아니다! 부모들이여, 우리가 함께 하는 여정은 여기서 끝나지 않는다. 앞서 말한 내 웹사이트를 방문하면 당신만의 독특한 유전자 덩어리를 키우는 데 도움이 되는 더 많은 자료와 정보를 찾아볼 수 있을 것이다. 부디 도움이 되길 바라며, 당신의 앞날을 소중한 마음으로 응원한다.)

서문에서 언급했듯이 이 책은 연구 목적이라기보다 부모들이 쉽게 이해하고 적용하길 바라며 쓴 책이다. 이 책에서 언급했던 연구들에 대해 더 많은 정보를 찾아볼 수 있는 추천 도서와 내게도 도움이 되었던 육아서들의 목록을 제공한다.

기질

- 기질 연구에 대한 학술 자료를 찾아보고 싶다면 다음 책을 추천한다. 지금은 은퇴한 저자는 기질에 대한 선구적인 학자 중 1명으로 이 책에서도 언급된 연구를 포함해 기질에 대한 광범위한 문헌을 상세하게 검토했으며 과학 관련 폭넓은 참고 문헌 또한 제공한다. Mary K. Rothbart, *Becoming Who We Are: Temperament and Personality in Development* (Guilford Press, 2012).
- 이 책 또한 기질에 대한 문헌을 자세히 검토했고, 학교라는 환경에서 기질이 발현되는 모습에 대해 상세하게 설명한다. Barbara K. Keogh, Ph.D., *Temperament in the Classroom: Understanding Individual Differences* (Paul H. Brookes Publishing Company, 2002).

행동유전학

- 행동유전학에 대한 정보와 그 분야의 연구 결과에 대해 더 알고 싶다면 이 책을 추천한다. Valerie S. Knopik, Jenae M. Neiderhiser, John C. DeFries, and Robert Plomin, *Behavioral Genetics*, 7th edition (Worth Publishers, Macmillan Learning, 2016).
- 일반 독자들이 더 쉽게 이해할 수 있는 책을 찾는다면 이 책을 추천한다. Robert

Plomin, *Blueprint: How DNA Makes Us Who We Are* (MIT Press, 2018).

육아서

다음은 나의 육아에 큰 도움이 되었던 증거 중심 육아서의 목록이다. 정서성이 높은 아이를 키우는 부모라면 깊이 있는 육아 전략으로 특히 더 큰 도움을 받을 수 있을 것이다.

- Thomas W. Phelan, Ph.D., *1-2-3 Magic: The New Three- Step Discipline for Calm, Effective, and Happy Parenting*, 6th edition (Sourcebooks, 2016).
- Ross W. Greene, Ph.D., *The Explosive Child: A New Approach for Understanding and Parenting Easily Frustrated, Chronically Inflexible Children* (HarperCollins, 2005).
- Tamar E. Chansky, Ph.D., *Freeing Your Child from Anxiety: Powerful Strategies to Overcome Fears, Worries, and Phobias*, revised edition (Harmony Books, 2014).
- Alan E. Kazdin, Ph.D., *The Kazdin Method for Parenting the Defiant Child: With No Pills, No Therapy, No Contest of Wills* (Mariner Books, 2009).
- Rex Forehand, Ph.D., and Nicholas Long, Ph.D., *Parenting the Strong-Willed Child: The Clinically Proven Five-Week Program for Parents of Two- to Six-Year-Olds*, updated edition (McGraw Hill, 2002).

서문

1   M. K. Rothbart and J. E. Bates, "Temperament," in W. Damon and N. Eisenberg, eds., *Handbook of Child Psychology: Social, Emotional, and Personality Development*, 5th edition, vol. 3 (New York, NY: John Wiley and Sons, 1998), 105–76.

2   'extraversion(외향성)'이라는 말은 '바깥'이라는 뜻의 라틴어 'extra'에서 온 단어다. 'introversion(내향성)'이라는 말은 '안'이라는 뜻의 'intro'에서 온 단어다. 칼 구스 타브 융(Carl Gustav Jung)이 처음 소개한 용어로, 그는 외향적인 사람은 바깥에 관 심을 두고 내향적인 사람은 내면에 집중한다고 믿었다. 그런 이유로 연구 문헌에 서는 외향성을 지칭할 때 언제나 'extraversion'라는 단어를 사용하지만 대중 언론 에서는 'extroversion'으로 사용하기도 한다. 이 책에서는 연구에 사용되는 단어인 'extraversion'이라는 용어를 사용했다.

3   F. S. Collins and H. Varmus, "A New Initiative on Precision Medicine," *New England Journal of Medicine* 372, no. 9 (2015): 793–95.

1장

4   J. Lansford et al., "Bidirectional Relations between Parenting and Behavior Problems from Age 8 to 13 in Nine Countries," *Journal of Research on Adolescence* 28, no. 3 (2018): 571–90.

5   L. L. Heston, "Psychiatric Disorders in Foster Home Reared Children of Schizophrenic Mothers," *British Journal of Psychiatry* 112 (1966): 819–25.

6   P. Sullivan, K. S. Kendler, and M. C. Neale, "Schizophrenia as a Complex Trait:

Evidence from a Meta- analysis of Twin Studies," *Archives of General Psychiatry* 60, no. 12 (2003): 1187– 92.

7   유아의 수줍음 관련 자료는 D. Daniels and R. Plomin, "Origins of Individual Differences in Infant Shyness," *Developmental Psychology* 21, no. 1 (1985): 118– 21 를, 알코올 중독 관련 자료는 K. S. Kendler et al., "An Extended Swedish National Adoption Study of Alcohol Use Disorder," *JAMA Psychiatry* 72, no. 3 (2015): 211– 18 를 참고하라.

8   R. J. Cadoret, "Adoption Studies," *Alcohol Health and Research World 19*, no. 3 (1995): 195– 200.

9   K. S. Kendler et al., "A Swedish National Adoption Study of Criminality," *Psychological Medicine 44*, no. 9 (2014): 1913– 25.

10 미국의 사법 제도에는 제도적 인종 차별 같은 요소가 뿌리 깊은 영향을 끼치고 있다. 스웨덴은 그와 같은 문제가 적은 단일 민족 국가라고 할 수 있기 때문에 사법 제도와 관련한 더 편견 없는 연구가 가능하다.

11 Y. M. Hur and J. M. Craig, "Twin Registries Worldwide: An Important Resource for Scientific Research," *Twin Research and Human Genetics* 16, no. 1 (2013): 1– 12.

12 R. J. Rose et al., "FinnTwin12 Cohort: An Updated Review," Twin Research and Human Genetics 22, no. 5 (2019): 302– 11; M. Kaidesoja et al., "FinnTwin16: A Longitudinal Study from Age 16 of a Population- based Finnish Twin Cohort," *Twin Research and Human Genetics* 22, no. 6 (2019): 530– 39.

13 L. Lighart et al., "The Netherlands Twin Register: Longitudinal Research Based on Twin and Twin- family Designs," *Twin Research and Human Genetics* 22, no. 6 (2019): 623– 36.

14 E. C. H. Lilley, A. T. Morris, and J. L. Silberg, "The Mid- Atlantic Twin Registry of Virginia Commonwealth University," *Twin Research and Human Genetics* 22, no. 6 (2019): 753– 56.

15 물질 남용과 정신질환 관련 자료는 K. S. Kendler, C. A. Prescott, J. Myers, and M. C. Neale, "The Structure of Genetic and Environmental Risk Factors for Common Psychiatric and Substance Use Disorders in Men and Women," *Archives of General Psychiatry* 60, no. 9 (2003): 929– 37를, 성격과 지능 관련 자료는 T. J. Bouchard Jr. and M. McGue, "Genetic and Environmental Influences on Human Psychological

Differences," *Journal of Neurobiology* 54 (2003): 4– 45를, 이혼 관련 자료는 M. McGue and D. T. Lykken, "Genetic Influence on Risk of Divorce," *Psychological Science* 3, no. 6 (1992): 368– 73를, 행복 관련 자료는 M. Bartels and D. I. Boomsma, "Born to Be Happy? The Etiology of Subjective Well- being," *Behavior Genetics* 39, no. 6 (2009): 605– 15를, 투표 행동 관련 자료는 P. K. Hatemi et al., "The Genetics of Voting: An Australian Twin Study," *Behavior Genetics* 37, no. 3 (2007): 435– 48를, 종교 관련 자료는 T. Vance, H. H. Maes, and K. S. Kendler, "Genetic and Environmental Influences on Multiple Dimensions of Religiosity: A Twin Study," *Journal of Nervous and Mental Disease* 198, no. 10 (2010): 755– 61를, 사회적 태도 및 더 나아가 우리가 생각해 볼 자료는 L. Eaves et al., "Comparing the Biological and Cultural Inheritance of Personality and Social Attitudes in the Virginia 30,000 Study of Twins and their Relatives," *Twin Research* 2 (1999): 62– 80를 참고하라.

16   Y. E. Willems et al., "The Heritability of Self- Control: A Meta- analysis," *Neuroscience Biobehavioral Review* 100 (2019): 324– 34.

17   D. I. Boomsma et al., "Genetic and Environmental Influences on Anxious/ Depression during Childhood: A Study from the Netherlands Twin Register," *Genes, Brain and Behavior* 4 (2005): 466– 81.

18   B. C. Haberstick et al., "Contributions of Genes and Environments to Stability and Change in Externalizing and Internalizing Problems during Elementary and Middle School," *Behavior Genetics* 35, no. 4 (2005): 381– 96.

19   E. Turkheimer, "Three Laws of Behavior Genetics and What They Mean," *Current Directions in Psychological Science* 9, no. 5 (2000): 160– 64.

20   물론 연구를 위해 쌍둥이를 일부러 다른 가정에서 자라게 할 수는 없다. 영화「어느 일란성 세 쌍둥이의 재회(Three Identical Strangers)」(2018)는 연구 목적으로 쌍둥이를 서로 다른 가정에서 자라게 했던 비윤리적 입양 기관에 대한 비극적인 이야기다.

21   Nancy Segal, Born Together—Reared Apart: The Landmark Minnesota Twin Study (Cambridge, MA: Harvard University Press, 2012); see also: https://mctfr.psych.umn.edu/research/UM% 20research.html.

주

2장

22 R. Sapolsky, "A Gene For Nothing," Discover magazine, September 30, 1997.

23 H. Begleiter et al., "The Collaborative Study on the Genetics of Alcoholism," *Alcohol and Health Research World* 19 (1995): 228–36.

24 S. Scarr and K. McCartney, "How People Make Their Own Environments: A Theory of Genotype Greater than Environment Effects," *Child Development* 54, no. 2 (1983): 424–35.

25 R. Plomin and S. von Stumm. "The New Genetics of Intelligence," Nature *Reviews Genetics* 19, no. 3 (2018): 148–59.

26 C. Tuvblad and L. A. Baker, "Human Aggression across the Lifespan: Genetic Propensities and Environmental Moderators," *Advances in Genetics* 75 (2011): 171–214.

27 D. M. Dick, "Gene- environment Interaction in Psychological Traits and Disorders," *Annual Review of Clinical Psychology* 7 (2011): 383–409.

3장

28 S. Chess and A. Thomas, *Goodness of Fit: Clinical Applications for Infancy through Adult Life* (Philadelphia: Bruner/Mazel, 1999).

29 Carol S. Dweck, Ph.D., *Mindset: The New Psychology of Success* (New York: Ballantine Books, 2007).

4장

30 K. A. Duffy and T. L. Chartrand, "The Extravert Advantage: How and When Extraverts Build Rapport with Other People," *Psychological Science* 26, no. 11 (2015): 1795–802.

31 외향성 낮은 아이를 더 잘 이해하고 싶은 외향성 높은 부모에게는 이 책을 추천한다. 많은 정보와 깨달음을 얻을 수 있을 것이다. Carol S. Dweck, Ph.D., *Mindset: The New Psychology of Success* (New York: Ballantine Books, 2007).

6장

32 Walter Mischel, *The Marshmallow Test: Why Self-Control Is the Engine of Success* (Boston: Little, Brown, 2015).

33 T. E. Moffitt et al., "A Gradient of Childhood Self-control Predicts Health, Wealth, and Public Safety," *Proceedings of the National Academy of Sciences of the United States* 108 (2011): 2693–98.

7장

34 표는 이 자료를 참조하라. Source: Fernando García and Enrique Gracia. "Is Always Authoritative the Optimum Parenting Style? Evidence from Spanish Families." *Adolescence* 44, no. 173 (Spring 2009): 101–31.

35 T. M. Achenbach, S. H. McConaughy, and C. T. Howell, "Child/ Adolescent Behavioral and Emotional Problems: Implications of Cross-informant Correlations for Situational Specificity," *Psychological Bulletin* 101, no. 2 (1987): 213–32.

9장

36 S. Scarr, "Developmental Theories for the 1990s: Development and Individual Differences," *Child Development* 63, no. 1 (1992): 1–19.

주

차일드 코드

내 아이의 특별한 재능을 깨우는
기질 육아의 힘

1판 1쇄 인쇄 2022년 8월 3일
1판 1쇄 발행 2022년 8월 17일

지은이 다니엘 딕
옮긴이 임현경

발행인 양원석 **편집장** 차선화 **책임편집** 김하영
디자인 강소정, 김미선 **영업마케팅** 윤우성, 박소정, 정다은, 백승원
해외저작권 임이안

펴낸 곳 ㈜알에이치코리아
주소 서울시 금천구 가산디지털2로 53, 20층 (가산동, 한라시그마밸리)
편집문의 02-6443-8893 **도서문의** 02-6443-8800
홈페이지 http://rhk.co.kr
등록 2004년 1월 15일 제2-3726호

ISBN 978-89-255-7772-2 (03590)